Olaf Kühl

Allgemeine Chemie

*Beachten Sie bitte auch
weitere interessante
Titel zu diesem Thema*

Kühl, O.

Organische Chemie

für Lebenswissenschaftler, Mediziner, Pharmazeuten...

2012
ISBN: 978-3-527-33199-4

Arni, A.

Grundkurs Chemie I und II

Allgemeine, Anorganische und Organische Chemie für Fachunterricht und Selbststudium

2010
ISBN: 978-3-527-33068-3

Mikulecky, P.

Übungsbuch Chemie für Dummies

2006
ISBN: 978-3-527-70532-0

Moore, J. T.

Chemie für Dummies

2008
ISBN: 978-3-527-70473-6

Olaf Kühl

Allgemeine Chemie

für Lebenswissenschaftler, Mediziner, Pharmazeuten...

WILEY-VCH Verlag GmbH & Co. KGaA

Autor

PD Dr. Olaf Kühl
EMA Univ. Greifswald
Institut für Biochemie
Felix-Hausdorff-Str. 4
17489 Greifswald

© Erhan Ergin / Fotolia.com für die in der Randspalte verwendeten Symbole

1. Auflage 2012

Alle Bücher von Wiley-VCH werden sorgfältig erarbeitet. Dennoch übernehmen Autoren, Herausgeber und Verlag in keinem Fall, einschließlich des vorliegenden Werkes, für die Richtigkeit von Angaben, Hinweisen und Ratschlägen sowie für eventuelle Druckfehler irgendeine Haftung

Bibliografische Information der Deutschen Nationalbibliothek
Die Deutsche Nationalbibliothek verzeichnet diese Publikation in der Deutschen Nationalbibliografie; detaillierte bibliografische Daten sind im Internet über <http://dnb.d-nb.de> abrufbar.

© 2012 Wiley-VCH Verlag & Co. KGaA, Boschstr. 12, 69469 Weinheim, Germany

Alle Rechte, insbesondere die der Übersetzung in andere Sprachen, vorbehalten. Kein Teil dieses Buches darf ohne schriftliche Genehmigung des Verlages in irgendeiner Form – durch Photokopie, Mikroverfilmung oder irgendein anderes Verfahren – reproduziert oder in eine von Maschinen, insbesondere von Datenverarbeitungsmaschinen, verwendbare Sprache übertragen oder übersetzt werden. Die Wiedergabe von Warenbezeichnungen, Handelsnamen oder sonstigen Kennzeichen in diesem Buch berechtigt nicht zu der Annahme, dass diese von jedermann frei benutzt werden dürfen. Vielmehr kann es sich auch dann um eingetragene Warenzeichen oder sonstige gesetzlich geschützte Kennzeichen handeln, wenn sie nicht eigens als solche markiert sind.

Satz Reemers Publishing Services GmbH, Krefeld
Druck und Bindung betz-druck GmbH, Darmstadt
Umschlaggestaltung Simone Benjamin, McLeese Lake, Canada

Print ISBN: 978-3-527-33198-7

Printed in the Federal Republic of Germany
Gedruckt auf säurefreiem Papier.

Inhaltsverzeichnis

Vorwort *VII*

Abkürzungen *IX*

1	**Atombau** *1*	
1.1	Der Aufbau des Atoms *1*	
1.2	Das Periodensystem der Elemente PSE *8*	
1.3	Was sagt uns das Periodensystem der Elemente? *14*	
1.4	Die Reaktivität der Elemente *18*	
1.4.1	Stabile Oxidationszahlen der Elemente *20*	
1.5	Der Magnetismus *23*	
1.5.1	Temperaturabhängigkeit des Magnetismus *24*	
2	**Stöchiometrie** *27*	
2.1	Die chemische Formel *27*	
2.2	Reaktionsgleichung *30*	
2.3	Lösungen *34*	
2.4	Gase *36*	
3	**Bindungen** *39*	
3.1	Die metallische Bindung *40*	
3.2	Die ionische Bindung *45*	
3.2.1	Natriumchlorid *46*	
3.2.2	Cäsiumchlorid *47*	
3.2.3	Calciumfluorid *48*	
3.3	Die kovalente Bindung *49*	
3.3.1	Die Valenzbindungs- (VB-)Theorie *50*	
3.3.2	Die Molekülorbital- (MO-)Theorie *53*	
3.4	Die Donorbindung *58*	
3.5	Strukturen von Hauptgruppenverbindungen *59*	
3.6	Hypervalente Verbindungen *63*	

4	**Redoxchemie** *71*	
4.1	Ermittlung der Oxidationszahlen *72*	
4.2	Stabilität von Oxidationszahlen *76*	
4.3	Aufstellen von Redoxgleichungen *80*	
4.4	Beispiele für Redoxreaktionen *82*	
5	**Säuren und Basen** *87*	
5.1	Die Säuredefinition nach Brønsted *88*	
5.1.1	Säurestärke *89*	
5.1.2	Mehrprotonige Säuren *92*	
5.1.3	Puffer und Puffergleichgewichte *93*	
5.1.4	Protonen transferierende Lewis-Säuren *98*	
5.2	Indikatoren *99*	
5.3	Die Säuredefinition nach Lewis *102*	
5.3.1	Koordinationschemie *103*	
5.3.2	Ligandenstärke *106*	
5.3.3	Stärke der Lewis-Säure *107*	
5.3.4	Das HSAB-Konzept *110*	
5.3.5	Beispiele für Lewis-Säuren *112*	
6	**Ligandenfeldtheorie** *117*	
6.1	Entstehung des Ligandenfelds *118*	
6.2	High-Spin- und Low-Spin-Komplexe *120*	
6.3	Der quadratisch-planare Komplex *123*	
6.4	Der Jahn-Teller-Effekt *125*	
7	**Spezielle Koordinationschemie** *129*	
7.1	Stabilität von Koordinationsverbindungen *129*	
7.2	Der Chelateffekt *131*	
7.3	Katalyse *132*	
7.4	Die Koordinationschemie des Protons *135*	
8	**Chiralität** *147*	
8.1	Zentrale Chiralität *148*	
8.2	Axiale Chiralität *156*	
8.3	Planare Chiralität *158*	
8.4	Helikale Chiralität *159*	
8.5	Prochirale Verbindungen *162*	
8.6	Die Bedeutung der Chiralität *163*	
A	**Kurz erklärt** *167*	
B	**Richtig gelöst** *197*	
	Index *213*	

Vorwort

In den vergangenen etwa 20 Jahren hat sich die Biochemie von einer Randdisziplin irgendwo in der Schnittmenge zwischen Biologie, Chemie und Medizin und mit eigenständigen Wurzeln in jeder dieser drei Wissenschaften zu einer unabhängigen und zentralen Naturwissenschaft mit gesundem Selbstbewusstsein entwickelt. Gab es damals in Deutschland (West) nur vier Universitäten mit einem Studiengang Biochemie (Diplom), so gibt es heute kaum eine Volluniversität ohne sie. Doch damit nicht genug. Die Biochemie hat auch die Kraft gefunden, mit der Biotechnologie, der Chemischen Biologie und der Medizinischen Chemie, um nur einige zu nennen, eigene Fachrichtungen zu begründen oder aber bestehende zu befruchten. Gleichzeitig hat man einen Weg gefunden, der zunehmenden Aufsplitterung biologischer Forschungsgebiete sprachlich zu begegnen und so ein Gegengewicht zu den klassischen Naturwissenschaften Chemie und Physik zu schaffen. Man spricht neuerdings von den Lebenswissenschaften und meint damit nicht nur die klassische Biologie, sondern auch die Medizin, die Pharmazie und die neuen Fachgebiete wie Biochemie und Biotechnologie.

Dabei erhebt die Biochemie den Anspruch, die chemischen Prozesse in biologischen Systemen (Organismen) beschreiben zu wollen. Dies sind zumeist Reaktionen der Organischen Chemie, die teilweise unter Beteiligung von Metallkationen stattfinden. Es müssen also Grundkenntnisse dieser chemischen Reaktionen bekannt sein, um die Biochemie verstehen zu können. Das Gleiche gilt natürlich für die verwandten Wissenschaften wie Medizin (quasi die Biochemie des Menschen) und die Pharmazie (die meisten Arzneimittel werden mit Mitteln der Organischen Chemie synthetisiert), aber auch für die Biotechnologie, die mit den Enzymen und den Methoden der Biochemie arbeitet. Es ist daher erstaunlich, dass es zwar eine Vielzahl von Chemiebüchern für Chemiestudentinnen gibt, die auf 1000 und mehr Seiten die gesamte Organische, Anorganische oder Physikalische Chemie darstellen, aber kaum Lehrbücher, die kompakt aber dennoch anspruchsvoll eine Teildisziplin auf 200–300 Seiten speziell für Studierende der Lebenswissenschaften aufarbeiten und präsentieren. Mit den Bänden „Allgemeine Chemie", „Organische Chemie", „Anorganische Chemie" (in Planung) und „Biochemie" (in Planung) innerhalb der neuen Lehrbuchreihe „Verdammt Clever" möchte ich diese Lücke füllen und den Lebenswissenschaftlern die chemischen Grundlagen ihrer Wissenschaft näherbringen.

Allgemeine Chemie: für Lebenswissenschaftler, Mediziner, Pharmazeuten…, 1. Auflage.
Olaf Kühl © 2012 Wiley-VCH Verlag GmbH & Co. KGaA.
Published 2012 by Wiley-VCH Verlag GmbH & Co. KGaA.

Der Band „Allgemeine Chemie" erklärt die Grundzüge der Chemie ausgehend vom Atommodel und entwickelt daraus das Periodensystem der Elemente, die zentrale und kompakte Datenbank des Chemikers. Davon ausgehend lassen sich Bindungskonzepte entwickeln, die Abgabe und Aufnahme von Elektronen in chemischen Reaktionen (Redoxreaktionen) darstellen und verstehen und der Begriff der Säure und der Base anhand der Brønsted- und der weiter gefassten Lewis-Definition entwickeln. Mit dem Verständnis der Lewis-Definition werden dann Koordinationsverbindungen und Metallkomplexe erklärt. Schon hat man das Rüstzeug zum Verständnis chemischer Moleküle und ihrer Reaktionen und kann sich in die einzelnen Spezialgebiete der Chemie, wie die Organische Chemie, die Anorganische Chemie und die Biochemie, vertiefen. Das abschließende Kapitel „Chiralität" fällt in der allgemeinen Entwicklung vom Atom zum Metallkomplex etwas aus dem Rahmen, ist aber von zentraler Bedeutung für das Verständnis der Biochemie mit ihren stereoselektiven Reaktionen, der Organischen Chemie mit ihrer Vielzahl chiraler Verbindungen und Teilen der Anorganischen Chemie, deren Metallkomplexe ebenfalls viele chirale Vertreter aufweisen.

Mein besonderer Dank gilt den Studentinnen der Biochemie, Medizin und Pharmazie, die sich die Mühe gemacht haben, das Manuskript kritisch zu lesen und mit ihrer konstruktiven Kritik wertvolle Anregungen gegeben haben:

Jennifer Frommer
Sina Gutknecht
Claudia Schindler
Melanie Tauscher

Der Band „Allgemeine Chemie" entstand unter reger Inanspruchnahme einiger Lehrbücher aus meinem eigenen Studium und unter Zuhilfenahme aktueller eigener Veröffentlichungen. Insbesondere sind dies:

Hollemann-Wiberg, Lehrbuch der Anorganischen Chemie. Walter de Gruyter, Berlin, 91–100. Auflage 1985
N. N. Greenwood, A. Earnshaw, Chemistry of the Elements, Pergamon Press, Oxford, 1989
Olaf Kühl, The Coordination Chemistry of the Proton, Chemical Society Reviews 40 (2011) 1235–46
Ngo Thi Hai Yen, Xenia Bogdanovic, Gottfried J. Palm, Olaf Kühl, Winfried Hinrichs, Structure of the Ni(II) complex of Escherichia coli peptide deformylase and suggestions on deformylase activities depending on different metal(II) centres. Journal of Biological Inorganic Chemistry 15 (2010) 195–201

Wichtige Begriffe und Konzepte sind Einträge im Glossar und können dort nachgeschlagen werden.
Olaf Kühl
Greifswald, im Dezember 2011

Abkürzungen

‡	angeregter Zustand
AIBN	Azobisisobutyronitril
AO	Atomorbital
Ar	aromatischer Rest
B	Base
Bz	Benzyl
CN	Cyanid, Nitril
Cp	Cylopentadienyl
D-	rechtszeigend am untersten asymmetrischen C-Atom in der Fischer-Projektion
ΔT	in der Hitze
δ^-, δ^+	negative, positive Partialladung
DBPO	Dibenzoylperoxid
DDT	1,1,1-Trichlor-2,2-bis(4-chlorphenyl)ethan
DMF	*N,N*-Dimethylformamid
DMSO	Dimethylsulfoxid
E	Element
(*E*)	entgegen; Isomeres an der Doppelbindung
Et	Ethyl
EtOH	Ethanol
[H]	Hydrierung
[H$^+$]	saure Katalyse
hv	Bestrahlung; unter Lichteinwirkung
HOMO	*highest occupied molecular orbital*
HSAB	*hard and soft acids and bases*
i-	*ipso*
I-Effekt	isomerer Effekt
[Kat]	Katalysator, Katalyse
L-	linkszeigend am untersten asymmetrischen C-Atom in der Fischer-Projektion
LUMO	*lowest unoccupied molecular orbital*
m-	*meta*

Allgemeine Chemie: für Lebenswissenschaftler, Mediziner, Pharmazeuten..., 1. Auflage.
Olaf Kühl © 2012 Wiley-VCH Verlag GmbH & Co. KGaA.
Published 2012 by Wiley-VCH Verlag GmbH & Co. KGaA.

M-Effekt	mesomerer Effekt
MBE	Methyl-*tert*-Butylether
Me	Methyl
MeOH	Methanol
MO	Molekülorbital
MTE	Methyl-*tert*-Butylether
[Ni]	am Nickel-Katalysator
Nu$^-$	Nukleophil
o-	*ortho*
[O]	Oxidation mit Sauerstoff
OAc$^-$	Acetat
[Ox]	[Oxidation]
p-	*para*
Ph	Phenyl
PSE	Periodensystem der Elemente
py	Pyridin
(R)	Konfiguration am asymmetrischen Atom: Reihenfolge mit dem Uhrzeigersinn
[Red]	[Reduktion]
(S)	Konfiguration am asymmetrischen Atom: Reihenfolge gegen den Uhrzeigersinn
[S]	Umsetzung mit Schwefel
THF	Tetrahydrofuran
Tol	Tolyl
Tos	Tosylat; *p*-Toluolsulfonsäure-Rest
X	Halogen; Halogenid
(Z)	zusammen; Isomeres an der Doppelbindung

Atombau

In diesem Kapitel…
Die Chemie ist die Lehre der Stoffumwandlungen. Diese Stoffumwandlungen gehen mit dem Transfer von Atomen, Elektronen bzw. Elektronendichte oder Ionen einher. Wir müssen uns also Gedanken machen, wie Stoffe aufgebaut sind, was Atome, Ionen und Elektronen sind und wie sie transferiert werden können. Die Chemie funktioniert wie ein Modulbausatz. Einzelne Stoffe (Moleküle, Salze) werden aus kleineren Modulen zusammengesetzt, die ihrerseits aus noch kleineren Einheiten aufgebaut sind. Die kleinste Einheit, die noch „alle" Eigenschaften eines solchen Stoffes aufweist, heißt Atom (griech. *atomos*: das Unteilbare) bzw. Molekül. Stoffe, die nur aus einer Sorte Atome aufgebaut sind, werden Elemente genannt. Moleküle, die Atome unterschiedlicher Sorten enthalten, sind die kleinsten Einheiten chemischer Verbindungen. Elemente können atomar, als Moleküle oder als Verbund einer quasi unendlichen Atomzahl in Atomkristallen oder Metallen auftreten.

Schlüsselthemen
- Verständnis des Baus der Atome und das Wissen um ihre Bausteine
- Verständnis der Orbitale und ihrer energetischen Abfolge
- Verständnis des Periodensystems der Elemente PSE und seiner Rolle als zentraler Wissensspeicher der Chemie
- Das Wissen, wie man sich die Informationen des PSE erschließen kann

1.1 Der Aufbau des Atoms

Wie nun sieht so ein Atom aus? Der Begriff stammt aus der griechischen Philosophie. Durch reine Überlegung kamen die alten griechischen Philosophen (Leukipp, Demokrit, Epikur) im 6.–4. vorchristlichen Jahrhundert zu dem Schluss, dass man Materie nicht beliebig häufig teilen könne (Abbildung 1.1). Irgendwann müsse es ein Teilchen geben, das alle Eigenschaften des Stoffes in sich vereint, aber so klein ist, dass es nicht mehr teilbar ist. Dieses Teilchen bekam den Namen Atom. Das antike Wissen ging über die Jahrhunderte (Jahrtausende) verloren, und

1 Atombau

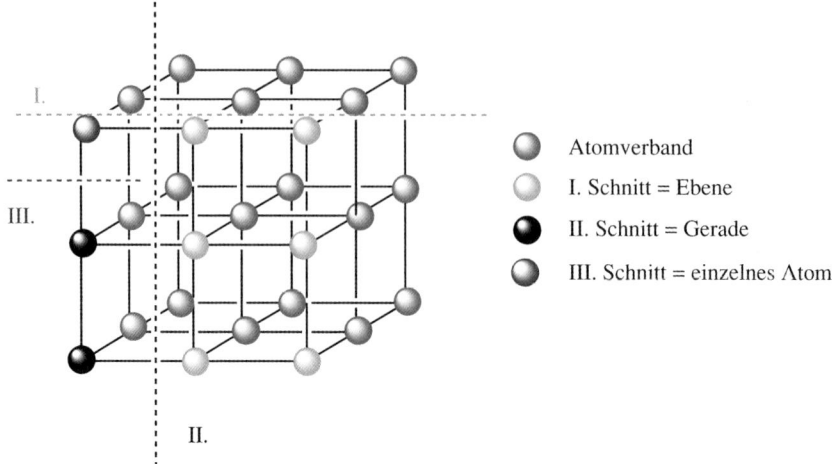

Abb. 1.1 Wir schauen auf einen Metallstab. Wenn man entlang I schneidet, so erhält man eine Scheibe, die ein Atom dünn ist. Schneidet man nun entlang II, so erhält man eine Kette aus einzelnen Atomen. Schneidet man jetzt entlang III, so erhält man ein einzelnes Atom. Dieses ist unteilbar.

es war John Dalton vorbehalten, derartige Überlegungen in die moderne wissenschaftliche Lehre einzuführen (1803–1807). Dalton gilt daher als der Begründer der modernen Atomlehre. Anders als die altgriechischen Philosophen gründete Dalton seine Atomlehre auf experimentellen Befunden. Insbesondere bezog er sich auf das Gesetz der Erhaltung der Masse, das Gesetz der konstanten Proportionen (Proust 1799) und das Gesetz der multiplen Proportionen.

Es dauerte etwa ein Jahrhundert, bis die wohl drängendste Frage der modernen Atomlehre, nämlich wie sich die einzelnen Atomsorten stofflich voneinander unterscheiden, erste vielversprechende Antworten fand. Träger der positiven und negativen Elementarladung wurden durch elektrochemische Untersuchungen von Humphry Davy (Anfang 19. Jh.) und Michael Faraday (1832–33) zuerst beobachtet; der Begriff Elektron für das negativ geladene Elementarteilchen wurde aber erst 1891 von George Johnstone Stoney eingeführt. Die Eigenschaften (Verhältnis Masse/Ladung) des Elektrons und seine eigenständige Existenz wurden 1897 von Joseph J. Thomson bestimmt.

Diese Elektronen lassen sich aus den neutralen Atomen erzeugen. Verlässt das Elektron das Atom, so bleibt ein positiv geladenes Teilchen zurück. Nimmt ein Atom ein zusätzliches Elektron auf, so entsteht ein negativ geladenes Teilchen. Die geladenen Teilchen werden Ionen genannt. Ein positives Ion heißt Kation, ein negatives Ion Anion. Entfernt man aus dem leichtesten aller Atome (Wasserstoff) ein Elektron, so verbleibt ein Kation, das Proton genannt wird (griech.: das Erste). Kationenstrahlen (Kanalstrahlen) wurden bereits 1886 von Eugen Goldstein eingehend untersucht.

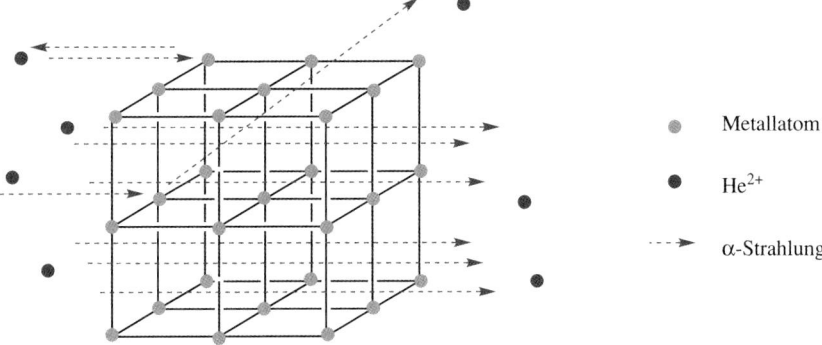

Abb. 1.2 Rutherford-Versuch zur Untersuchung des Atomaufbaus: Beschuss einer Goldfolie mit α-Strahlung (He^{2+}).

Diese Untersuchungen brachten die Erkenntnis, dass Atome nicht unteilbar sind, sondern ihrerseits aus kleineren Elementarteilchen bestehen, den negativ geladenen Elektronen und den positiv geladenen Protonen. Da sich aus den Kanalstrahlen die Masse des Protons und aus den Kathodenstrahlen die Masse des Elektrons bestimmen lassen, wenn man die absolute Größe der Elementarladung kennt, war es Robert A. Millikan (Bestimmung der Elementarladung 1909) vorbehalten, den letzten Beweis dafür zu erbringen, dass Atome aus gleich vielen positiven Elementarteilchen (Protonen) wie negativen Elementarteilchen (Elektronen) aufgebaut sind.

Der prinzipielle Aufbau der Atome wurde 1911 von Ernest Rutherford gefunden, als er dünne Metallfolien (4 μm dünn, aus Gold, Silber, Kupfer oder Platin) mit α-Teilchen (Heliumkerne; erzeugt als Kanalstrahlen) beschoss (Abbildung 1.2). Die meisten α-Teilchen (99,4 %) gingen glatt durch die Folie durch, der Rest wurde abgelenkt. Aus der Art und Häufigkeit der Ablenkung lässt sich schlussfolgern, dass fast die gesamte Masse der Atome in der Metallfolie in kleinen, regelmäßig angeordneten Punkten konzentriert und fast das gesamte Volumen „massefrei" zwischen diesen Punkten angeordnet ist. Mit diesen Erkenntnissen formulierte Rutherford sein berühmtes Atommodell (Abbildung 1.3), demzufolge alle Protonen im Atomkern vereinigt sind, während die Elektronen diesen umkreisen. Der Radius dieser Elektronenhülle ist 10^5-mal so groß wie der Radius des Kerns.

Schwachstellen dieses Modells:

- Positive Ladungen stoßen sich gegenseitig ab; der Atomkern müsste also auseinander fliegen, wenn es keinen „Kitt" gäbe.
- Die Elektronen, als bewegte Teilchen, werden vom positiven Atomkern angezogen und müssten unweigerlich in diesen fallen, da das Elektron mit der Zeit gebremst wird. Das Modell ist nicht stabil.

Im Jahre 1920 postulierte Rutherford das Vorhandensein ungeladener Elementarteilchen im Atomkern, die die Protonen separieren und den Atomkern zusam-

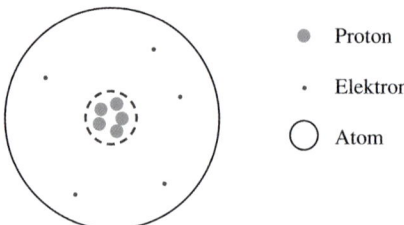

Abb. 1.3 Das Rutherfordsche Atommodel in der Urfassung (ohne Neutronen).

menhalten (Abbildung 1.4). Das Vorhandensein dieser Neutronen ergibt sich aus Massebetrachtungen der Elemente. Da die Masse und die Ladung von Elektron und Proton bekannt sind, ist die Masse der schwereren Elemente mit der Anzahl der Protonen nicht mehr erklärbar. Das Neutron wurde 1932 von James Chadwick experimentell bestätigt.

Wichtig zu wissen
Die im Atomkern anzutreffenden Elementarteilchen Protonen und Neutronen bilden die Gruppe der Nukleonen.

Die räumliche Nähe mehrerer Protonen im Atomkern wirft die Frage des Zusammenhalts im Kern auf. Die Protonen, als Teilchen gleicher Ladung, stoßen sich stark ab. Diese Abstoßung zwischen den Protonen kann auch mit der Separierung durch die Neutronen nicht kompensiert werden, auch dann nicht, wenn das Neutronen-zu-Protonen-Verhältnis mit steigender Ordnungszahl stetig steigt. Der Zusammenhalt des Atomkerns ist vielmehr auf eine besondere Wechselwirkung zurückzuführen, die starke Kernkraft.

Wenn die Kräfte, die den Atomkern zusammenhalten, nicht mehr signifikant größer sind als die Kräfte, die ihn auseinanderdividieren, kommt es zum Zerfall des Atomkerns. Hierfür gibt es drei natürlich vorkommende Zerfallswege, die α-Strahlung (im wesentlichen He^{2+}-Kerne), die β-Strahlung (Elektronen bestimmten Energieinhalts) und γ-Strahlung (hochenergetische Strahlung bestimmter Wellenlänge). Die drei Zerfallswege zusammen genommen nennt man Radioaktivität, und das Endprodukt (nach einem oder mehreren radioaktiven Zerfallsprozessen) ist ein stabiles Isotop (häufig von einem Element mit niedrigerer Ordnungszahl).

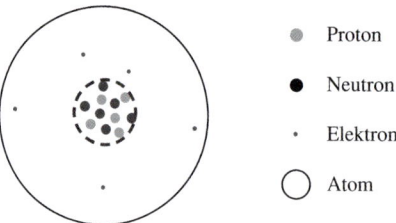

Abb. 1.4 Das Rutherford'sche Atommodel mit Neutronen.

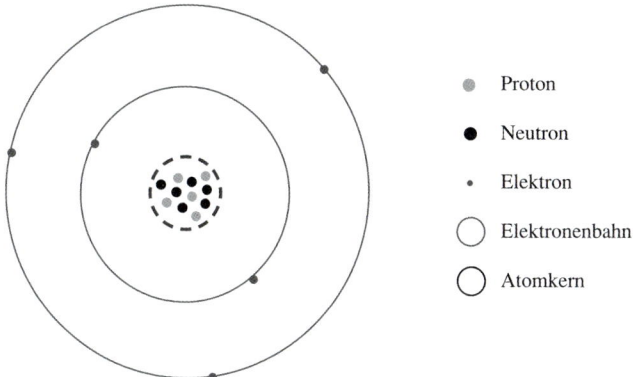

Abb. 1.5 Das Bohr'sche Atommodell (Planetensystem).

Nils Bohr verfeinerte 1913 Rutherfords Atommodell, indem er die Erkenntnisse der Quantentheorie mit aufnahm. Dies führte zum Welle-Teilchen-Dualismus für das Elektron (DeBroglie 1924) und zur Beschreibung der Wellenfunktion durch Schrödinger (1926). Mit der Beschreibung als Welle können den Elektronen feste Bahnen zugeordnet werden, die sich in ihrem Energieinhalt und ihrer räumlichen Ausdehnung unterscheiden. Das Bohr'sche Atommodell ähnelt einem Planetensystem mit dem Atomkern als Sonne und den Elektronen als darum kreisende Planeten (Abbildung 1.5). Aufgrund der Heissenbergschen Unschärferelation (1927) ist es aber unmöglich, für ein Elektron gleichzeitig den Ort und den Impuls anzugeben. Damit ist es auch unmöglich, das Bohr'sche Atommodell mathematisch exakt zu beschreiben. Es bleibt somit eine Modellvorstellung.

Anders als in unserem Sonnensystem kreisen bei Bohr aber mehrere Elektronen auf derselben Kreisbahn. Die Kreisbahnen des Bohr'schen Atommodells nennt man Schalen (Perioden im Periodensystem der Elemente). Diese Schalen haben noch Unterschalen, für die der Begriff Orbitale eingeführt wurde.

> **Wichtig zu wissen**
> Orbitale sind Aufenthaltsräume für Elektronen. Ein Orbital ist der Raum, in dem sich ein bestimmtes Elektron mit einer Wahrscheinlichkeit von 90 % antreffen lässt. Orbitale können maximal zwei Elektronen enthalten.

Für jede Schale ergibt sich aus der Quantentheorie ein Satz von Unterschalen, der für jede Schale in Art, Gestalt und Anzahl vorgegeben ist. Dieser Satz lässt sich mithilfe von vier Quantenzahlen beschreiben.

> **Wichtig zu wissen**
> - Quantenzahlen beschreiben ein bestimmtes Elektron in einem Atom (Ion) eindeutig und vollständig. Es gibt vier Quantenzahlen: die Hauptquantenzahl (gibt die Schale an), die Nebenquantenzahl (gibt die Art des Orbitals = Anzahl der Knotenebenen durch den Kern an), die Magnetquantenzahl

(gibt die räumliche Ausrichtung des Orbitals an) und die Spinquantenzahl (gibt den Drehsinn des Elektrons an).
- **Pauli-Prinzip:** Es gibt keine zwei Elektronen, die den gleichen Satz Quantenzahlen aufweisen. Zwei Elektronen im selben Atom (Ion) müssen sich in mindestens einer Quantenzahl unterscheiden.

Die Quantenzahlen leiten sich formal aus der Schrödinger-Gleichung (1926) ab, lassen sich aber mit einfachen mathematischen Formeln leicht berechnen, d. h. es lässt sich ganz einfach bestimmen, in welchem Orbital sich das Elektron befindet.

Hauptquantenzahl:	n	kann ganzzahlige Werte annehmen, $n = 1, 2, 3, \ldots$
		beschreibt die Schale
Nebenquantenzahl:	l	kann die Werte $l \leq n-1$ annehmen
		beschreibt die Unterschale bzw. die Art des Orbitals
Magnetquantenzahl:	m	kann die Werte $l \leq m \leq -l$ annehme
		beschreibt die räumliche Orientierung der Unterschale (Orbital)
Spinquantenzahl:	s	kann die Werte $+\frac{1}{2}$ oder $-\frac{1}{2}$ annehmen
		beschreibt den Drehsinn des Elektronenspins

Wenden wir diese Erkenntnisse über Quantenzahlen auf das *Wasserstoffatom* an, so können wir folgenden Satz an Quantenzahlen berechnen:

Hauptquantenzahl	$n = 1$	der niedrigste mögliche Wert für das kleinste Atom
Nebenquantenzahl	$l = 0$	für $n = 1$ ist $n - 1 = 0$
Magnetquantenzahl	$m = 0$	der einzig mögliche Wert, wenn $l = 0$
Spinquantenzahl	$s = \pm\frac{1}{2}$	einer der beiden Werte ist immer frei wählbar

Da im Wasserstoffatom die ersten drei Quantenzahlen keine Wahlmöglichkeiten aufweisen, kann es nur zwei verschiedene Sätze von Quantenzahlen geben. Wasserstoff kann also nur zwei Elektronen aufnehmen – eine wichtige Erkenntnis. Allerdings ist es auch im Wasserstoffatom möglich, eines der beiden Elektronen in der 1. Schale ($n = 1$) durch Energiezufuhr in eine höhere Schale (z.B. $n = 2$) zu heben.

Die Spinquantenzahl gibt den Drehsinn des Elektrons an. Die drei ersten Quantenzahlen beschreiben ein bestimmtes Orbital – den Ort, in dem sich das Elektron aufhält.

Für das Wasserstoffatom ergibt sich, dass es *eine* Schale ($n = 1$) besitzt, in dem sich *eine* Orbitalsorte ($l = 0$) befindet, die *eine* räumliche Ausrichtung ($m = 0$) aufweist, in dem sich *zwei* Elektronen ($s = \pm\frac{1}{2}$) aufhalten können. In einem Orbital (Wasserstoff hat nur eins auf der ersten Bahn) können sich also maximal zwei Elektronen (mit entgegengesetztem Spin) aufhalten.

Wichtig zu wissen
Jedes Orbital ist ein Aufenthaltsort für maximal zwei Elektronen.

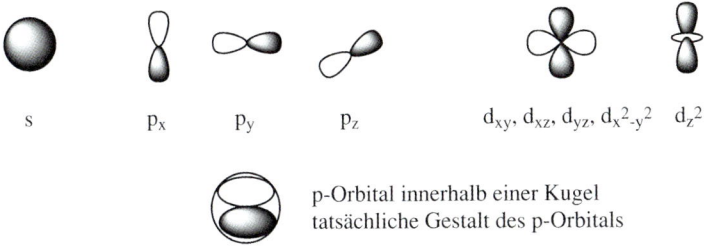

Abb. 1.6 Die räumliche Gestalt von s-, p-, d-Orbitalen.

Betrachten wir das Boratom, so stellen wir fest, dass die Hauptquantenzahl jetzt die Werte $n = 1$ oder $n = 2$ annehmen kann. Wir betrachten nur den Wert $n = 2$ ($n = 1$ haben wir ja schon beim Wasserstoffatom durchgerechnet). In der zweiten Schale ($n = 2$) kann die Nebenquantenzahl l jetzt die Werte 0 und 1 annehmen. Es sind also zwei Arten Orbitale vorhanden. Die Orbitalsorte für $l = 0$ kennen wir schon vom Wasserstoffatom. Hiervon gibt es auch in der zweiten Schale nur eines. Für $l = 1$ folgt für die Magnetquantenzahl m aber $m = -1$, $m = 0$ und $m = 1$. Es gibt von dieser Orbitalsorte also drei räumliche Orientierungen.

Wir sehen, dass die Quantenzahlen Orbitale festlegen, deren Art und Anzahl wir leicht berechnen können. Das einfachste Orbital ist das s-Orbital. Es hat keine räumliche Vorzugsrichtung und ist daher kugelsymmetrisch (Abbildung 1.6). Es kommt in jeder Schale genau einmal vor. Das nächste Orbital ist das p-Orbital. Es kommt in der ersten Schale gar nicht vor. Ab der zweiten Schale kommt es in jeder Schale dreimal vor. Es hat die Gestalt einer dreidimensionalen fetten Acht (meistens als Hantel beschrieben). Die drei einzelnen Orbitale stehen senkrecht aufeinander, liegen also auf den Achsen eines kartesischen Koordinatensystems. Ab der dritten Periode kommt noch eine dritte Orbitalform hinzu, die d-Orbital genannt wird. Hiervon gibt es in jeder Schale (ab der dritten) fünf Stück. Vier dieser Orbitale ähneln in der Form einem vierblättrigen Kleeblatt, das fünfte hat das Aussehen einer Hantel mit Bauchring. Ab der vierten Schale kommt noch das f-Orbital hinzu, von dem es jeweils sieben gibt.

> **Wichtig zu wissen**
> Mit zunehmender Schalennummer kommt immer eine weitere Orbitalsorte hinzu. Die Anzahl an Orbitalen pro Sorte erhöht sich immer um zwei. Beide Reihen folgen aus den mathematischen Beschreibungen der Quantenzahlen.

Es gibt in den Schalen also die in Tabelle 1.1 aufgeführten Orbitale.

Wir kennen aber bisher keine Elemente, bei denen die g-Orbitale besetzt wären. Daher brauchen wir uns auch nur mit s, p, d und f-Orbitalen zu beschäftigen.

1 Atombau

Tabelle 1.1 Die Orbitale.

Schale/Orbital	s	p	d	f	g
1	1				
2	1	3			
3	1	3	5		
4	1	3	5	7	
5	1	3	5	7	9

1.2 Das Periodensystem der Elemente PSE

Nun müssen wir uns mit der energetischen Reihenfolge der Orbitale beschäftigen, um die Chemie der Elemente besser verstehen zu können. Die Grundannahme ist natürlich, dass zunächst die erste Schale, dann die zweite Schale, dann die dritte Schale usw. besetzt werden. Wenn dem so wäre, so müsste das 93. Element (Neptunium Np) das erste Element sein, bei dem ein g-Orbital besetzt wird. Wir hatten aber gesagt, dass wir kein Element kennen, bei dem g-Orbitale besetzt werden. Die Besetzung der Orbitale muss also ein bisschen komplizierter sein. In der Tat werden die ersten beiden Schalen zunächst wie erwartet in der Reihe 1s, 2s, 2p aufgefüllt. In der dritten Schale geht es zunächst wie erwartet weiter mit 3s, 3p. Dann tritt aber auch schon die erste Unregelmäßigkeit auf, da 4s vor 3d aufgefüllt wird, die Reihenfolge lautet also 1s, 2s, 2p, 3s, 3p, 4s, 3d, 4p. Nun wiederholt sich die Unregelmäßigkeit mit 4p, 5s, 4d, 5p, 6s, 5d. Diese Unregelmäßigkeit kehrt also ganz regelmäßig wieder. Es wird immer zunächst das s-Orbital der höheren Schale besetzt, bevor das d-Orbital der unteren Schale besetzt wird. In

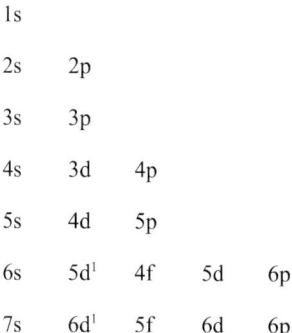

(die Hochzahl in $6d^1$ ($5d^1$) gibt die Anzahl der Elektronen im 6d (5d)-Niveau an, hier eins)

Abb. 1.7 Die energetische Abfolge der Orbitale.

1.2 Das Periodensystem der Elemente PSE

1s				
2s			2p	
3s			3p	
4s		3d	4p	
5s		4d	5p	
6s	5d^1	4f	5d	6p
7s	6d^1	5f	6d	6p

Abb. 1.8 Die energetische Abfolge der Orbitale in der periodischen Anordnung.

der sechsten Schale kommt es dann zur nächsten Unregelmäßigkeit, indem nur ein Elektron in die Unterschale 5d eingebaut wird, bevor mit dem Einbau in die 4f-Orbitale begonnen wird. Auch diese Unregelmäßigkeit wiederholt sich in der nächsthöheren Schale, der siebten. Wir beobachten also die in Abbildung 1.7 gezeigte energetische Abfolge der Orbitale, die man auch wie in Abbildung 1.8 schreiben kann.

> **Wichtig zu wissen**
> - **Aufbau-Prinzip:** Die Orbitale werden gemäß ihrer energetischen Abfolge aufgefüllt, beginnend mit dem 1s-Orbital, dem Orbital geringsten Energieinhalts.
> - **Hund'sche Regel:** Energetisch gleichwertige Orbitale (entartete Orbitale) werden zunächst einfach und erst dann doppelt besetzt, wenn jedes der entarteten Orbitale bereits einfach besetzt ist.
> - **Pauli-Prinzip:** Ein Orbital kann maximal mit zwei Elektronen mit entgegengesetztem Spin besetzt sein.

Wendet man diese drei Regeln konsequent an, so kommt man zu dem Besetzungsschema der Orbitale, Elektron für Elektron, von Abbildung 1.9.

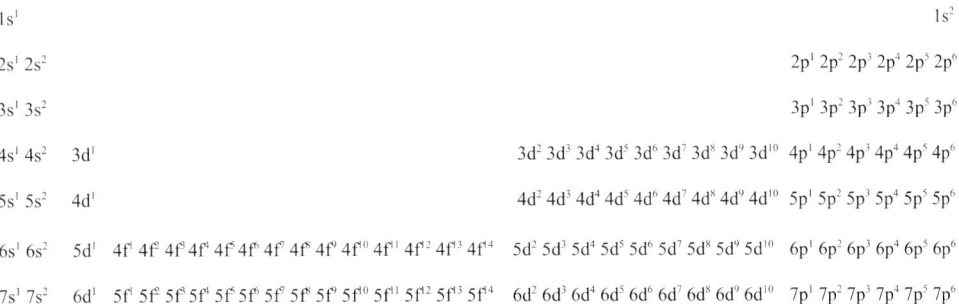

Abb. 1.9 Die energetische Abfolge der Elektronen in der periodischen Anordnung.

H																	He
Li	Be											B	C	N	O	F	Ne
Na	Mg											Al	Si	P	S	Cl	Ar
K	Ca	Sc			Ti	V	Cr	Mn	Fe	Co	Ni	Cu	Zn	Ga	Ge	As	Se	Br	Kr
Rb	Sr	Y			Zr	Nb	Mo	Tc	Ru	Rh	Pd	Ag	Cd	In	Sn	Sb	Te	I	Xe
Cs	Ba	La	Ce Pr Nd Pm Sm Eu Gd Tb Dy Ho Er Tm Yb Lu	Hf	Ta	W	Re	Os	Ir	Pt	Au	Hg	Tl	Pb	Bi	Po	At	Rn
Fr	Ra	Ac	Th Pa U Np Pu Am Cm Bk Cf Es Fm Md No Lr	Rf	Db	Sg	Bh	Hs	Mt	Ds	Rg						

Abb. 1.10 Das Periodensystem der Elemente in Langform.

In diesem Besetzungsschema kann man jetzt die abstrakten Zuordnungen von Elektronen in Orbitalen durch Elementnamen ersetzen. Man kann z. B. die Position $2p^4$ als Sauerstoff, Elementsymbol O, bezeichnen. Das Kürzel $4s^1$ wird zum Element Kalium K, und aus $5p^5$ wird das Element Iod I. Ersetzt man alle Elektronenbezeichnungen in obigem Schema durch Elementsymbole, so erhält man das Periodensystem der Elemente PSE (Abbildung 1.10).

Wie wir gesehen haben, spiegelt das Periodensystem der Elemente PSE die energetische Abfolge der Orbitalbesetzung wider. Es lässt sich also unmittelbar aus dem Atombau ableiten. Aufgestellt wurde das PSE aber schon weit bevor der Atombau überhaupt bekannt war. Möglich war dies, da sich die Eigenschaften der Elemente unmittelbar aus der elektronischen Struktur der entsprechenden Atome ableiten. Da die elektronische Struktur der Atome von Schale zu Schale periodisch wiederkehrt, unterliegen auch die Eigenschaften der Elemente periodischen Veränderungen. Das PSE reflektiert dies, indem es Elemente mit ähnlichen Eigenschaften untereinander anordnet. Diese Spalten im PSE werden Gruppen genannt.

Schon Johann Wolfgang Döbereiner erkannte die Ähnlichkeit bestimmter Elementgruppen, die er Triaden nannte (1817, 1829). Beispiele dieser Triaden sind Ca, Sr, Ba (II. Hauptgruppe des heutigen PSE); Li, Na, K (I. Hauptgruppe); Cl, Br, I (VII. Hauptgruppe) und S, Se, Te (VI. Hauptgruppe; Abbildung 1.11). In der Folgezeit wurde die Periodizität der Elementeigenschaften von vielen Wissenschaftlern untersucht. Cannizzaro führte die Anordnung nach steigender Masse ein, Newland veröffentlichte das Oktavengesetz (1863–1866), dessen Hauptaussage

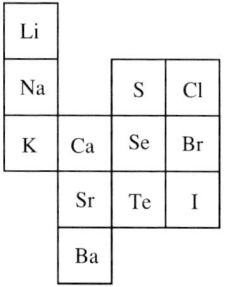

Abb. 1.11 Die Triaden des Johann Wolfgang Döbereiner.

die Periodizität der Elementeigenschaften in Oktaven ist. Genau wie in der Musik der achte Ton der Tonleiter dem ersten Ton ähnlich ist, so sei auch in der Chemie das jeweils achte Element (in der Reihung der Massen) dem ersten Element ähnlich. Newland hatte somit das Vorhandensein der acht Hauptgruppen erkannt. Für die VIII. Hauptgruppe, die Edelgase, war zu diesem Zeitpunkt noch kein einziger Vertreter bekannt. Daher stellt das Oktavengesetz eine Verkürzung des PSE durch Weglassen der VIII. Hauptgruppe dar. Bereits 1869, wenige Jahre nach dem Oktavengesetz, veröffentlichten Julius Lothar Meyer und Dimitri Mendelejew unabhängig voneinander ein Periodengesetz der Elemente, das unserem modernen PSE verblüffend ähnelt (Abbildung 1.12). Bereits Meyer und Mendelejew erkannten, dass die chemischen und physikalischen Eigenschaften der Elemente periodischen Veränderungen unterliegen. Elemente mit ähnlichen Eigenschaften kehren in festgelegten Abständen wieder. Die Anordnung der Elemente im PSE von Meyer und Mendelejew folgt der Zunahme der Atommasse. In unserem heutigen PSE ist das Ordnungsprinzip die steigende Ordnungszahl, also die Anzahl der Protonen im Kern.

> **Wichtig zu wissen**
> Die Ordnungszahl im Periodensystem der Elemente PSE gibt die Anzahl der Protonen im Atomkern an.

Die Anordnung nach der Atommasse oder der Ordnungszahl führt, bis auf drei Ausnahmen Ar/K, Co/Ni und Te/I, immer zum gleichen Ergebnis. Die Abweichungen beruhen auf der unterschiedlichen Anzahl von Neutronen im Atomkern. So hat Argon im Durchschnitt zwei Neutronen mehr als Kalium. Da Kalium eine um eins größere Ordnungszahl hat, ist die Atommasse für Argon (39,95) etwa um eins größer als die von Kalium (39,10), obwohl Kalium die größere Ordnungszahl hat.

> **Wichtig zu wissen**
> - **Isotop:** Atome mit gleicher Protonen-, aber unterschiedlicher Neutronenzahl im Atomkern heißen Isotope. Sie gehören dem gleichen Element an.
> - **Reinelement:** Element, das nur ein natürlich vorkommendes Isotop aufweist. Beispiele sind ^{9}Be, ^{19}F, ^{23}Na, ^{27}Al, ^{31}P, ^{45}Sc, ^{55}Mn, ^{59}Co, ^{75}As, ^{89}Y, ^{93}Nb, ^{103}Rh, ^{127}I, ^{133}Cs, ^{141}Pr, ^{159}Tb, ^{165}Ho, ^{169}Tm, ^{197}Au, ^{209}Bi, ^{232}Th.

A	B	C	D	E	F	G
A'	B'	C'	D'	E'	F'	G'
A"	B"	C"	D"	E"	F"	G"

Abb. 1.12 Das Ordnungsprinzip des Periodensystems der Elemente (Newland, Meyer, Mendelejew).

	Gruppe							
Periode	I	II	III	IV	V	VI	VII	VIII
1	H							He
2	Li	Be	B	C	N	O	F	Ne
3	Na	Mg	Al	Si	P	S	Cl	Ar
4	K	Ca	Sc	Ti	V	Cr	Mn	Fe Co Ni
	Cu	Zn	Ga	Ge	As	Se	Br	Kr
5	Rb	Sr	Y	Zr	Nb	Mo	Tc	Ru Rh Pd
	Ag	Cd	In	Sn	Sb	Te	I	Xe
6	Cs	Ba	La*	Hf	Ta	W	Re	Os Ir Pt
	Au	Hg	Tl	Pb	Bi	Po	At	Rn
7	Fr	Ra	Ac**					

Abb. 1.13 Das Periodensystem der Elemente von Mendelejew (1871). Dunkle Felder markieren unbekannte Elemente. *: Lanthanide und **: Actinide; 1871 bis auf Tb, Er und U noch unbekannt.

Im Mendelejew'schen Periodensystem von 1871 traten Lücken auf, die noch unentdeckte Elemente bezeichneten (Abbildung 1.13). So sagte Mendelejew die Existenz (und die Eigenschaften) einiger Elemente wie des Scandium (Sc; 1879; Nilson), Gallium (Ga, 1875; de Boisbaudran) und Germanium (Ge, 1886; Winkler), aber auch des natürlich auf der Erde nicht vorkommenden Elementes Technetium (Tc, 1937; Perrier, Segre) voraus.

Erst Henry G. J. Mosley erkannte 1913/1914, dass das PSE gemäß der Anzahl der Protonen im Kern (Ordnungszahl) aufgebaut ist, und konnte sowohl die Lanthaniden (14 Elemente) als auch die Actiniden (14 Elemente) in ihrer Anzahl und Stellung im PSE (auf das Lanthan bzw. Actinium folgend) richtig einordnen. Mosley gründete seine Experimente auf Röntgenstrahlen und die Aussagen des Bohr'schen Atommodells, Wissen, das Mendelejew und Meyer nicht zur Verfügung stand.

Die zentrale Bedeutung des Periodensystems der Elemente ist seine Funktion als chemischer Wissensspeicher. Das PSE ist eine Datenbank mit einzigartiger, unerreichter Wissensdichte und kann im Visitenkartenformat jederzeit mitgeführt werden. Lernt man auch nur wenige Dutzend der wichtigsten Elemente (und ihre Stellung im PSE) auswendig, so bildet dieses kodierte Wissen das jederzeit verfügbare zentrale Rüstzeug des chemisch interessierten Wissenschaftlers. Um dieses Wissen zugänglich zu machen, müssen wir uns natürlich noch einige Regeln aneignen. Wir müssen Stoffeigenschaften mit der Stellung des Elementes im PSE korrelieren (in Verbindung bringen).

H																	He
Li	Be											B	C	N	O	F	Ne
Na	Mg											Al	Si	P	S	Cl	Ar
K	Ca	Sc			Ti	V	Cr	Mn	Fe	Co	Ni	Cu	Zn	Ga	Ge	As	Se	Br	Kr
Rb	Sr	Y			Zr	Nb	Mo	Tc	Ru	Rh	Pd	Ag	Cd	In	Sn	Sb	Te	I	Xe
Cs	Ba	La	Ce Pr Nd Pm Sm Eu Gd Tb Dy Ho Er Tm Yb Lu	Hf	Ta	W	Re	Os	Ir	Pt	Au	Hg	Tl	Pb	Bi	Po	At	Rn
Fr	Ra	Ac	Th Pa U Np Pu Am Cm Bk Cf Es Fm Md No Lr	Rf	Db	Sg	Bh	Hs	Mt	Ds	Rg						

Abb. 1.14 Das moderne Periodensystem der Elemente in Langform.

Das Periodensystem lässt sich aufgrund der gerade besetzten Orbitale in verschiedene Blöcke unterteilen (Abbildung 1.14). Die zwei Spalten auf der linken Seite des Periodensystems nennt man den s-Block, da hier in jeder Schale zunächst das s-Orbital mit bis zu zwei Elektronen besetzt wird. Auf der rechten Seite des PSE finden wir den p-Block, sechs Spalten, in denen die jeweils drei p-Orbitale mit insgesamt sechs Elektronen besetzt werden. Dazwischen finden wir, aber erst ab der vierten Schale, den d-Block mit 10 Spalten für die Besetzung der insgesamt fünf d-Orbitale. Den d-Block nennt man auch die Nebengruppen oder Übergangsmetalle (der Übergang vom s- zum p-Block), während der s- und der p-Block gemeinsam die Hauptgruppen bilden. Aufgrund der unterschiedlichen Orbitalbesetzung, s- und p- bzw. d-Orbitale, unterscheidet sich die Chemie der Hauptgruppenelemente erheblich von der Chemie der Nebengruppenelemente. Sie werden daher gewöhnlich getrennt voneinander behandelt.

Der uns hier vordergründig interessierende Unterschied zwischen den Hauptgruppen, von denen es acht gibt (zwei vom s- und sechs vom p-Block), und den Nebengruppen, von denen es zehn gibt (aufgrund der fünf d-Orbitale, die zehn Elektronen aufnehmen können), ist die Zahl der Valenzelektronen.

> **Wichtig zu wissen**
> Valenzelektronen sind die Elektronen in der äußersten Schale des betreffenden Elementes (Atoms, Ions). Bei den Nebengruppen kommt das d-Niveau der nächsttieferen Schale hinzu.

Demzufolge kann ein Hauptgruppenelement maximal acht Valenzelektronen VE aufweisen (zwei Elektronen im s-Orbital und sechs Elektronen in den drei p-Orbitalen der äußersten Schale). Ein Nebengruppenelement kann maximal 18 Valenzelektronen aufweisen (zu den acht VE der Hauptgruppen kommen noch zehn VE für das d-Niveau der nächstunteren Schale hinzu).

> **Wichtig zu wissen**
> - **8-Elektronen-Regel:** Ein Hauptgruppenatom ist bestrebt, acht Valenzelektronen zu besitzen. Um das zu erreichen, gibt es entweder seine Valenzelektronen ab oder nimmt die benötigte Anzahl Elektronen auf.

- **18-Elektronen-Regel:** Ein Nebengruppenatom ist bestrebt, 18 Valenzelektronen zu besitzen. Um das zu erreichen, muss es meistens eine entsprechende Anzahl Elektronen aufnehmen.

1.3 Was sagt uns das Periodensystem der Elemente?

Dieses Bestreben, entweder der 8-Elektronen-Regel (Hauptgruppe) oder der 18-Elektronen-Regel (Nebengruppe) zu genügen, teilt die Elemente in zwei Gruppen, die Elemente, die wenige Valenzelektronen haben und diese daher gerne abgeben, und jene Elemente, die bereits viele Valenzelektronen besitzen und so willig die wenigen noch benötigten Elektronen aufnehmen.

Wir sind somit am Kern der Chemie angelangt. Eine chemische Reaktion wird sehr häufig von einem Elektronentransfer begleitet. Es ist daher wichtig zu wissen, wie stark die einzelnen Atome ihre Valenzelektronen festhalten. Die Ionisierungsenergie ist die Energie, die aufgewendet werden muss, um ein Elektron aus dem Atom zu entfernen. Die Elektronenaffinität ist die Energie, die umgesetzt wird, wenn einem neutralen Atom ein Elektron hinzugefügt wird. Die Elektronegativität ist die Tendenz eines Atoms, die Bindungselektronen in einer Verbindung an sich zu ziehen. Die beiden Größen, Elektronenaffinität und Elektronegativität, sind also eng miteinander verwandt, aber nicht identisch. Es ist die Elektronegativität, die als Maß dafür herangezogen wird, wie stark das Atom seine Valenzelektronen an sich bindet. Die Werte sind tabelliert (es gibt mehrere Tabellen, die Pauling-Skala ist die älteste und die Rochow-Skala die wohl exakteste). Das Element Fluor ist das

H																	He
2,1																	
Li	Be											B	C	N	O	F	Ne
1,0	1,5											2,0	2,5	3,0	3,5	4,0	
Na	Mg											Al	Si	P	S	Cl	Ar
0,9	1,2											1,5	1,8	2,1	2,5	3,0	
K	Ca	Sc	Ti	V	Cr	Mn	Fe	Co	Ni	Cu	Zn	Ga	Ge	As	Se	Br	Kr
0,8	1,0	1,3	1,5	1,6	1,6	1,5	1,8	1,9	1,9	1,9	1,6	1,6	1,8	2,0	2,4	2,8	3,0
Rb	Sr	Y	Zr	Nb	Mo	Tc	Ru	Rh	Pd	Ag	Cd	In	Sn	Sb	Te	I	Xe
0,8	1,0	1,2	1,4	1,6	1,8	1,9	2,2	2,2	2,2	1,9	1,7	1,7	1,8	1,9	2,1	2,5	2,6
Cs	Ba	La Ce Pr Nd Pm Sm Eu Gd Tb Dy Ho Er Tm Yb Lu	Hf	Ta	W	Re	Os	Ir	Pt	Au	Hg	Tl	Pb	Bi	Po	At	Rn
0,7	0,9	1,1 1,1 1,1 1,2 1,1 1,2 1,2 1,1 1,2 1,2 1,2 1,2 1,1 1,2	1,3	1,5	1,7	1,9	2,2	2,2	2,2	2,4	1,9	1,8	1,9	1,9	2,0	2,2	
Fr	Ra	Ac Th Pa U Np Pu Am Cm Bk Cf Es Fm Md No Lr	Rf	Db	Sg	Bh	Hs	Mt	Ds	Rg							
0,7	0,9	1,1 1,3 1,4 1,4 1,3 1,3 1,3 1,2 1,2 1,2 1,2 1,2 1,2 1,3 1,3															

Abb. 1.15 Die Elektronegativitäten der Elemente: Pauling-Skala.

elektronegativste Element und dient als Standard für die Elektronegativitätsskala (4,0 nach Pauling, Abbildung 1.15).

> **Wichtig zu wissen**
> Die Elektronegativität gibt an, wie stark ein Atom die Bindungselektronen in einer chemischen Bindung an sich zieht.

Die Elektronegativität bzw. die Differenz in der Elektronegativität zweier Elemente dient daher als Maß, um die Polarität von Bindungen zu berechnen. Man teilt Bindungen gemäß der Elektronegativitätsdifferenz der beiden Atome in kovalente, polare und ionische Bindungen ein.

> **Wichtig zu wissen**
> - **Ionische Bindung:** Es wird ein Elektron von einem Atom geringerer Elektronegativität zu einem Atom höherer Elektronegativität transferiert. Die Elektronegativitätsdifferenz ist groß. Die Bindungselektronen gehören nur einem Partner. Es entstehen ein Kation und ein Anion.
> - **Kovalente Bindung:** Beide Atome teilen sich die Bindungselektronen. Die Elektronegativitätsdifferenz ist gering. Das Dipolmoment der Bindung ist klein.
> - **Polare Bindung:** Die Elektronegativitätsdifferenz reicht für eine ionische Bindung nicht aus. Beide Atome teilen sich weiterhin die Bindungselektronen. Allerdings zieht das eine Atom die Bindungselektronen weit stärker zu sich als das andere. Die Bindung ist in Richtung des elektronegativeren Atoms polarisiert. Es wird ein großes Dipolmoment der Bindung beobachtet.

Im Periodensystem gibt es einen deutlichen Trend der Elektronegativität. Die Elektronegativität nimmt innerhalb einer Periode von links nach rechts zu. Innerhalb einer Gruppe (Spalte) nimmt die Elektronegativität der Atome von oben nach unten ab. Die elektronegativsten Elemente finden sich demnach rechts oben im PSE. Die Elemente der VIII. Hauptgruppe, die Edelgase, sind äußerst reaktionsträge. Für die ersten drei Vertreter (Homologe) gibt es keine Verbindungen. Helium, Neon und Argon kann daher keine Elektronegativität zugeordnet werden. Das elektronegativste Element ist deshalb Fluor, das mit der geringsten Elektronegativität das Caesium, wenn man vom radioaktiven, instabilen Francium absieht (Abbildung 1.16).

Für die Eigenschaften der Elemente hat diese Aussage Konsequenzen. Da es die elektronegativen Elemente sind, die Elektronen aufnehmen und zu Anionen werden, findet man die Nichtmetalle oben rechts im Periodensystem (mit Ausnahme des Wasserstoffatoms, das über eine halb besetzte Schale verfügt und somit ebenso gut ein Elektron aufnehmen wie abgeben kann). Im restlichen Bereich sind die Elemente Metalle. Nur im Übergang zwischen Metall und Nichtmetall gibt es eine kleine Gruppe von Halbmetallen, deren Eigenschaften einen Übergangsbereich bilden.

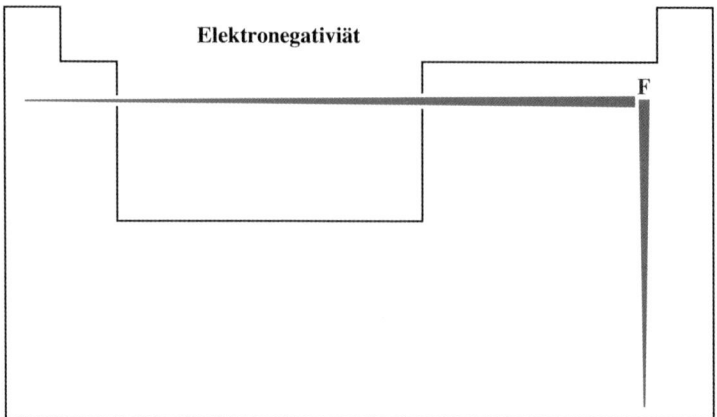

Abb. 1.16 Der Trend der Elektronegativitäten im Periodensystem der Elemente.

Es ist einsichtig, dass die Elemente der I. und II. Hauptgruppe ihre Valenzelektronen abgeben, um als Kationen eine voll besetzte (nächstuntere) Schale zu erreichen. Ebenso einsichtig ist es, dass die Elemente der VI. und VII. Hauptgruppe bestrebt sind, ein oder zwei Elektronen aufzunehmen, um eine voll besetzte Valenzschale zu erreichen. Es ist der Übergangsbereich, die III. bis V. Hauptgruppe, der unser Interesse weckt. Hier ist die Situation naturgemäß weit komplizierter. Es können entweder Elektronen aufgenommen oder abgegeben werden. In beiden Fällen erwarten wir, dass es zur Bildung polarer kovalenter Bindungen kommt. Ionische Verbindungen erwarten wir hier nur im Ausnahmefall. Warum ist das so?

Entfernt man aus einem Metallatom (z. B. Aluminium, einem Element der III. Hauptgruppe) ein Elektron, so entsteht ein Kation. Im Kation gibt es natürlich mehr Protonen im Kern als Elektronen in der Hülle, in unserem Falle genau ein Proton mehr. Das Kation hält also seine verbliebenen Valenzelektronen stärker fest, als das ungeladene Atom es tat. Es muss mehr Energie aufgewendet werden, um das zweite Elektron zu entfernen als das erste. Man muss die zusätzliche Anziehungskraft der positiven Ladung überwinden. Für das dritte Elektron ist die zu überwindende positive Ladung nochmals größer. Es wird also mit zunehmender Ladung des Kations immer schwieriger, ein Elektron zu entfernen. Für ein Element der V. Hauptgruppe ist es umgekehrt ähnlich schwierig, drei Elektronen aufzunehmen, da das zweite (dritte) Elektron gegen eine bereits bestehende negative Ladung ins Anion integriert werden muss (Abbildung 1.17).

Wichtig zu wissen
- Für die I. und II. Hauptgruppe erwarten wir die Ausbildung von Kationen.
- Im Bereich der III. bis V. Hauptgruppe erwarten wir die Bildung polarer kovalenter Verbindungen.
- Für die VI. und VII. Hauptgruppe erwarten wir die Ausbildung von Anionen.
- Für die VIII. Hauptgruppe erwarten wir überhaupt keine Verbindungen.

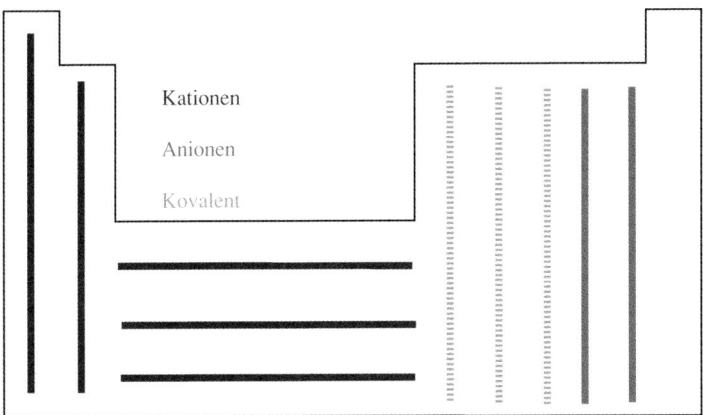

Abb. 1.17 Die Verteilung von Kationen und Anionen im Periodensystem der Elemente.

Wir haben das Auftreten kovalenter Verbindungen für die Elemente der III. bis V. Hauptgruppe im Wesentlichen elektrostatisch begründet. Unser Argument war, dass wir das zweite Elektron eines Metallatoms gegen die Anziehungskraft einer positiven Ladung des Kations entfernen müssen. Positive und negative Ladungsträger ziehen sich gegenseitig an. Gleichnamige Ladungen stoßen sich ab. Diese Beobachtung hat Konsequenzen für die Größe von Atomen, Kationen und Anionen.

Geht man innerhalb einer Gruppe (Spalte) des Periodensystems von oben nach unten, so werden die Atomradien immer größer (Abbildung 1.18). Dies ist einsichtig, da man ja jedesmal eine weitere Schale hinzufügt, die weiter vom Atomkern weg ist. Geht man aber innerhalb einer Periode von links nach rechts, so wird der Atomradius immer kleiner, obwohl immer mehr Elektronen in die Valenzschale eingebaut werden. Der Grund hierfür ist im Atomkern zu suchen,

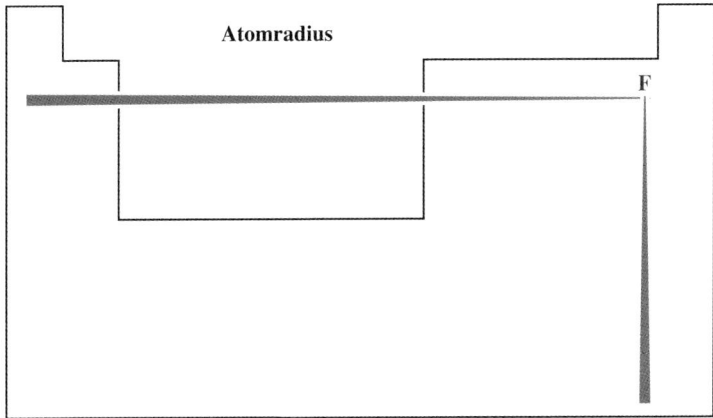

Abb. 1.18 Der Atomradius in Abhängigkeit zur Stellung im Periodensystem der Elemente.

in den ja parallel immer mehr Protonen eingebaut werden. Die Zunahme an positiver Ladung im Atomkern *und* negativer Ladung in der Hülle erzeugt eine Zunahme der Anziehungskraft zwischen Atomkern und Valenzschale, was letztlich zu einem geringeren Abstand (Atomradius) führt.

Mit dem gleichen Argument erwarten wir, dass isoelektronische Kationen und Anionen unterschiedliche Ionenradien haben, und zwar das Kation einen kleineren als das Anion.

Beispiel

Betrachten wir das Kalium ([Ar] $4s^1$). Gibt es ein Elektron ab, so erreicht es die Elektronenkonfiguration des Edelgases Argon. Das Chloratom ([Ne] $3s^2$ $3p^5$) erreicht ebenfalls die Elektronenkonfiguration des Argons, wenn es ein Elektron aufnimmt. Beide haben nun die gleiche Elektronenkonfiguration und somit auch die gleiche Besetzung der Valenzschale. Kalium hat aber weiterhin zwei Protonen mehr im Atomkern als das Chlorid. Daher ist die elektrostatische Anziehung zwischen Atomkern und Hülle im Kaliumkation größer als im Chloridanion. Das Anion (181 pm) ist mithin größer als das Kation (133 pm). Bei den Atomen war dieses Verhältnis noch umgekehrt, Chlor (99 pm) ist kleiner als Kalium (227 pm).

Aus dem gleichen Grunde ist der Anionenradius immer größer als der zugehörige Atomradius. Das zusätzliche Elektron in der Valenzschale bewirkt eine größere gegenseitige Abstoßung der Elektronen, ohne dass sich die Anziehung zum Kern in gleichem Maße erhöht. Es wird ja kein zusätzliches Proton in den Kern eingebaut.

Der Kationenradius ist aber kleiner als der dazugehörige Atomradius. Dies gilt auch dann, wenn durch den Elektronentransfer nicht die gesamte Valenzschale entleert wird.

Beispiel

Als Beispiel dient das Eisen, ein Element der VIII. Nebengruppe. Das Eisenatom hat einen Atomradius von 124 pm, das Eisen(II)-Kation einen Ionenradius von 74 pm und das Eisen(III)-Kation einen Ionenradius von 64 pm. Die Elektronen werden aus dem d-Niveau der dritten Schale entfernt. Die Abnahme des Ionenradius von Fe^{2+} zu Fe^{3+} wird also innerhalb der Valenzschale beobachtet und fällt viel kleiner aus als beim Kalium, das seine ganze Valenzschale verliert (K: 227 → 133 pm, Fe: 124 → 74 → 64 pm).

1.4 Die Reaktivität der Elemente

Die Stellung eines Elementes im Periodensystem gibt an, wie viele Elektronen es abgeben oder aufnehmen möchte. Besonders einfach ist dies in den Hauptgruppen zu sehen. Natrium (I. Hauptgruppe) möchte ein Elektron abgeben, Sauerstoff

(VI. Hauptgruppe) zwei Elektronen aufnehmen. Wir erwarten also, dass eine Reaktion zwischen Natrium und Sauerstoff zu Natriumoxid führt, wobei zwei Atome Natrium mit einem Atom Sauerstoff reagieren.

Beispiel

2 Na + O → Na$_2$O

Ganz so einfach ist dies aber doch nicht, da elementarer Sauerstoff meist ein zweiatomiges Molekül ist (die Modifikation Ozon O$_3$ ist dreiatomig). Die korrekte Gleichung lautet also:

4 Na + O$_2$ → 2 Na$_2$O

An der wesentlichen Aussage, dass zwei Atome Natrium mit einem Atom Sauerstoff reagieren, ändert das aber nichts. Diese Aussage basiert auf dem Elektronentransfer zwischen Natrium und Sauerstoff, und das Verhältnis ergibt sich direkt aus der Stellung der beiden Elemente im Periodensystem.

Kehren wir zur Elektronegativität zurück. Diese Größe gibt an, wie stark ein Atom die Bindungselektronen in einer chemischen Bindung an sich zieht. Damit ist sie ein Maß für die Polarität dieser Bindung. Die Differenz in den Elektronegativitäten zweier Elemente sagt uns aber auch, in welche Richtung die Elektronen transferiert werden. Dies ist besonders wichtig, wenn beide Reaktionspartner entweder Elektronen aufnehmen oder abgeben möchten. Betrachten wir die Reaktion zwischen Schwefel und Sauerstoff. Beide Elemente gehören der VI. Hauptgruppe an. Beide Elemente möchten also jeweils zwei Elektronen aufnehmen. Sauerstoff steht im PSE direkt über dem Schwefel, hat also die größere Elektronegativität. Daher findet ein Elektronentransfer von Schwefel zu Sauerstoff statt und nicht umgekehrt.

⅛ S$_8$ + O$_2$ → SO$_2$

Beispiel

Das Gleiche gilt für die Verbrennung von Kohle, also die Reaktion von Kohlenstoff mit Sauerstoff. Kohlenstoff steht in der gleichen Periode links vom Sauerstoff, hat also die geringere Elektronegativität und muss seine Elektronen zum Sauerstoff transferieren. Es kommt ebenfalls zur Ausbildung polarer kovalenter Bindungen.

2 C + O$_2$ → 2 CO

2 CO + O$_2$ → 2 CO$_2$

Gesamt: C + O$_2$ → 2 CO$_2$

Die Frage, ob bei der Verbrennung von Kohle das Kohlenmonoxid CO oder Kohlendioxid CO$_2$ entsteht, hängt von den Reaktionsbedingungen ab. Ein entscheidender Faktor ist, wie viel Sauerstoff der Reaktion zur Verfügung steht.

Bei der Verbrennung des Kohlenstoffs entstehen zwei Verbindungen, die sich in der Anzahl der Sauerstoffatome unterscheiden. Der Kohlenstoff transferiert in beiden Verbindungen eine unterschiedliche Anzahl von Elektronen zu Sauerstoff. Der Sauerstoff nimmt immer die gleiche Anzahl an Elektronen auf (die zwei Elektronen, die ihm zur magischen Zahl 8 fehlen). Wir sollten dieser Zahl formal transferierter Elektronen einen eigenen Namen geben.

Wichtig zu wissen
- **Oxidationszahl:** Gibt die Anzahl der transferierten Elektronen an, wobei Bindungselektronen vollständig dem elektronegativeren Partner zugerechnet werden. Zur Berechnung bildet man einfach die Differenz aus der Stellung des Atomes im PSE und der Anzahl seiner Valenzelektronen in der Verbindung.
- Elemente haben immer die Oxidationszahl ±0, da beide Bindungspartner die gleiche Elektronegativität aufweisen.
- Oxidationszahlen werden in römischen Zahlen angegeben.

Beispiel
Als Beispiel nehmen wir das Schwefeldioxid SO_2. Schwefel ist ein Element der VI. Hauptgruppe. Es hat also sechs Valenzelektronen. In SO_2 hat der Schwefel formal insgesamt vier Elektronen an die Sauerstoffatome abgegeben. Es verbleiben ihm also noch zwei Elektronen. Man rechnet dann:

$$6 - 2 = 4$$

Nummer der Hauptgruppe (6) minus Zahl der verbliebenen Valenzelektronen (2) ergibt die Oxidationszahl (4).

Die Oxidationszahl des Schwefels in SO_2 ist also +IV. Das positive Vorzeichen leitet sich aus dem Transfer negativer Ladungen (Elektronen) ab. Die Anzahl der Protonen im Kern ändert sich nicht, und daher verbleibt nach dem Elektronentransfer ein Überschuss von vier positiven Ladungen.

Die maximale Oxidationszahl ergibt sich aus der Stellung des Elementes im Periodensystem. Ein Element kann maximal so viele Elektronen abgeben, wie es Valenzelektronen besitzt. Umgekehrt kann es nur so viele Elektronen aufnehmen, wie ihm zur Auffüllung seiner Valenzschale fehlen. Als Beispiel betrachten wir den Stickstoff und das Zink. Stickstoff steht in der V. Hauptgruppe. Er hat die maximale Oxidationszahl +V (wie im Nitration NO_3^-) und die minimale Oxidationszahl –III (wie im Ammoniak NH_3). Zink ist ein Element der II. Nebengruppe und gibt zwei Elektronen ab (+II). Eine Elektronenaufnahme macht wie bei Elementen der II. Hauptgruppe wenig Sinn.

1.4.1 Stabile Oxidationszahlen der Elemente

Die Frage, welche Oxidationszahlen bei welchen Elementen am stabilsten sind, lässt sich nicht einfach beantworten. Es gibt aber auch hier allgemeine Trends, die sich aus der Stellung im Periodensystem ableiten lassen. Die Elektronegativität ist ein gutes Maß für den Elektronentransfer und damit auch für die Stabilität von Oxidationszahlen. Wir würden erwarten, dass hohe Oxidationszahlen umso stabiler (leichter zu realisieren) sind, je weiter unten das Element in einer Gruppe des PSE steht. Betrachten wir als Beispiel die Reaktion der Elemente der VI. Nebengruppe (Cr, Mo, W) mit elementarem Chlor, so beobachten wir den folgenden Verlauf:

Beispiel

$2\ Cr + 3\ Cl_2 \rightarrow 2\ CrCl_3$

$2\ Mo + 5\ Cl_2 \rightarrow 2\ MoCl_5$

$W + 3\ Cl_2 \rightarrow WCl_6$

Das Bestreben von Chlor, ein Elektron aufzunehmen, ist immer gleich. Es ändert sich das Bestreben des Metalles, Elektronen abzugeben. Die Reaktion ist also geeignet, die Metalle miteinander zu vergleichen. Wir beobachten das erwartete Ergebnis: Chlor kann dem Wolframatom (6. Periode) alle sechs Valenzelektronen entreißen, dem Molybdänatom (5. Periode) nur noch fünf und dem Chloratom (4. Periode) gar nur noch drei Elektronen. Die höchste Oxidationsstufe der VI. Nebengruppe (+VI) ist also beim schwersten Homologen (W) am stabilsten. Dieser Trend ist für alle Nebengruppenelemente gültig.

Beispiel

Bei den Hauptgruppenelementen zeichnet sich ein anderes Bild ab. Betrachtet man z. B. die binären (binär: aus zwei Elementen bestehend) Oxide der IV. Hauptgruppe, so macht man ein paar interessante Beobachtungen. Innerhalb der Gruppe nimmt die Stabilität des Monoxids von oben nach unten zu und die Stabilität des Dioxids von oben nach unten ab. Das schwarze Bleioxid PbO_2 (Pb^{IV}) ist ein Oxidationsmittel, da es unter Sauerstofftransfer ins weiße Bleioxid PbO (Pb^{II}) übergeht. Gleichzeitig ist Germaniumoxid GeO (Ge^{II}) ein Reduktionsmittel, da es leicht zu GeO_2 (Ge^{IV}) oxidiert wird.

Die Stabilität der niedrigeren Oxidationsstufe (+II) ist also umso größer, je weiter unten das Element im Periodensystem steht. Wir würden eigentlich genau das Gegenteil erwarten. Eine zweite Beobachtung ist von Interesse. Legt man Kohle an die Luft, so wird diese weder zu Kohlenmonoxid (CO, gasförmig) noch zu Kohlendioxid (CO_2, gasförmig) oxidiert. Die Oxidation tritt erst bei hohen Temperaturen ein (Verbrennung). Bei Zinn sieht dies anders aus, Zinnfolie (Stanniol) überzieht sich spontan mit einer Oxidschicht.

Wichtig zu wissen
- Die Neigung, Elektronen abzugeben, nimmt auch in den Hauptgruppen mit steigender Ordnungszahl von oben nach unten zu. Für die höheren Homologen (die unten in der Gruppe stehenden Elemente) ist die stabilste Oxidationszahl aber zunehmend um zwei kleiner als die Gruppennummer (Tl^I, Pb^{II}, Bi^{III}, Te^{IV}).
- Die Regel, dass die stabilste Oxidationszahl bei Hauptgruppenelementen hoher Ordnungszahl um zwei kleiner ist als die Gruppennummer, ist auf den Inert-s-Pair-Effekt zurückzuführen. Die beiden Elektronen im s-Orbital der Valenzschale werden durch die d- und f-Elektronen der unmittelbar darunterliegenden Schalen abgeschirmt und stehen für eine Oxidation nicht mehr uneingeschränkt zur Verfügung.

Wenden wir uns wieder den Nebengruppen zu. Es fällt auf, dass hier für viele Elemente mehrere bevorzugte Oxidationsstufen existieren, obwohl das Übergangsmetall nur eine geringe Elektronegativität hat. Es hat also die Neigung, Elektronen abzugeben. Betrachten wir einmal das Eisen. Hier treten das Fe(II) und das Fe(III) als stabile Oxidationsstufen auf. Beim Fe(II) haben wir es mit einem d^6-System zu tun. Es fehlen noch 12 Elektronen (d. h. 6 Liganden) zur Erfüllung der 18-Elektronen-Regel. Durch Ausbildung von 6 Donorbindungen (6 Liganden) wird die erforderliche Elektronenzahl erreicht und gleichzeitig mit dem Oktaeder ein bevorzugter Koordinationspolyeder (s. Struktur und Bindung) verwirklicht. Beides führt zu einem stabilen Komplex. Dennoch werden Fe(II)-Verbindungen im alkalischen Milieu leicht zu Fe(III) oxidiert. Oktaedrische Fe(III)-Verbindungen erfüllen nicht mehr die 18-Elektronen-Regel, sind aber offenbar dennoch sehr stabil. Dies beruht auf der Halbbesetzung des d-Niveaus (d^5-System, alle d-Orbitale mit nur einem Elektron besetzt).

Wichtig zu wissen
Voll besetzte und leere Schalen sowie halb besetzte Schalen und Unterschalen (Orbitalsätze) sind besonders stabil.

Unser zweites Beispiel ist das Cobalt (IX. Nebengruppe). Viele Koordinationsverbindungen des Cobalts haben die Oxidationszahl +III. Co(III) ist ebenfalls ein d^6-System und isoelektronisch zu Fe(II). Beim Co(II) haben wir ein d^7-System, dem wir die Stabilität nicht unbedingt ansehen und auch nicht ohne Weiteres erklären können. Wir nehmen einfach zur Kenntnis, dass die Elektronegativität des Cobalts ein freies (oder hydratisiertes) Co^{3+}-Kation nicht zulässt, der Energiegewinn für eine 18 VE Koordinationsverbindung aber die Oxidation zu Co(III) ermöglicht.

Wenden wir uns nun dem Mangan zu. Hier haben wir die stabilen Oxidationsstufen +II, +IV und +VII. Da Mangan in der VII. Nebengruppe steht, korrespondieren diese mit d^5, d^3 und d^0. Die Stabilität von d^5 und d^0 können wir bereits erklären. Die Stabilität von d^3 (Mn^{IV}, Cr^{III}, V^{II}) lässt sich durch die Halbbesetzung einer weiteren Unterschale erklären (t_{2g}-Satz, s. Ligandenfeldtheorie).

Wichtig zu wissen
Die stabilen Oxidationsstufen eines Nebengruppenelementes bestimmen sich zumeist aus der Differenz zwischen der Stellung des Elementes im PSE (Anzahl der Valenzelektronen) und der Erreichbarkeit einer stabilen Elektronenkonfiguration: Volle, leere oder halb besetzte Schale oder Unterschale.

1.5 Der Magnetismus

Eine bewegte elektrische Ladung (z. B. ein Elektron) induziert ein magnetisches Moment. Daher haben ungepaarte Elektronen ein magnetisches Moment (in der Größe eines Bohr'schen Magnetons μ_B). Gepaarte Elektronenpaare haben kein magnetisches Moment, da das Vorzeichen des magnetischen Moments abhängig ist vom Drehsinn des Elektrons. Bei einem Elektronenpaar löschen sich die magnetischen Momente gegenseitig aus. Gibt es innerhalb eines Atoms mehrere ungepaarte Elektronen, so verhalten sich deren magnetische Momente nicht streng additiv. Wechselwirkungen zwischen den Elektronen führen zu einer Abschwächung des Gesamtmomentes.

Sind alle Elektronen im Atom gepaart, so spricht man von Diamagnetismus. Gibt es ungepaarte Elektronen im Atom, so spricht man von Paramagnetismus. Da Atome für gewöhnlich nicht einzeln, sondern in größeren Verbünden (Moleküle, Phasen) auftreten, gibt es auch Magnetismusarten, die auf der geordneten Wechselwirkung unterschiedlicher Atome beruhen. Hier spricht man von kollektivem Magnetismus. Dazu gehören der Ferromagnetismus, Ferrimagnetismus, Antiferromagnetismus und der molekulare Diamagnetismus (Abbildung 1.19). Alle beruhen aber letztendlich auf atomaren Eigenschaften.

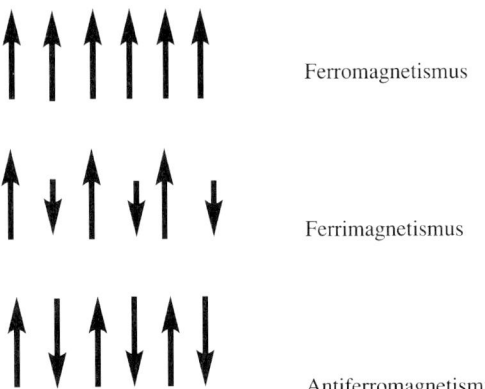

Abb. 1.19 Die verschiedenen Arten des kollektiven Magnetismus im Spiegel der Anordnung ihrer magnetischen Momente.

Wichtig zu wissen

- **Ferromagnetismus:** Beim Ferromagnetismus sind die magnetischen Momente der einzelnen Atome in großen Bereichen (Weiß'sche Bezirke) innerhalb des Festkörpers parallel zueinander ausgerichtet. Durch Anlegen eines äußeren Magnetfeldes werden die Weiß'schen Bezirke entlang des äußeren Magnetfeldes ausgerichtet. Entfernt man nun das äußere Magnetfeld, so bleibt die Ausrichtung der Weiß'schen Bezirke (und damit der Ferromagnet) erhalten. Dieses Phänomen wird Hysteresis genannt und beruht darauf, dass das Umklappen der Weiß'schen Bezirke viel Energie benötigt und somit nicht spontan erfolgt.
  Es gibt vier Elemente, die bei „Raumtemperatur" Ferromagneten sind: Eisen Fe, Cobalt Co und Nickel Ni. Das vierte Element, Gadolinium Gd, wird oberhalb von 16 °C zum Paramagneten.
- **Ferrimagnetismus:** Beim Ferrimagnetismus treten zwei ferromagnetische Teilgitter auf. Diese Teilgitter haben antiparallele Ausrichtung und heben sich daher teilweise auf. Nach außen ist ein abgeschwächter Ferromagnetismus sichtbar.
- **Antiferromagnetismus:** Ein Antiferromagnet sieht dem Ferrimagneten sehr ähnlich, nur haben die Teilgitter magnetische Momente gleichen Betrages, aber entgegengesetzten Vorzeichens. Die magnetischen Momente löschen sich aus. Es wird diamagnetisches Verhalten beobachtet, obwohl die einzelnen Atome über ungepaarte Elektronen verfügen.
- **Molekularer Diamagnetismus:** Von molekularem Diamagnetismus spricht man, wenn im Antiferromagneten die antiparallelen magnetischen Momente über kovalente Bindungen miteinander verbunden sind. Molekularer Diamagnetismus ist nicht temperaturabhängig.

1.5.1 Temperaturabhängigkeit des Magnetismus

Ferromagnetismus, Ferrimagnetismus und Antiferromagnetismus beruhen auf kollektiven Wechselwirkungen zwischen einzelnen Teilchen. Diese Wechselwirkungen bewirken eine Fernordnung, die durch die Eigenbewegung der Teilchen gestört werden kann. Diese Eigenbewegung ist umso größer, je höher die Temperatur ist. Die Fernordnung bricht daher oberhalb einer stoffspezifischen Temperatur zusammen, und es wird fortan nur noch Paramagnetismus beobachtet. Die Umwandlungstemperatur wird bei den einzelnen Magnetismusarten unterschiedlich nach den jeweiligen Entdeckern benannt: Ferro- und Ferrimagnetismus (Curie), Antiferromagnetismus (Neel).

Der Paramagnetismus ist im einfachsten Fall der Temperatur umgekehrt proportional und gehorcht demzufolge dem Curie-Gesetz: $\chi_{para} = C/T$ (C = Curie-Konstante).

Im allgemeinen Fall gilt das Curie-Weiß-Gesetz: $\chi_{para} = C/(T - \theta)$. Die absolute Temperatur T ist also um eine Temperatur θ (Weiß-Konstante) vermindert.

Wichtig zu wissen

- Der Diamagnetismus ist temperaturunabhängig.
- Paramagnetismus und Diamagnetismus haben unterschiedliches Vorzeichen.
- Paramagnetismus ist etwa 1000-mal so stark wie der Diamagnetismus.

Noch einmal in Kürze

Das Atom ist die kleinste Einheit, die noch das ganze Element repräsentiert. Es kann an andere Atome gebunden sein und bildet dann Moleküle, die kleinsten Repräsentanten einer chemischen Verbindung.

Atome bestehen aus einem Kern, der Protonen und für gewöhnlich Neutronen enthält, die gebraucht werden, um mehrere Protonen zusammenzuhalten. Je mehr Protonen anwesend sind, desto mehr Neutronen werden zur Stabilisierung des Kerns benötigt. Es ist die Anzahl der Protonen, die das Element festlegt, und die Anzahl der Neutronen, die das Isotop bestimmt. Die Elektronen besetzen den Raum um den Kern herum in einer geordneten Art und Weise. Jedes Elektron kann einem bestimmten Orbital zugeordnet werden, das durch drei Parameter definiert wird: den Abstand vom Kern (Periode, Schale), die Form (Art des Orbitals) und seine Orientierung (seine Position in einem kartesischen Koordinatensystem). Das Elektron wird einzigartig, wenn ihm ein Spin (Drehsinn) zugeordnet wird. Diese vier Parameter sind die Quantenzahlen und identifizieren ein Elektron, da es keine zwei Elektronen gibt, die denselben Satz von Quantenzahlen aufweisen.

Jeder Satz von Quantenzahlen repräsentiert ein spezifisches Energieniveau für ein Elektron. Wenn diese nach aufsteigenden Werten geordnet werden, entsteht das Periodensystem der Elemente PSE. Das Ordnungsprinzip des PSE ist offiziell die Ordnungszahl (Anzahl der Protonen im Kern), aber seine Form und äußere Gestalt werden von der energetischen Abfolge der Orbitale bestimmt. Da jedes Orbital maximal zwei Elektronen aufnehmen kann, ist das PSE in Doppelspalten geordnet.

Das PSE ist die dichteste von Menschen erschaffene Datenbank und die zentrale Datenbank der Chemie. Von ihr lassen sich wichtige Informationen, die Reaktivität der Elemente, Oxidationszahlen, Atom- und Ionenradien und die Stöchiometrie einfacher binärer und ternärer Verbindungen beziehen.

Wissen testen

1.1 Ordne die folgenden Elemente nach *steigender* Elektronegativität und begründe die Reihenfolge: Cäsium, Chlor, Kohlenstoff, Zinn.

1.2 Das stabile Isotop $^{98}_{42}$Mo hat 56 Neutronen. Berechne aus diesen Angaben die Mindestmasse eines stabilen Bleiisotops.

1.3 Cobalt ist ein Reinelement ^{59}Co und ist das erste Element der 9. Nebengruppe. Ermittle die Ordnungszahl, die Elektronenkonfiguration und die Anzahl der Neutronen. Was bedeutet die Zahl 59?

1.4 Warum folgt die 1. Nebengruppe auf die 10?

1.5 Warum benehmen sich die Elemente der 1. und 2. Nebengruppe wie Hauptgruppenelemente?

1.6 In welcher Quantenzahl unterscheiden sich die energiereichsten Elektronen in der Elektronenkonfiguration von Rubidium und Strontium?

1.7 Welche Quantenzahl legt fest, dass es in einer Schale sieben f-Orbitale gibt, und warum treten f-Orbitale erst in der 4. Schale zum ersten Mal auf?

1.8 Was ist der Unterschied zwischen ^{3}H und ^{3}He?

1.9 Ordne die folgenden Atome nach *abnehmendem* Atomradius: Xenon, Blei, Nickel, Kalium, Strontium, Schwefel, Bismut, Rubidium, Vanadium, Osmium.

1.10 Welche stabilen Oxidationszahlen hat das Thalium und welche der beiden ist stabiler?

1.11 Warum geht α-Strahlung durch eine dünne Bleifolie nahezu ungehindert durch, nicht aber durch die lokale Tageszeitung?

1.12 Was ist stabiler: a) PbO_2 oder CO_2; b) MnO_4^- oder ReO_4^- ? Warum?

1.13 Warum ist das Bromidion größer als das Rubidiumion?

1.14 Warum ist das Bromidion kleiner als das Cäsiumion?

1.15 PET (Positronen-Emissionstomographie) ist eine wichtige Diagnostikmethode, bei der ^{18}F unter Abgabe von Positronen in ^{18}O übergeht. Was sind Positronen? Warum kommt die Kernumwandlung ^{18}F → ^{18}O in der Natur nicht vor?

2 Stöchiometrie

In diesem Kapitel…
Die Stöchiometrie ist die Lehre von der Zusammensetzung definierter chemischer Verbindungen (Moleküle, Salze) und dem Stoffumsatz bei chemischen Reaktionen. Die dazu benötigten mathematischen Kenntnisse gehen in den seltensten Fällen über den Dreisatz hinaus.

Um die Stöchiometrie besser verstehen zu können, müssen wir uns erst einmal Gedanken über die Zusammensetzung der Stoffe machen. Wir haben bereits gesehen, dass das kleinste Teilchen, das noch die Eigenschaften eines Elementes repräsentiert, das Atom ist. Dieses Atom ist in der Lage, Elektronen aufzunehmen oder abzugeben. Wir wissen, dass das Elektron die Elementarladung trägt. Es können also nur ganze Elektronen und damit ganzzahlige Vielfache der Elementarladung transferiert werden. Ebenso kann es natürlich nur ganzzahlige Vielfache des Atoms in einer chemischen Verbindung geben.

Schlüsselthemen
- Das Mol als zentrale Maßeinheit
- Die Summenformeln
- Die Reaktionsgleichung

2.1 Die chemische Formel

In der Stöchiometrie macht man sich das zunutze, indem man für Salze folgende Regeln aufstellt:

Wichtig zu wissen
- Eine chemische Verbindung besteht aus einer ganzzahligen Anzahl von gleichen oder verschiedenen Atomen.
- Die Anzahl der Atome repräsentiert die Zahl der transferierten Elektronen.
- Die Summenformel der chemischen Verbindung repräsentiert das kleinste gemeinsame Vielfache der Atome.

Allgemeine Chemie: für Lebenswissenschaftler, Mediziner, Pharmazeuten…, 1. Auflage.
Olaf Kühl © 2012 Wiley-VCH Verlag GmbH & Co. KGaA.
Published 2012 by Wiley-VCH Verlag GmbH & Co. KGaA.

Für Molekülverbindungen muss man diese Regeln erweitern, da es jetzt mehrere, manchmal sogar sehr viele, Verbindungen gibt, die alle die gleiche simple Grundformel haben oder deren Eigenschaften mit der reduzierten Formel nicht erklärt werden können. Zur ersteren Kategorie gehören die Kohlenhydrate (Zucker), zur zweiten z. B. das Benzol C_6H_6, das sonst als CH angegeben werden müsste.

Wir werden diese Regeln jetzt an ein paar einfachen Beispielen erklären.

Beispiel
- Zunächst schauen wir uns das Aluminiumoxid an. Diese Verbindung besteht, wie der Name sagt, aus Aluminium und Sauerstoff. Aluminium ist ein Element der III. Hauptgruppe und gibt drei Elektronen ab. Sauerstoff ist ein Element der VI. Hauptgruppe und nimmt zwei Elektronen auf. Das kleinste gemeinsame Vielfache ist also $2 \cdot 3 = 6$. Wir benötigen zwei Al, um sechs Elektronen abzugeben, sowie drei O, um sechs Elektronen aufzunehmen. Die korrekte Summenformel lautet also Al_2O_3. Zur Aufstellung der Reaktionsgleichung benötigen wir aber noch die Summenformeln der Ausgangsstoffe, also Aluminium und Sauerstoff. Aluminium ist ein Metall und wird als Elementsymbol angegeben. Sauerstoff hingegen kommt gewöhnlich als gasförmiges, zweiatomiges Molekül O_2 vor.

  $4\,Al + 3\,O_2 \rightarrow 2\,Al_2O_3$

- Ein zweites Beispiel ist die vollständige Verbrennung von Glucose. Die Glucose hat die Summenformel $C_6H_{12}O_6$ (ein Kohlenhydrat, $(CH_2O)_n$, mit $n = 6$ Kohlenstoffatomen), und die vollständige Verbrennung erzeugt Wasser und Kohlendioxid CO_2 als Produkte. Die Formeleinheit lautet CH_2O; n ist das Vielfache dieser Formeleinheit. Wir brauchen also für jedes Kohlenstoffatom ein Sauerstoffmolekül. Das Wasser ist im Kohlenhydrat bereits mengenmäßig vorhanden.

  $C_6H_{12}O_6 + 6\,O_2 \rightarrow 6\,CO_2 + 6\,H_2O$

  Der Verbrennungsvorgang der Glucose läuft im Stoffwechsel des Menschen natürlich weitaus komplizierter ab, aber außer dem Zucker (Nahrungsaufnahme) lässt sich der Rest, Sauerstoffaufnahme und CO_2-Abgabe, durch die Atmung bewerkstelligen. Auch lässt sich leicht erkennen, dass die Verbrennung von Kohlenhydratreserven zu einer Gewichtsabnahme führt, wobei das Gewicht über die Atmung (CO_2) und die Schweißdrüsen (H_2O) abgegeben wird. Was sich nicht so leicht erkennen lässt ist, dass der Körper für 30 Minuten Glucosevorräte bereithält, die er nach dem Joggen gleich wieder auffüllt.

- Ein drittes Beispiel ist die Synthese von Glaubersalz (Natriumsulfat-Dekahydrat) aus Steinsalz (Kochsalz) und Kieserit (Magnesiumsulfat-Monohydrat). Hier werden keine Elektronen transferiert, sondern es werden die Ionen ausgetauscht. Das Sulfation geht von Magnesium zu Natrium und das Chlorid in umgekehrter Richtung von Natrium zu Magnesium. Dies wird als doppelte Umsetzung bezeichnet.

  $2\,NaCl + MgSO_4 \cdot H_2O + 9\,H_2O \rightarrow Na_2SO_4 \cdot 10\,H_2O + MgCl_2$

Diese Reaktionsgleichung wirft ein paar Fragen auf: Wie berechnet man die Zusammensetzung eines komplexen Anions wie des Sulfats SO_4^{2-}, und woher kennt man die Menge des Kristallwassers? Die Ermittlung komplexer Anionen lernen wir im Kapitel 4 kennen und die Menge des Kristallwassers schlägt man praktischerweise nach (z. B. im Katalog eines namhaften Chemikalienhändlers). Wer es experimentell ermitteln möchte, der muss trockenes Glaubersalz wiegen und dann erhitzen, um das Kristallwasser zu vertreiben. Durch nochmaliges Wiegen lässt sich der Trocknungsverlust und somit die Anzahl der Wassermoleküle in der Summenformel ermitteln.

Viel wichtiger aber ist die Frage, wie viel von jedem Stoff wir nehmen müssen, um eine bestimmte Menge Produkt zu erhalten. Bisher haben wir unsere Reaktionsgleichungen im atomaren Bereich aufgestellt. Das Gewicht ist also unwägbar klein. Wir müssen einen Weg finden, unsere atomaren Mengen auf Gramm- oder Kilogrammmengen hochzuskalieren. Zu diesem Zweck haben die Chemiker eine Zahl eingeführt, die nur die Aufgabe hat, den nummerischen Wert des Atomgewichts in Gramm anzugeben. Diese Zahl heißt Avogadro-Zahl N_A (Loschmidt-Zahl N_L) und hat den Wert $6{,}023 \cdot 10^{23}$. Die Zahl wurde nach ihrem Entdecker, dem Italiener Avogadro (etwa zeitgleich auch durch den deutschen Chemiker Loschmidt), benannt, ist aber viel bekannter unter dem Namen das Mol.

> **Wichtig zu wissen**
> Ein Mol ist die Anzahl Atome, die in exakt 12 g des Kohlenstoffisotops ^{12}C enthalten sind.

Was bedeutet diese Definition? Sie dient dazu, einen Standard zu setzen. Die atomare Einheit u der Atommasse ist auf das Kohlenstoffisotop ^{12}C bezogen. Das heißt, 1 u ist schlicht der zwölfte Teil der Masse des Kohlenstoffisotops ^{12}C und entspricht in etwa der Masse eines Protons oder eines Neutrons. Allerdings sind die Massen des Protons und Neutrons etwas unterschiedlich und im Zusammenspiel der Protonen und Neutronen im Atomkern treten Kernbindungskräfte auf, die dafür sorgen, dass die Masse des Atomkerns nicht gleich der Summe seiner Protonen- und Neutronenmassen ist. Ein zusätzlicher Faktor sind die Elektronen, die ja auch einen kleinen Beitrag zur Masse des Atoms leisten. Wenn man all diese Faktoren zusammennimmt, ist es sinnvoll, die atomare Masse m_u und damit auch das Mol (die „atomare Masse im Grammmaßstab") auf ein bestimmtes Isotop, eben das ^{12}C, zu beziehen.

> **Wichtig zu wissen**
> - Unabhängig von der Struktur der unterschiedlichen Elementmodifikationen gibt man das Element meistens als genau ein Atom wieder.
>   **Ausnahme:** Zweiatomige Gase und Fälle, bei denen die spezielle Modifikation eine Rolle spielt, z. B. O_3, P_4, S_8.
> - Die molaren Massen der Elemente sind die gleichen wie für die Atome, nur nimmt man für die molaren Massen die Einheit Gramm und für die atomaren Massen die Einheit u. Beide sind im PSE tabelliert.

- Die molare Masse einer chemischen Verbindung (Molekulargewicht, Formelgewicht) ergibt sich aus der Summe der molaren Atommassen der einzelnen Atome der chemischen Verbindung in der Einheit Gramm.
- Im PSE stehen die durchschnittlichen Atommassen. Diese sind über alle natürlich vorkommenden Isotope gemittelt und gewichtet, d. h. die Masse eines Isotops geht entsprechend seinem prozentualen Anteil in die Masse des Elements ein.
- Bei radioaktiven Elementen wird nur das langlebigste Isotop aufgeführt.
- **Das Mol:** Das Mol ist die zentrale Rechengröße in der Chemie. Mit seiner Hilfe lassen sich alle stöchiometrischen Rechenoperationen bewältigen. Es ist sinnvoll, zunächst alle Mengenangaben in Mol umzurechnen und dann erst die Massenangabe in Gramm für eine Komponente auszurechnen

2.2 Reaktionsgleichung

Die Reaktionsgleichung beschreibt eine chemische Reaktion quantitativ. In ihr werden alle Reaktanden (Edukte und Produkte) mit ihrer Summenformel erfasst und der Stoffumsatz in ganzen Mol beschrieben. Zusätzlich können noch andere relevante Größen wie der Energieumsatz angegeben werden. In ihrer einfachsten Form beschreibt die Reaktionsgleichung eine Gesamtreaktion. Es kann aber auch bloß eine Teilreaktion beschrieben werden, z. B. die Oxidation *oder* die Reduktion in einer Redoxreaktion.

Wichtig zu wissen
Es gibt drei Regeln für die Aufstellung einer Reaktionsgleichung:
1) Die Reaktionsgleichung muss die Reaktion vollständig beschreiben.
2) Links vom Pfeil müssen die gleichen Atome in der gleichen Menge stehen wie rechts vom Pfeil.
3) Die Summe der Ladungen muss links vom Pfeil gleich sein wie rechts vom Pfeil.

Sind nicht alle Produkte bekannt, so kann man ein Reaktionsschema aufstellen, das stöchiometrisch nicht ausbilanziert ist.

Regel 2 haben wir bereits oben bei der Darstellung von Al_2O_3 gesehen. Regel 3 veranschaulichen wir bei der Auflösung von Aluminiumhydroxid in einer Base:

$$Al(OH)_3 + OH^- \rightarrow [Al(OH)_4]^-$$

Mehrstufenreaktionen werden für gewöhnlich durch eine Serie aufeinanderfolgender Reaktionsgleichungen beschrieben. In dieser Serie ist das Produkt der vorhergehenden Reaktion gleichzeitig das Edukt der Folgereaktion. Da jeder Teilschritt eine eigenständige Reaktion darstellt, müssen die stöchiometrischen Koeffizienten nicht gleich sein.

Die stöchiometrischen Koeffizienten sind die Vorfaktoren, die den Summenformeln der einzelnen Reaktanden vorangestellt werden. Stöchiometrische Koeffizienten sind ganze Zahlen.

Beispiel

Als Beispiel betrachten wir die Nitrierung von Benzol mittels Nitriersäure, einem Gemisch aus konzentrierter Salpetersäure und konzentrierter Schwefelsäure, in dem das Nitroniumion NO_2^+ gebildet wird:

$C_6H_6 + NO_2^+ \rightarrow C_6H_5NO_2 + H^+$

In einem zweiten Schritt kann die Nitrogruppe zum Amin reduziert werden (Hydrierung). Im Falle der Nitrogruppe ist hierzu nascierender Wasserstoff aus einem Eisen/Salzsäure-Gemisch völlig ausreichend.

$C_6H_5NO_2 + 2\ Fe + 6\ HCl \rightarrow C_6H_5NH_2 + 2\ FeCl_3 + 2\ H_2O$

Als nächster Schritt lässt sich die Aminogruppe des Anilins acylieren, d. h. mit einem Carbonsäurechlorid zum entsprechenden Carbonsäureamid umsetzen. Dabei wird formal HCl frei, das durch eine Base abgefangen werden muss. Hierzu nehmen wir Triethylamin NEt_3. Die Reaktion lautet also:

$C_6H_5NH_2 + CH_3COCl + NEt_3 \rightarrow C_6H_5NHC(O)CH_3 + HNEt_3Cl$

Abschließend kann man jetzt noch hydrieren, d. h. die Carbonsäurefunktion zu Kohlenwasserstoff umsetzen. Man erhält dann aus dem Carbonsäureamid ein sekundäres Amin – ein Amin mit zwei N–C-Bindungen.

$C_6H_5NHC(O)CH_3 + 4\ [H] \rightarrow C_6H_5NHCH_2CH_3 + H_2O$

Als Reduktionsmittel wurde in obiger Reaktionsgleichung [H] eingesetzt, eine Wasserstoffquelle, die nicht näher bezeichnet ist. Tatsächlich nimmt man entweder elementaren Wasserstoff (mit Raney-Nickel als Katalysator) oder aber $LiAlH_4$ (Lithiumaluminiumhydrid). Mit $LiAlH_4$ wird die Reaktionsgleichung so komplex, dass man sie meistens nicht vollständig aufstellt. Vereinfacht ausgedrückt, man ist am Produkt interessiert, und solange man es verlässlich bekommt, sind der genaue Ablauf und die exakte Stöchiometrie von nachrangiger Bedeutung. Zumal man das überschüssige $LiAlH_4$ anschließend durch Wasserzusatz zerstören kann.

Die gesamte vierstufige Reaktion lautet also

$C_6H_6 + NO_2^+ \rightarrow C_6H_5NO_2 + H^+$

$C_6H_5NO_2 + 2\ Fe + 6\ HCl \rightarrow C_6H_5NH_2 + 2\ FeCl_3 + 2\ H_2O$

$C_6H_5NH_2 + CH_3COCl + NEt_3 \rightarrow C_6H_5NHC(O)CH_3 + HNEt_3Cl$

$C_6H_5NHC(O)CH_3 + 4\ [H] \rightarrow C_6H_5NHCH_2CH_3 + H_2O$

Es ist leicht einsichtig, dass man diese vier Teilreaktionen nicht zu einer Reaktionsgleichung zusammenfassen kann. Es sind vier unabhängige Einzelreaktionen, die nacheinander ablaufen müssen, um von Benzol zu *N*-Ethylanilin zu gelangen (Abbildung 2.1). Genauso einsichtig ist es, dass man natürlich auch mit Anilin beginnen kann. Dann spart man sich die ersten beiden Teilschritte in der Synthese.

Selbstverständlich ist obige Darstellung sehr unübersichtlich, und wir haben keineswegs die reinen Summenformeln verwendet. Vielmehr haben wir eine Art strukturierte Summenformel kreiert, um zu zeigen, dass wir Anilin meinen und nicht etwa Methylpyridin (von dem es im Übrigen drei verschiedene gibt). Es ist dies ein Grundproblem in der Molekülchemie, speziell der organischen Chemie, weswegen dafür eine grafische Darstellung der Reaktionsgleichungen entwickelt wurde, mit der man die Strukturen der Moleküle besser darstellen kann. Diese Formeln heißen daher Strukturformeln.

Wir sehen auch gleich die Konvention der organischen Chemie, Kohlenstoffatome durch Striche zu ersetzen und Wasserstoffatome nach Möglichkeit gleich ganz wegzulassen.

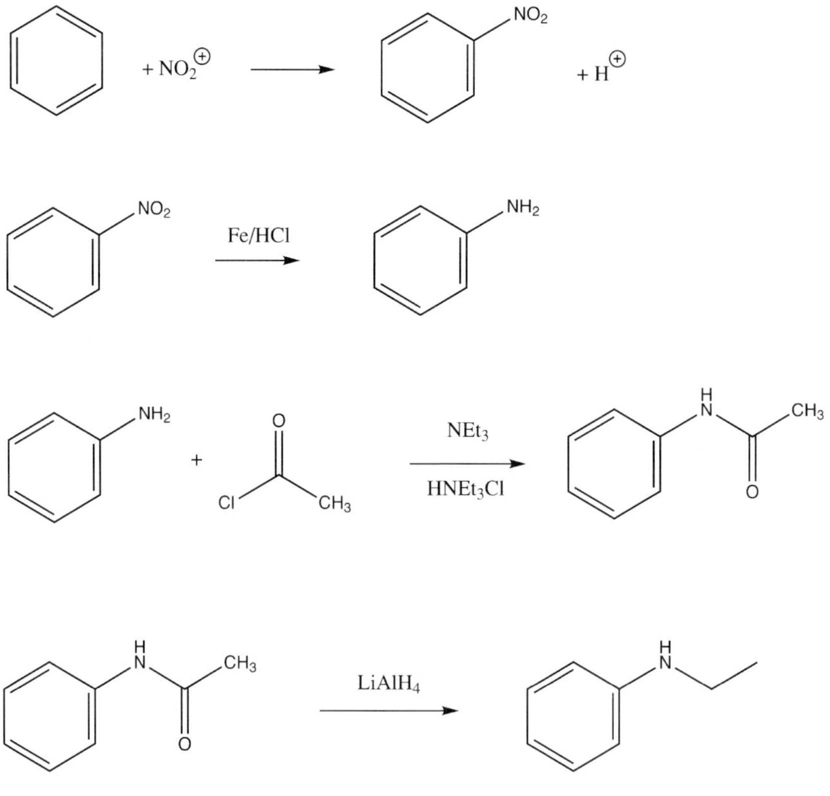

Abb. 2.1 Die Synthese von *N*-Ethylanilin aus Benzol, grafische Darstellung durch organische Strukturformeln.

Beispiel

Eine zweite mehrstufige Reaktion finden wir im kationischen Trennungsgang der anorganischen Chemie. Ein Nachweis des Bleis geschieht durch Fällung des Blei(II)-Kations mit Kaliumiodid und anschließendes Auflösen des gefällten PbI_2 mit überschüssigem Kaliumiodid gemäß folgenden Einzelreaktionen:

$Pb^{2+} + 2\ KI \rightarrow PbI_2 + 2\ K^+$

$PbI_2 + 2\ KI \rightarrow K_2[PbI_4]$

Hier ließen sich die beiden Teilreaktion natürlich zu einer Gesamtreaktion zusammenfassen:

$Pb^{2+} + 4\ KI \rightarrow K_2[PbI_4] + 2\ K^+$

Allerdings ginge dabei die wertvolle Information des PbI_2 Niederschlages verloren, und der Nachweis für die Anwesenheit von Pb^{2+} könnte nicht mehr erbracht werden. Eine schrittweise Vorgehensweise (vorsichtige Zugabe von KI) ist also unerlässlich.

Wichtig zu wissen

Ausbeute: Die Ausbeute ist die Menge des bei einer chemischen Reaktion erhaltenen Produktes. Man kann sie entweder in Gramm (Masse), Mol (Stoffmenge) oder in Prozent angeben. Am sinnvollsten und häufigsten ist die prozentuale Ausbeute.

Die prozentuale Ausbeute ist der Quotient aus tatsächlicher Ausbeute (in mol) und der theoretisch möglichen Ausbeute (in mol).

$$\text{Ausbeute (in \%)} = \frac{\text{praktische Ausbeute (in mol)}}{\text{theoretische Ausbeute (in mol)}}$$

Die praktische Ausbeute ist eigentlich immer kleiner als die theoretische Ausbeute. Die häufigsten Gründe sind:

- Gleichgewichtsreaktion, d. h. es liegen außer den Produkten (Ausbeute) auch noch nicht umgesetzte Edukte (Ausgangsstoffe, Ausbeuteverlust) vor.
- Nebenreaktionen, d. h. außer den gewünschten Produkten (Ausbeute) liegen auch noch unerwünschte Produkte (Ausbeuteverlust) vor.
- Verluste bei der Aufarbeitung, d. h. es verbleiben Produktreste an den Arbeitsgeräten.
- Verluste bei der Reinigung, z. B. in der Mutterlauge bei der Umkristallisierung.

Wichtig zu wissen

- Die Gesamtausbeute einer mehrstufigen Reaktion ist der Quotient der praktischen Ausbeute der letzten Teilreaktion bezogen auf das Edukt der ersten Teilreaktion.
- Die Gesamtausbeute ergibt sich aus dem Produkt der prozentualen Ausbeuten aller Teilreaktionen.

Beispiel

In einer fünfstufigen Reaktion hat jede Teilreaktion eine prozentuale Ausbeute von 90 %. Dann ist die Gesamtausbeute der Reaktion:

$$A_G = 0{,}9 \cdot 0{,}9 \cdot 0{,}9 \cdot 0{,}9 \cdot 0{,}9 = 59\,\%$$

In einer automatischen Peptidsynthese sind viele Teilschritte notwendig, da das Peptid aus Dutzenden oder gar Hunderten von Aminosäuren besteht. Bereits bei einem Dekapeptid, d. h. bei nur zehn Aminosäuren, wäre die Gesamtausbeute bei unserem obigen Beispiel (90 % Ausbeute pro Teilschritt) auf gerade einmal 35 % (ungefähr ein Drittel) gesunken. Daher muss hier für jeden Teilschritt eine nahezu quantitative Ausbeute (100 %) gefordert und erreicht werden. In vielen biochemischen Prozessen ist dies auch tatsächlich der Fall.

2.3 Lösungen

Eine Lösung ist ein Gemisch aus Lösungsmittel und dem gelösten Stoff. Umgesetzt wird definitionsgemäß immer nur der gelöste Stoff bei der chemischen Reaktion. Es ist daher wichtig, den Gehalt an gelöstem Stoff zu kennen. Die drei wichtigsten Gehaltsangaben sind die Molarität, die Normalität und die Molalität.

Wichtig zu wissen
- **Molarität:** Die Molarität ist definiert als die Menge gelösten Stoffes (in mol) pro Liter Lösung.
  Eine 1 molare Lösung wird hergestellt, indem man 1 mol des zu lösenden Stoffes in einen 1-l-Maßkolben gibt und dann bis zum Eichstrich mit Lösungsmittel auffüllt.
- **Normalität:** Die Normalität ist definiert als die Menge der bei einer Reaktion übertragenen Teilchen (in mol) pro Liter Lösung. Beispiele sind Elektronen, Protonen, Hydroxidionen.
- 1 mol einer Säure kann mehr als 1 mol Protonen zur Verfügung stellen. 1 mol eines Oxidationsmittels kann mehr als 1 mol Elektronen aufnehmen.

Anders als die Molarität beschreibt die Normalität nicht die Menge eines Stoffes, sondern quantifiziert vielmehr die Eigenschaft dieses Stoffes (Protonen, Redoxäquivalente/Elektronen). Bei der Zugabe einer Säure ist es nicht unbedingt wichtig, wie die Säure heißt, sondern wie viele Protonen sie zur Verfügung stellt. Die Salzsäure HCl ist ebenso wie die Schwefelsäure H_2SO_4 eine starke Säure. Allerdings ist die Salzsäure eine einprotonige Säure und die Schwefelsäure eine zweiprotonige Säure. Um 1 mol Protonen bereitzustellen, benötigt man also 1 mol Salzsäure, aber nur ½ mol Schwefelsäure.

Wichtig zu wissen
Eine 1 N H_2SO_4 ist gleichzeitig 0,5 M.

Ebenso verhält es sich bei der Redoxreaktion zwischen Kaliumpermanganat $KMnO_4$ und Oxalsäure $H_2C_2O_4$ in saurer Lösung. Hier benötigt das Permanganat fünf Elektronen, um zu Mn(II) reduziert zu werden. Die Oxalsäure liefert aber nur zwei Elektronen bei der Oxidation zu Kohlendioxid CO_2. Daher ist eine 1 M $KMnO_4$-Lösung gleichzeitig 5 N (sie verbraucht 5 mol Elektronen), während eine 1 M Oxalsäure lediglich 2 N ist (sie stellt 2 mol Elektronen zur Verfügung).

Wichtig zu wissen
- **Molalität:** Die Molalität ist definiert als die Menge eines Stoffes (in mol) pro Kilogramm Lösungsmittel.
- Eine 1 molale Lösung wird hergestellt, indem man auf einer Waage 1 mol eines Stoffes abwiegt und anschließend 1 kg Lösungsmittel zugibt.

Aufgrund ihrer Unhandlichkeit wird die Molalität heute kaum noch angetroffen. Andere Gehaltsangaben wie Vol.-% und Gew.-% entsprechen nicht den IUPAC-Normen (IUPAC: International Union of Pure and Applied Chemistry) und sind daher eigentlich unzulässig. Beide Gehaltsangaben erfreuen sich aber weiterhin großer Beliebtheit, da sie sehr praktisch sind. Besonders die Angabe in Gew.-% macht es in der Praxis sehr einfach, die Stoffmenge (in Mol) des gelösten Stoffes zu ermitteln. Daher werden viele Chemikalien, die nur in Lösung stabil sind, weiterhin in Gew.-% verkauft. Beispiele sind Formaldehyd und Glyoxal. Aber auch Wasserstoffperoxid H_2O_2 und Hydrazin N_2H_4 kommen meistens als Lösung in den Handel, da sie als reine Stoffe explosiv sind.

Arbeitet man in Lösungen, so muss man natürlich den Gehalt der Lösung kennen, die durch das Mischen von zwei oder mehreren Lösungen resultiert. Dazu gibt es zwei nützliche Gleichungen, die Mischungsgleichung und das Mischungskreuz.

Wichtig zu wissen
- **Mischungsgleichung:** Mit der Mischungsgleichung lässt sich die Konzentration einer Mischung aus Lösungen unterschiedlicher Konzentrationen berechnen.

$$C_M = \frac{C_1 m_1 + C_2 m_2 + C_n m_n}{m_1 + m_2 + m_n}$$

C_M: Konzentration der Mischung (%);
C_1, C_2, C_n: Konzentrationen der Lösungen (%);
m_1, m_2, m_n: Massen der Lösungen

- **Mischungskreuz:** Mit dem Mischungskreuz lässt sich herausfinden, in welchem Verhältnis man Lösungen unterschiedlicher Konzentration mischen muss, um eine bestimmte Konzentration der Mischung zu erhalten (Abbildung 2.2).

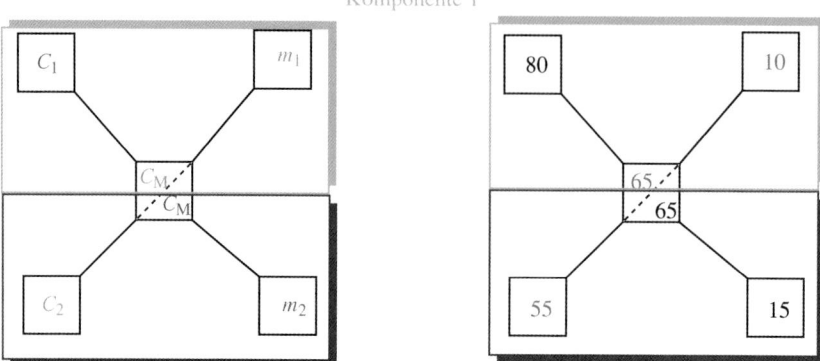

C_M: Konzentration der Mischung (%); C_1, C_2: Konzentrationen der Lösungen (%); m_1, m_2: Massen der Lösungen

Abb. 2.2 Das Mischungskreuz.

Für gewöhnlich kennt man die Konzentrationen der beteiligten Lösungen. In unserem Beispiel haben wir Lösungen mit den Konzentrationen 80 % und 55 % und wir wollen eine 65 %ige Lösung. Da das Mischungskreuz immer in der Diagonalsumme bzw. der Diagonaldifferenz eine richtige Gleichung ergeben muss, sehen wir sofort, dass die Diagonale von links oben nach rechts unten die Summe 80 = 65 + 15 ergibt und die Diagonale von links unten nach rechts oben die Differenz 55 = 65 − 10. Die höhere Konzentration ist also als Summe und die kleinere Konzentration als Differenz zu rechnen. In unserem konkreten Beispiel müssen wir 15 Massenteile der 80 %igen Lösung mit 10 Massenteilen der 55 %igen Lösung mischen, um eine 65 %ige Lösung zu erhalten.

2.4 Gase

In Gasen sind die Moleküle frei beweglich. Die Kräfte zwischen den Molekülen sind näherungsweise vernachlässigbar, und daher sind viele Eigenschaften von Gasen für alle Gase gleich. Genau genommen allerdings nicht für alle Gase, sondern nur für ideale Gase, also Gase, die sich eben gemäß diesen allgemeinen Gasgesetzen verhalten. Uns interessiert in diesem Zusammenhang, dass ideale Gase alle das gleiche molare Volumen von 22,4 l haben, bei der Standardtemperatur 20 °C den gleichen Druck von 1013 hPa aufweisen und unbegrenzt miteinander mischbar sind.

Es gilt die allgemeine Gasgleichung: $p \cdot V = n \cdot R \cdot T$ wobei p der Druck, V das Volumen, n die Stoffmenge, T die Temperatur und R eine Konstante ist.

Wichtig zu wissen

Die Stoffmenge (in Mol) idealer Gase lässt sich aus dem Volumen leicht ermitteln, da 1 mol eines idealen Gases stets 22,4 l Raum einnimmt.

Noch einmal in Kürze

Die Stöchiometrie beschreibt die Zusammensetzung der Stoffe und versetzt den Chemiker in die Lage, Reaktionen mengenmäßig zu planen.

Im Folgenden seien die wichtigsten Anwendungen der Stöchiometrie kurz aufgelistet:

- Berechnung des Molekulargewichtes
- Bestimmung der Summenformel
- Aufstellung der Reaktionsgleichung
- Bestimmung der Ausbeute
- Hilfe bei der Aufklärung des Mechanismus der Reaktion
- Einstellung der Konzentration einer Lösung
- Bestimmung des Gehalts eines Elementes in einer Verbindung
- Bestimmung des Reinheitsgrades einer Verbindung

Wissen testen

2.1 Wie viel NaOH wird benötigt, um 13 g Aluminiumhydroxid umzusetzen? Stelle eine Reaktionsgleichung auf.

2.2 a) Wie viel mol Natriumsulfat werden benötigt, um 1 mol Bariumchlorid in das Sulfat zu überführen?
b) Wie viel mol Natriumchlorid werden benötigt, um ½ mol Bariumsulfat in das Chlorid zu überführen?

2.3 Konzentrierte Schwefelsäure verwandelt Natriumfluorid in Flusssäure.
a) Wie viel Schwefelsäure wird für 1 mol Flusssäure benötigt?
b) Wie viel Kaliumhydrogensulfat wird für 1 mol Flusssäure benötigt?

2.4 Stelle aus 500 ml 1 M KMnO$_4$-Lösung eine 2 N KMnO$_4$-Lösung her. Wie viel der Lösung erhältst Du? Nehme an, dass die Reaktion in saurer Lösung stattfinden wird.

2.5 Wie viel Kaliumiodid wird benötigt, um 7,2 g Blei(II)chlorid in Kaliumtetraiodo-plumbat(II) zu überführen?

2.6 Wie viel Lithiumaluminiumhydrid wird theoretisch benötigt, um 41 g Nitrobenzol zu Anilin zu reduzieren?

2.7 Wenn man 15,2 g Eisen(II)sulfat zu Na$_3$FeF$_6$ umsetzen möchte,
a) wie viel Natriumfluorid werden benötigt;
b) was muss vorher noch gemacht werden?

2.8 Stelle die Reaktionsgleichungen der folgenden Reaktionen auf:
a) Natrium reagiert mit Wasser zu Natriumhydroxid;
b) Bariumchlorid reagiert mit Soda zu schwerlöslichem Bariumcarbonat;
c) Natriumacetat reagiert mit Salzsäure zu Essigsäure;
d) Natriumoxid reagiert mit Wasser zu Natriumhydroxid;

e) Silbernitrat reagiert mit Kupfer zu Kupfer(II)nitrat;
f) Zink reagiert mit Schwefelsäure zu Zinksulfat.

2.9 Wie viel ml einer 30 %igen H_2O_2-Lösung werden benötigt, um 100 ml einer 6 %igen H_2O_2-Lösung herzustellen?

2.10 Wie viel ml einer 10 M HCl-Lösung werden benötigt, um 1 l einer 18 %igen Salzsäure herzustellen?

Bindungen 3

In diesem Kapitel...

Das Bindungskonzept ist eine der Grundfesten der Chemie, da hier die Kräfte beschrieben werden, die die Verbindungen im Inneren zusammenhalten und ihnen ihre äußere Gestalt geben. Daher wurden im Laufe der Zeit zu diesem Thema viele Vorstellungen entwickelt, verworfen und verfeinert. Es gibt naturgemäß unterschiedliche Bindungskonzepte, die den gleichen Sachverhalt aus verschiedenen Blickwinkeln beschreiben. Wir werden uns auf drei Grundarten der Bindung beschränken und „andere" Bindungen auf diese drei Grundtypen zurückführen.

Dem Bindungskonzept liegt die Annahme zugrunde, dass beim Entstehen einer neuen Verbindung Elektronen teilweise oder vollständig von einem zum anderen Atom transferiert werden. Dies lässt sich durch zwei Bindungsarten beschreiben, die kovalente Bindung (teilweiser Elektronentransfer) und die ionische Bindung (vollständiger Elektronentransfer). Der dritte Bindungstypus ist die metallische Bindung, mit der sich die besonderen Eigenschaften der Metalle und ihrer Legierungen (Intermetallverbindungen) beschreiben lassen.

Dem Bindungskonzept liegt die Elektronegativität der Elemente als treibende Kraft zugrunde. Elektronen werden vom Element geringerer Elektronegativität zum Element größerer Elektronegativität transferiert. Ist die Differenz der Elektronegativitäten groß, so findet vollständiger Elektronentransfer statt, und es kommt zur Ausbildung von Ionen und daher Salzen mit ionischer Bindung. Bei geringer Differenz der Elektronegativitäten kommt es zu Molekülen mit kovalenten Bindungen. Kovalente Bindungen sind fast immer polar, d. h. die Bindungselektronen sind in Richtung des elektronegativeren Elements verschoben. Bei Molekülen, die nur aus einem Element bestehen (Wasserstoff, Sauerstoff, Phosphor, Kohlenstoff), liegen unpolare kovalente Bindungen vor.

Die Übergänge zwischen ionischer Bindung und polarer kovalenter Bindung sind fließend. Es überrascht daher nicht, dass in der Literatur als Unterscheidungsmerkmal Elektronegativitätsdifferenzen zwischen 1,8 und 2,5 angegeben sind.

3 Bindungen

Schlüsselthemen
- Die chemische Bindung
- Strukturen von Hauptgruppenverbindungen
- Hypervalente Verbindungen

3.1 Die metallische Bindung

Metalle bestehen aus kugelförmigen Atomen von demselben Radius. Es findet formal kein Elektronentransfer statt, da alle Atome desselben Elementes sind. Die Aufgabe besteht also darin, gleich große Kugeln möglichst Platz sparend in eine Kiste (den Kristall) zu stapeln.

Man kann dies tun, indem man zunächst eine Lage Kugeln einfüllt. Die zweite Lage Kugeln legt sich in die dreieckigen Mulden der ersten Lage. Die dritte Lage Kugeln hat dann zwei Möglichkeiten. Entweder ordnet sie sich direkt über der ersten Lage an (AB-Folge) oder aber versetzt zu den beiden vorherigen (ABC-Folge). Es gibt also zwei Möglichkeiten der Anordnung und damit auch zwei Strukturtypen. Da es nicht möglich ist, noch mehr Kugeln in die Kiste zu bringen, spricht man von der dichtesten Kugelpackung. Die beiden gleichberechtigten Möglichkeiten unter-

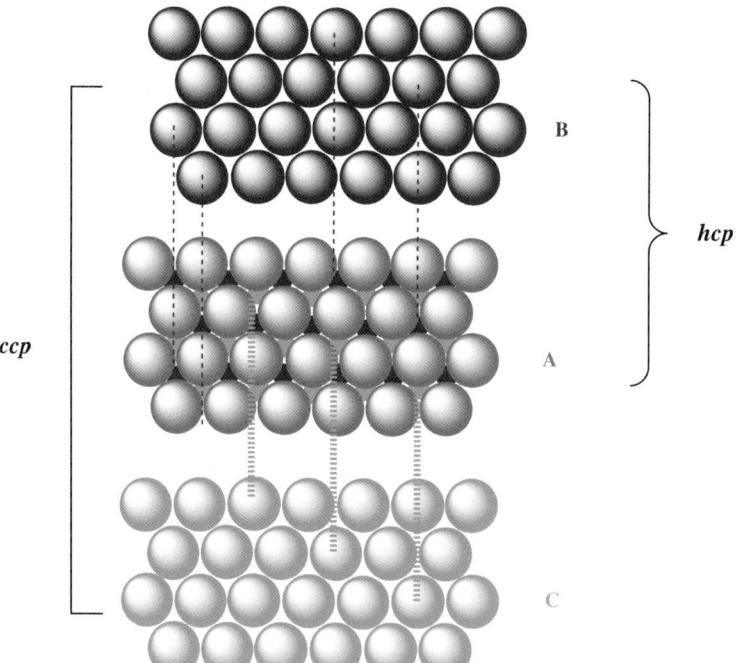

Abb. 3.1 Darstellung der dichtesten Kugelpackungen; hcp: hexagonal dichteste Kugelpackung, und ccp: kubisch dichteste Kugelpackung.

3.1 Die metallische Bindung | 41

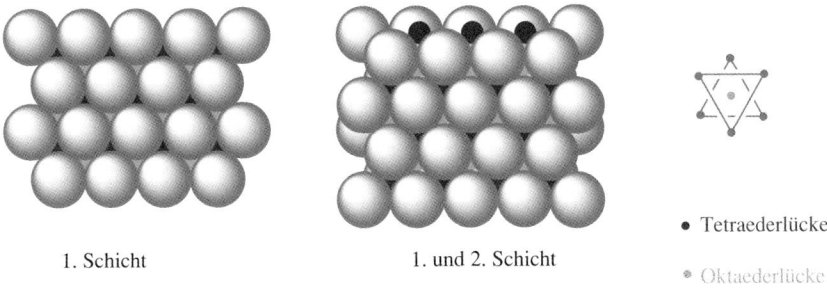

1. Schicht   1. und 2. Schicht

• Tetraederlücke
• Oktaederlücke

Abb. 3.2 Lage und Entstehung der Oktaederlücken und Tetraederlücken in dichtesten Kugelpackungen.

scheidet man anhand der Symmetrie: *kubisch dichteste Kugelpackung ccp* (ABC) und *hexagonal dichteste Kugelpackung hcp* (AB, Abbildung 3.1).

Ordnet man drei Kugeln so an, dass sie sich gegenseitig berühren, so entsteht eine Mulde. Die nächste Schicht kann man so anordnen, dass die Kugeln der zweiten Schicht in die Mulden der ersten Schicht zu liegen kommen. Damit schließen jetzt vier Kugeln einen kleinen Hohlraum ein, den man Tetraederlücke nennt (Abbildung 3.2). Aus Platzgründen kann nur jede zweite Mulde in einer Schicht eine Kugel aufnehmen. Die andere Hälfte der Mulden bleibt unbesetzt. Diese Mulden werden jetzt oben und unten von drei Kugeln begrenzt. Es entsteht eine Oktaederlücke (trigonales Antiprisma, „Davidstern").

Es stellt sich die Frage, wie viele Tetraederlücken und Oktaederlücken es in jeder Schicht gibt. In obiger Abbildung sind gleich viele Tetraeder- und Oktaederlücken eingezeichnet. In Wirklichkeit sind es aber doppelt so viele Tetraederlücken. Dies lässt sich in Abbildung 3.3 sehen. Eine Tetraederlücke entsteht durch Abdeckung

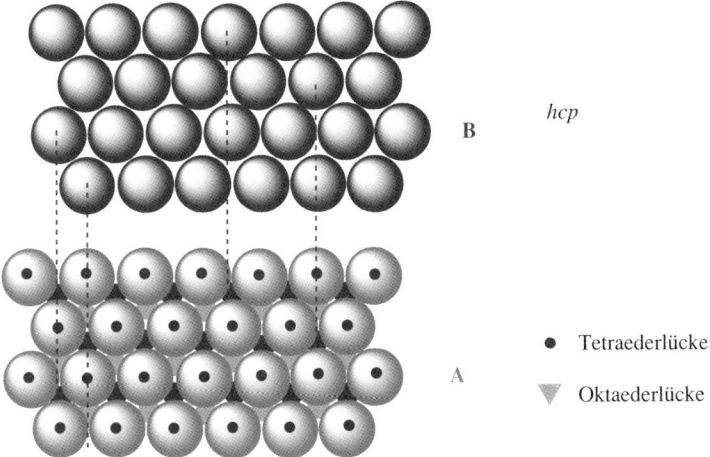

hcp

• Tetraederlücke
▽ Oktaederlücke

Abb. 3.3 Anzahl und Lage von Oktaederlücken und Tetraederlücken in der hexagonal dichtesten Kugelpackung hcp.

einer Mulde mit einer Einzelkugel, eine Oktaederlücke durch Abdeckung einer Mulde mit einer weiteren Mulde. Bringt man eine zweite Schicht Kugeln auf, so gibt es in beiden Schichten gleich viele Mulden für Tetraederlücken und für Oktaederlücken. Es braucht aber zwei Oktaedermulden, um eine Oktaederlücke entstehen zu lassen, eine aus jeder Schicht. Daher gibt es doppelt soviele Tetraederlücken wie Oktaederlücken. Die zweite Tetraederlücke entsteht oberhalb der durch einen Punkt gekennzeichneten Kugeln.

Die Frage nach der Anzahl der Tetraederlücken und Oktaederlücken pro Metallatom lässt sich am besten beantworten, wenn man eine andere Beschreibung der kubisch dichtesten Kugelpackung wählt. Sie lässt sich nämlich auch als ein kubisch raumzentriertes Gitter beschreiben. Es ist dies ein Würfel aus Metallatomen, bei dem in jeder Flächenmitte ein weiteres Metallatom sitzt. In Abbildung 3.4 sind in einem kubisch raumzentrierten Gitter die Tetraederlücken schwarz und die Oktaederlücken grau eingezeichnet.

Der Würfel lässt sich in acht kleinere Würfel unterteilen, die jeweils aus vier Metallatomen und vier Oktaederlücken bestehen. Die Tetraederlücke befindet sich im Zentrum dieses Unterwürfels. Es gibt also insgesamt in diesem Gitterausschnitt acht Tetraederlücken. Es gibt acht Metallatome auf den Ecken des Würfels. Jede Ecke gehört zu acht Würfeln und geht zu einem Achtel in das Ergebnis des jeweiligen Würfels ein (8 · ⅛ = 1). Die Flächenmitten gehören jeweils zu zwei Würfeln (6 · ½ = 3). Es gibt also vier Metallatome in dem Würfel. Von den Oktaederlücken gibt es eine im Zentrum des Würfels und zwölf auf den Kanten, die jeweils zu vier Würfeln gehören (12 · ¼ = 3). Es gibt also insgesamt vier Oktaederlücken.

Wichtig zu wissen
Für jedes Metallatom in einer dichtesten Kugelpackung gibt es genau eine Oktaederlücke und zwei Tetraederlücken.

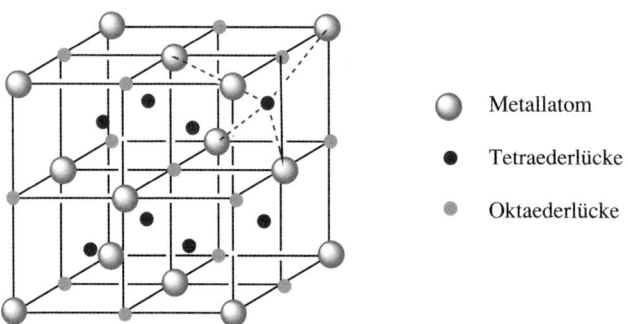

Abb. 3.4 Die Lage und Anzahl der Oktaederlücken und Tetraederlücken in der kubisch dichtesten Kugelpackung ccp.

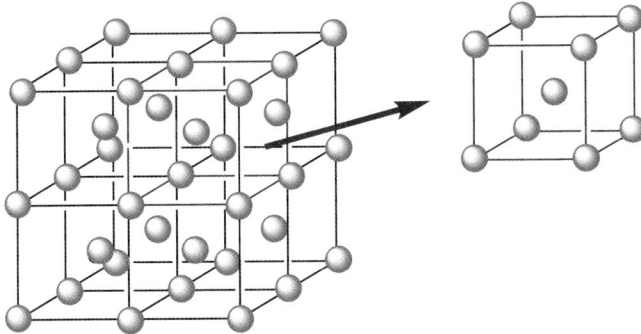

Abb. 3.5 Die Struktur der kubisch innenzentrierten Packung (W-Typ).

Außer den beiden dichtesten Kugelpackungen (ccp und hcp) gibt es auch noch andere Metallstrukturen, wie z. B. die kubisch innenzentrierte Packung, in der das Wolfram kristallisiert (W-Typ, Abbildung 3.5).

Der W-Typ leitet sich aus der kubisch dichtesten Kugelpackung ab, indem die Oktaederlücken und die Tetraederlücken durch Metallatome besetzt werden. Dadurch werden die ursprünglichen Metallatompositionen auseinandergedrückt, und es kommt zu einer geringeren Raumerfüllung (68 % statt 74 % in den dichtesten Kugelpackungen).

Die Strukturen der Metalle haben weit über die Metalle hinaus eine zentrale Bedeutung in der anorganischen Chemie von Feststoffen. Viele anorganische Festkörperstrukturen leiten sich aus den dichtesten Kugelpackungen ab, indem Tetraederlücken und Oktaederlücken systematisch besetzt oder frei gelassen werden. Auch die kubisch innenzentrierte Struktur des W-Typs wird in Salzen verwirklicht (CsCl-Typ).

Wie aber hängt die Struktur der Metalle mit ihrer Leitfähigkeit zusammen? Man kann sich dies z. B. für das Element Natrium, ein Alkalimetall, überlegen. Natrium hat in seiner Valenzschale ein Elektron im 3s-Orbital und außerdem noch drei leere p-Orbitale. Lässt man nun alle s-Orbitale der Natriumatome im Kristall miteinander wechselwirken, so entstehen $n/2$ bindende Molekülorbitale des Kristalls (σ-Orbitale) und $n/2$ antibindende Molekülorbitale (σ^*-Orbitale). Die Energiedifferenz zwischen den einzelnen σ-Orbitalen ist sehr gering, und die Elektronen können sich mühelos von einem σ-Orbital zum nächsten bewegen. Man spricht deshalb auch von einem Energiekontinuum, obwohl die Energiezustände eigentlich gequantelt sind (Abbildung 3.6). Es wird auch Valenzband genannt.

> **Wichtig zu wissen**
> Es entstehen nur $n/2$ bindende Molekülorbitale, die durch die mindestens n Valenzelektronen des Metalls vollständig gefüllt sind.

Bei vollem Valenzband und einer Energielücke zum antibindenden Niveau wäre Natrium ein Nichtleiter. Dies wäre so, wenn nur das s-Orbital für die Leitfähigkeit

44 | 3 Bindungen

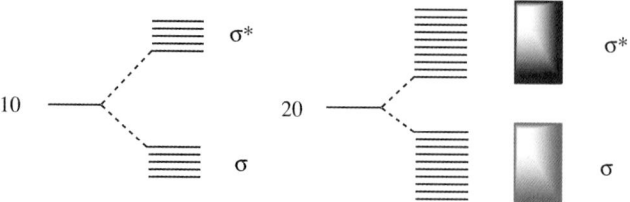

Abb. 3.6 Die Wechselwirkung der s-Orbitale im Metall.

der Metalle in Betracht käme. Es gibt allerdings noch die p-Orbitale. Diese p-Orbitale bilden ebenfalls ein bindendes ($3n/2$) und ein antibindendes ($3n/2$) Band aus, die sich mit den Bändern des s-Orbitals überlappen (Abbildung 3.7). Es entsteht somit ein Band aus $4n/2 = 2n$ bindenden Orbitalen, das $4n$ Elektronen aufnehmen kann. Die Alkali-, Erdalkali- und Erdmetalle (I., II. und III. Hauptgruppe) haben also alle ein nur teilweise gefülltes Band als unteres Niveau. Sie sind daher elektrische Leiter, die Valenzelektronen sind im Valenzband frei beweglich.

Wenn dieses unterste Band, das Valenzband, vollständig mit Elektronen besetzt ist und eine Energielücke zum höheren Niveau, dem Leitungsband, besteht, so bestimmt die Größe dieser Lücke, ob ein Halbleiter oder Isolator vorliegt (Abbildung 3.8). Ist der Abstand klein, so kann ein Elektron nur durch thermische Energie vom Valenz- ins Leitungsband gelangen. Man hat dann einen Halbleiter. Die Leitfähigkeit von Halbleitern nimmt daher mit der Temperatur zu. Ist der Abstand zwischen Valenz- und Leitungsband groß, so liegt ein Isolator vor, da Elektronen jetzt nicht mehr ins Leitungsband wechseln können.

Wichtig zu wissen
- Die elektrische Leitfähigkeit von Halbleitern nimmt mit der Temperatur zu.
- Die elektrische Leitfähigkeit von Metallen nimmt mit der Temperatur ab.

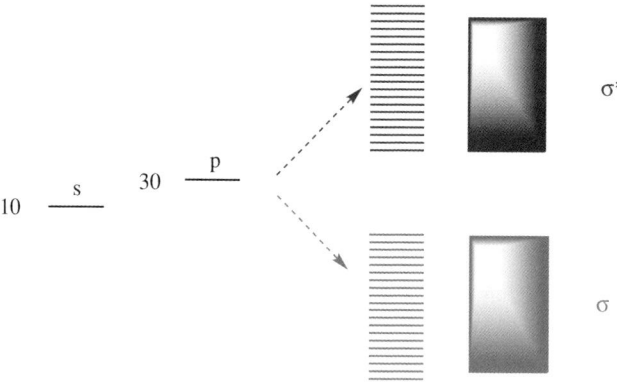

Abb. 3.7 Die Wechselwirkung der s- und p-Orbitale im Metall.

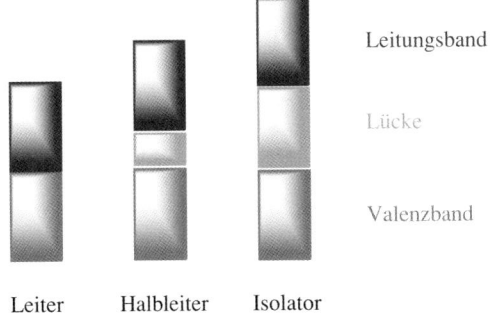

Abb. 3.8 Leiter, Halbleiter und Isolator in Abhängigkeit von der Größe der Bandlücke.

Halbleiter können dotiert werden. Germanium ist ein viel besserer (aber auch viel teurerer) Halbleiter als Silicium. Um Silicium zu einem genauso guten Halbleiter zu machen, kann man es entweder mit Bor (III. Hauptgruppe) oder mit Phosphor (V. Hauptgruppe) dotieren (versetzen). Bei der Dotierung mit Bor (p-Dotand) wird das Valenzband entvölkert und die verbliebenen Elektronen können sich nun frei bewegen. Da dadurch ein „Loch" im Valenzband entsteht, spricht man auch von Löcherleitung. Dotiert man aber mit Phosphor (n-Dotand), so werden Elektronen ins vorher leere Leitungsband gefüllt. Es kommt also zur Leitfähigkeit im Leitungsband, ohne dass eine Energielücke überwunden werden muss.

Man kann aufgrund dieses Bändermodells Metalle auch als Packungen von positiv geladenen Kugeln (den Atomen) betrachten, die von einer Elektronenwolke (dem Valenz- und Leitungsband) zusammengehalten werden.

3.2 Die ionische Bindung

Bei ionischen Verbindungen werden Elektronen vollständig vom Atom niedrigerer Elektronegativität zum Atom höherer Elektronegativität transferiert. Es kommt zur Ausbildung elektrisch geladener Teilchen, den Ionen (Abbildung 3.9). Die positiv geladenen Ionen nennt man Kationen, die negativ geladenen Anionen. Die Wechselwirkung zwischen Ionen beruht auf der elektrostatischen Anziehungskraft. Sie ist ungerichtet, und ihre Stärke hängt nur von der Ladung und dem Abstand der Ionen ab. Magnesiumionen Mg^{2+} üben daher eine größere Anziehungskraft aus als Natriumionen Na^+ (größere Ladung) und auch als Calciumionen Ca^{2+} (kleinerer Ionenradius und daher kleinerer Abstand).

Wichtig zu wissen
- Ionen entstehen durch vollständigen Elektronentransfer zwischen zwei Atomen.
- Die ionische Bindung ist ungerichtet.

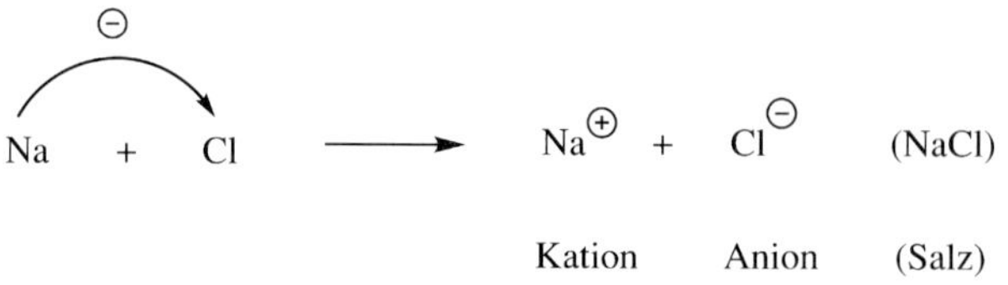

$$\text{Na} + \text{Cl} \longrightarrow \text{Na}^{\oplus} + \text{Cl}^{\ominus} \quad (\text{NaCl})$$

Kation   Anion   (Salz)

Abb. 3.9 Die Entstehung von Ionen am Beispiel von Natriumchlorid.

Die Zusammensetzung der Salze lässt sich aus den Elektrovalenzen der beteiligten Atome ermitteln. Unter Elektrovalenz versteht man die Anzahl der Elektronen, die von einem Atom aufgenommen oder abgegeben werden müssen, um Edelgaskonfiguration zu erhalten. Die Elektrovalenz leitet sich also direkt aus der Stellung des Elementes im Periodensystem ab. Beispielsweise haben Erdalkalimetalle (II. Hauptgruppe) eine Elektrovalenz von +II und Halogene (VII. Hauptgruppe) eine Elektrovalenz von –I. Calciumfluorid hat demnach die Formel CaF_2, da für Salze die Elektroneutralitätsbedingung gilt: Das Salz muss nach außen ungeladen sein. Viele Strukturen ionischer Verbindungen lassen sich von den Metallstrukturen ableiten, wobei wegen der Größenverhältnisse die Anionen das Gitter bilden und die Kationen die Lücken besetzen.

Die Strukturen der Salze hängen stark von den Radien der einzelnen Ionen und dem stöchiometrischen Verhältnis zwischen Kationen und Anionen ab. So hat z. B. NaCl eine andere Struktur als CsCl, da das Natriumkation viel kleiner ist als das Cäsiumkation. Ebenso hat NaCl schon deshalb eine andere Struktur als CaF_2, da Natriumchlorid nur ein Anion pro Kation hat, und Calciumfluorid hat deren zwei.

Wir werden im Folgenden einige Grundtypen von Salzstrukturen besprechen: den Natriumchloridtyp, den Cäsiumchloridtyp und den Calciumfluoridtyp. Die Strukturen dieser drei Grundtypen hängen nur vom Radienverhältnis Kation/Anion und der Stöchiometrie der Verbindung ab, also wie viele Kationen pro Anion vorhanden sind.

3.2.1 Natriumchlorid

In Natriumchlorid liegen gleich viele Kationen wie Anionen vor, es handelt sich also um einen AB-Typ. Das Radienverhältnis Kation/Anion liegt zwischen 0,414 und 0,732 und damit zwischen den Abgrenzungen zum Cäsiumchloridtyp und dem Zinkblendetyp.

Im Natriumchloridtyp ist jedes Anion oktaedrisch von sechs Kationen und jedes Kation oktaedrisch von sechs Anionen umgeben. Das Anionenteilgitter ist also identisch zum Kationenteilgitter. Sowohl das Anion als auch das Kation hat die Koordinationszahl 6. Der Gesamtkristall lässt sich als eine kubische Struktur beschreiben, bei der jede zweite Würfelecke (abwechselnd) von einem Kation oder Anion besetzt ist (Abbildung 3.10).

Im Natriumchloridgitter kann man zwei Koordinationssphären erkennen: die bereits beschriebene oktaedrische Koordination um das Kation (Anion) und eine etwas weiter entfernte kubische Koordination um dasselbe Kation. In Abbildung

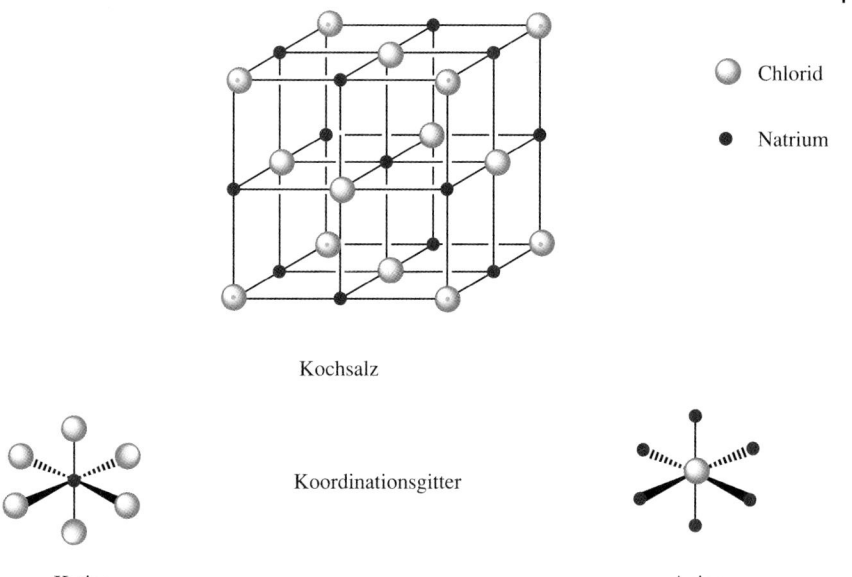

Abb. 3.10 Die Festkörperstruktur von Natriumchlorid.

3.10 sind diese Chloridionen mit einem Punkt markiert. Man kann also von einer 6 + 8-Koordination der Anionen (Kationen) um das Kation (Anion) sprechen.

Die Struktur des Natriumchlorids lässt sich, wie die vieler anderer ionischer Verbindungen, aus den Strukturen der Metalle ableiten. Im Falle des Natriumchlorids bilden die Anionen eine kubisch dichteste Packung, in der alle Oktaederlücken durch Natriumkationen besetzt sind.

3.2.2 Cäsiumchlorid

Das Cäsiumchlorid hat im Vergleich zu Natriumchlorid die gleiche Stöchiometrie (AB-Typ) und das gleiche Anion (Chlorid). Es hat aber mit dem Cäsium ein deutlich größeres Kation als Natrium. Dadurch verschiebt sich das Radienverhältnis Kation/Anion auf Werte >0,732 und die Koordinationszahl von 6 (oktaedrisch) auf 8 (kubisch).

Das Teilgitter der Anionen ist immer noch identisch mit dem Teilgitter der Kationen und lässt sich als kubisch primitiv beschreiben (Abbildung 3.11). Es leitet sich ebenfalls aus einer Metallstruktur, dem W-Typ, ab. Die Chloridionen bilden eine kubisch primitive Packung (nicht kubisch dichtest), und die Cäsiumionen besetzen alle Würfellücken. Anders als beim W-Typ, kubisch innenzentriert, sitzt in CsCl das Kation (Cäsium) im Zentrum des Würfels aus Anionen (Chlorid). Im W-Typ sind die Ecken und das Zentrum des Würfels vom selben Teilchen, Wolframatomen, besetzt.

3 Bindungen

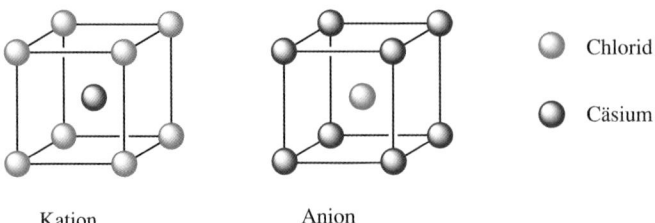

Abb. 3.11 Das Anionen- und das Kationengitter der Cäsiumchloridstruktur.

Wichtig zu wissen
Kubisch primitiv heißt: Würfel, die Flächenmitten und das Zentrum des Würfels bleiben frei.

Im Teilgitter der Anionen ist die Mitte des Würfels mit einem Kation besetzt. Da für die Bestimmung des Gittertyps nur gleiche Teilchen gewertet werden, bleibt das Kation unberücksichtigt. Der Gittertyp ist also kubisch primitiv.

3.2.3 Calciumfluorid

In Calciumfluorid sind die Radienverhältnisse der Ionen ähnlich wie in Cäsiumchlorid, allerdings ist die Stöchiometrie eine andere (Abbildung 3.12). Es gibt in CaF_2 doppelt so viele Anionen wie Kationen, AB_2-Typ. In CsCl ist das Verhältnis

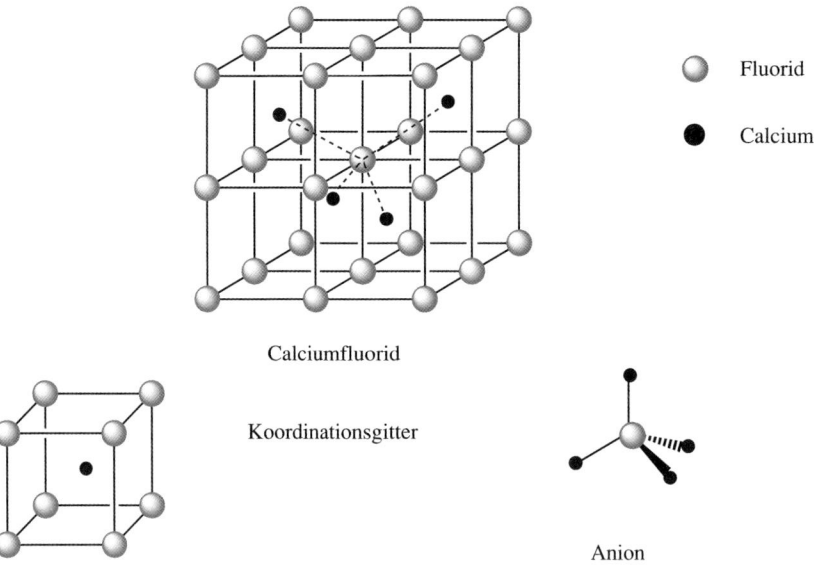

Abb. 3.12 Die Festkörperstruktur von Calciumfluorid.

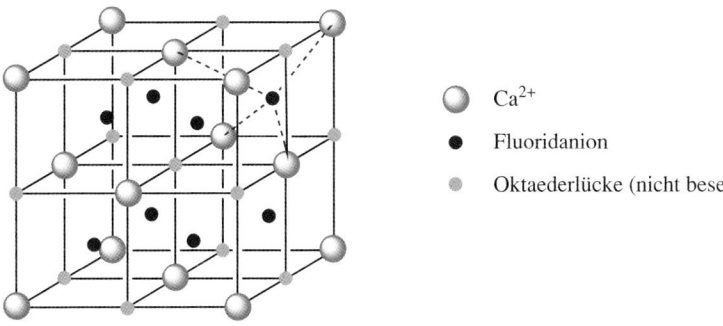

Abb. 3.13 Die Struktur von Calciumfluorid, abgeleitet aus einer kubisch dichtesten Kugelpackung ccp der Ca^{2+}-Kationen.

1:1. Daher bilden in beiden Strukturtypen die Anionen ein kubisch primitives Gitter (gleiche Radienverhältnisse), aber in CaF$_2$ ist nur jede zweite Würfellücke durch ein Calciumkation besetzt (unterschiedliche Stöchiometrie).

Aufgrund der unterschiedlichen Stöchiometrie ist das Kationengitter nicht mehr identisch mit dem Anionengitter. Während die Kationen weiterhin kubisch von acht Anionen umgeben sind, sind die Anionen nunmehr tetraedrisch von nur noch vier Kationen umgeben.

Da in Calciumfluorid die Kationen größer sind als die Anionen, lässt sich der CaF$_2$-Typ auch als eine kubisch flächenzentrierte (kubisch dichteste) Packung von Ca^{2+}-Kationen beschreiben, in der alle Tetraederlücken mit Fluoridanionen besetzt sind (Abbildung 3.13).

Die Koordinationssphären des Kations und des Anions sind natürlich weiterhin so wie oben beschrieben: Das Ca^{2+}-Kation ist würfelförmig von acht Fluoridionen umgeben, das Fluoridion tetraedrisch von vier Ca^{2+}-Kationen.

3.3 Die kovalente Bindung

Bei der kovalenten Bindung überlappen geeignete Orbitale zweier benachbarter Atome im Molekül. Es entsteht ein gemeinsames Orbital zwischen den beiden Atomen. Daher ist eine kovalente Bindung immer gerichtet. Definitionsgemäß bringt bei der kovalenten Bindung zwischen zwei Atomen jedes Atom genau ein Elektron in die neue Bindung ein.

In zahlreichen Fällen können auch drei oder mehr benachbarte Atome an einer Bindung beteiligt sein. Man spricht dann von einer Drei- oder Mehrzentrenbindung. In dieser können sich entweder zwei oder vier oder mehr ($n + 2$) Elektronen befinden. Man spricht von einer Zwei-Elektronen-drei-Zentren-Bindung (2e-3c) bzw. einer Vier-Elektronen-drei-Zentren-Bindung (4e-3c) oder allgemein von einer Mehrzentrenbindung.

3.3.1 Die Valenzbindungs- (VB-)Theorie

In der VB-Theorie bestimmt die Ausrichtung der Orbitale eines Atoms die Geometrie und Struktur dieses Molekülteils. Daher ist es wichtig, den Orbitalsatz (bei Hauptgruppenelementen ein s- und drei p-Orbitale) so auszurichten, dass das Atom alle beobachteten Bindungen auch eingehen kann. Dafür bedient man sich des Konzeptes der Hybridisierung von Orbitalen. Der Ausgangssatz an Orbitalen beinhaltet ein kugelförmiges s-Orbital und drei p-Orbitale, die senkrecht aufeinander stehen. Diese senkrecht aufeinander stehenden p-Orbitale haben auch paarweise keinen gemeinsamen Schnittraum. Mit dem s-Orbital sind sie aber alle mischbar (Abbildung 3.14).

Der Geometrie kann man sich nähern, indem man dem s-Orbital schrittweise die p-Orbitale zumischt. Nimmt man nur ein p-Orbital, so erhält man zwei (sp-) Hybridorbitale, die eine Gerade aufspannen (180°-Winkel). Mischt man zwei p-Orbitale zu, so erhält man drei (sp^2-)Hybridorbitale, die eine Ebene aufspannen

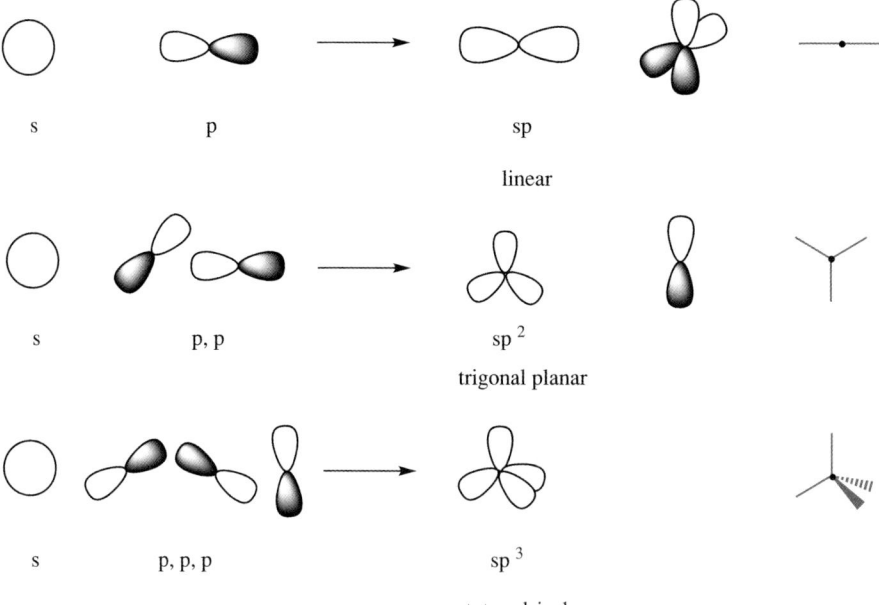

Abb. 3.14 Entstehung, Gestalt und Orientierung von sp-, sp^2- und sp^3-Hybridorbitalen.

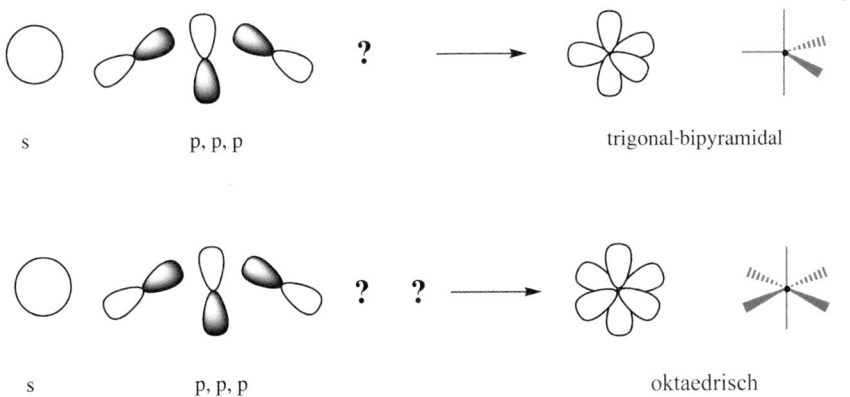

Abb. 3.15 Die Suche nach geeigneten Atomorbitalen für trigonal-bipyramidale und oktaedrische Molekülgeometrien.

(120°-Winkel). Mischt man alle drei p-Orbitale zu, so erhält man vier (sp³-)-Hybridorbitale, die einen Raum aufspannen. Dieser Raum enthält vier Eckpunkte (die Endpunkte der vier sp³-Hybridorbitale). Es entsteht somit ein Tetraeder. Um einen Oktaeder zu erzeugen, bräuchte man also außer dem sp³-Hybridorbitalsatz noch zwei weitere Orbitale (Abbildung 3.15).

Um die Geometrie des gesamten Moleküls zu verstehen, muss man außer den Hybridorbitalen, die die σ-Bindungen ausbilden, auch noch die restlichen p-Orbitale betrachten, mit denen die π-Bindungen gebildet werden. Die p-Orbitale stehen senkrecht auf den Hybridorbitalen. Somit lassen sich mit einer sp²-Hybridisierung eine π-Bindung und mit einer sp-Hybridisierung zwei π-Bindungen realisieren. Die Bezeichnungen σ und π geben die Symmetrie der Bindungen an und entsprechen so den Orbitalen: Eine σ-Bindung hat keine Knotenebene und entspricht dem s-Orbital; eine π-Bindung hat eine Knotenebene und entspricht dem p-Orbital. Eine Mehrfachbindung besteht aus σ- und π-Bindungen.

Wir betrachten als Beispiel die Kohlenwasserstoffe in der organischen Chemie. Das einfachste System zur Betrachtung von Mehrfachbindungen hat zwei Kohlenstoffatome. Ethan ($H_3C–CH_3$) hat nur Einfachbindungen, Ethen ($H_2C=CH_2$) hat eine Doppelbindung und Ethin (HC≡CH) hat eine Dreifachbindung (Abbildung 3.16).

Wenn wir die C–C-Verbindungsachse als x-Achse annehmen, so erkennen wir, dass in Ethin eine Hybridisierung von s- und p_x-Orbital vorliegt. Es entstehen zwei sp-Hybridorbitale, die sich linear (180°-Winkel) entlang der x-Achse (C–C-Bindung) anordnen. Dem Kohlenstoffatom stehen noch das p_y- und das p_z-Orbital zur Verfügung. Diese sind entlang der y- und der z-Achse orientiert und stehen somit senkrecht zu den Hybridorbitalen (x-Achse). Durch Überlappung der beiden p_y-Orbitale der beiden Kohlenstoffatome entsteht entlang der y-Achse eine weitere Bindung (mit π-Symmetrie), die Doppelbindung. Überlappung der beiden p_z-Orbitale entlang der z-Achse führt zu einer zweiten π-Bindung und daher insgesamt zu einer Dreifachbindung.

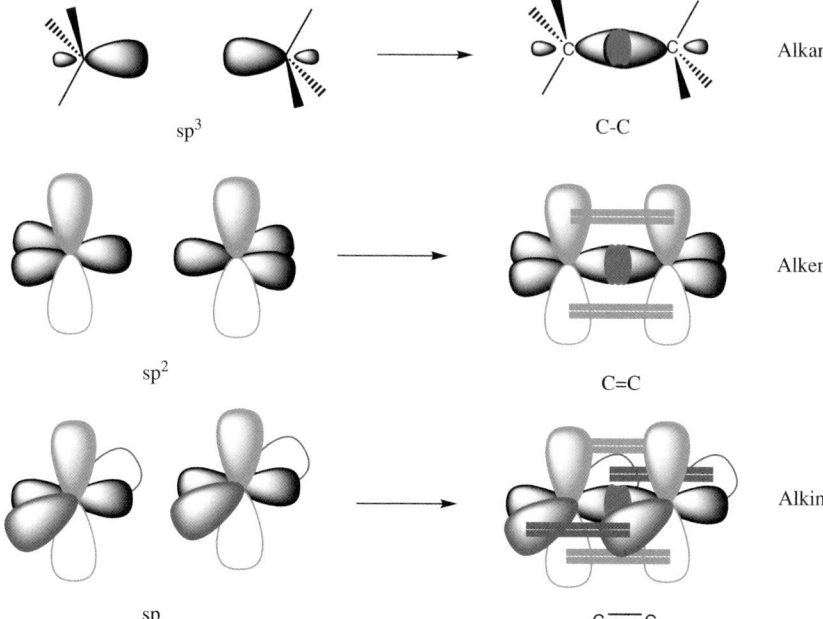

Abb. 3.16 Die Entstehung von Einfach-, Doppel- und Dreifachbindung anhand einfacher Kohlenwasserstoffe.

In Ethen liegen die Verhältnisse ähnlich. Durch Hybridisierung des s- mit dem p_x- und dem p_z-Orbital entstehen in der x,z-Ebene drei sp^2-Hybridorbitale, mit denen das Kohlenstoffatom eine σ-Bindung zum zweiten Kohlenstoffatom und zwei weitere σ-Bindungen zu den beiden Wasserstoffatomen (120°-Winkel) ausbildet. Das verbliebene p_y-Orbital steht senkrecht zur x,z-Ebene der Hybridorbitale und bildet die π-Bindung (Doppelbindung) zum zweiten Kohlenstoffatom.

In Ethan wird das s-Orbital mit allen drei p-Orbitalen zu sp^3-Hybridorbitalen hybridisiert. Es bleiben keine p-Orbitale übrig. Es können keine π-Bindungen gebildet werden. Es sind keine Mehrfachbindungen möglich. Die vier sp^3-Hybridorbitale müssen den gesamten Raum ausfüllen, da keine π-Bindungen zur Verfügung stehen. Die vier sp^3-Hybridorbitale zeigen daher auf die vier Ecken eines Tetraeders (109,5°-Winkel).

Wir haben mit den Kohlenwasserstoffen aus der organischen Chemie den Fall betrachtet, was passiert, wenn man dem s-Orbital sukzessive die drei p-Orbitale zuführt. In der anorganischen Chemie trifft man häufig den gegenteiligen Fall an, gleitender Entzug des s-Orbitals aus der sp^3-Hybridisierung. Dieses ist eine Konsequenz aus dem Inert-s-Pair-Effekt bei den schwereren Hauptgruppenelementen. Der Inert-s-Pair-Effekt entsteht, wenn das s-Orbital der Valenzschale zunehmend gegenüber dem p-Orbital energetisch sinkt. Dies geschieht schon in der dritten Periode und wird durch die Abschirmung durch die d- und f-Orbitale unterer Schalen bei den höheren Homologen noch verstärkt. Als Beispiel betrachten wir

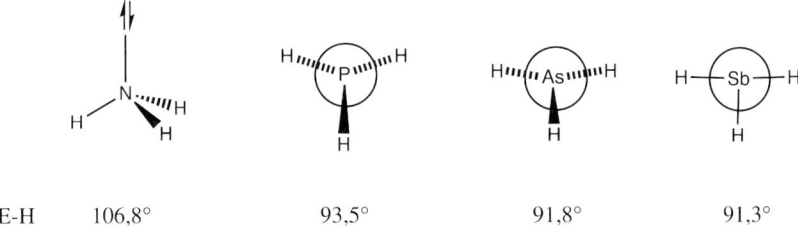

| H-E-H | 106,8° | 93,5° | 91,8° | 91,3° |

Abb. 3.17 Die Auswirkungen des Inert-s-Pair-Effekts auf den Bindungswinkel anhand der EH$_3$-Verbindungen der V. Hauptgruppe.

die Element-Wasserstoff-Verbindungen der V. Hauptgruppe: NH$_3$, PH$_3$, AsH$_3$ und SbH$_3$. BiH$_3$ (Bismutan) ist zu instabil, um genauen Winkelmessungen zugänglich zu sein.

In allen vier Element-Wasserstoff-Verbindungen der V. Hauptgruppe haben wir ein freies Elektronenpaar und drei E–H-Einfachbindungen. Wir würden also H–E–H-Winkel von etwas weniger als 109,5° erwarten (freie Elektronenpaare benötigen mehr Platz, s. Abschnitt 3.5), wenn sp^3-Hybridisierung vorliegt. In Ammoniak NH$_3$ finden wir in der Tat einen H–N–H-Winkel von 106,8°, der bei Phosphin PH$_3$ aber schon auf 93,5° abnimmt (Abbildung 3.17). In Arsin AsH$_3$ ist es dann ein H–As–H-Winkel von nur noch 91,8° und in Stibin SbH$_3$ ein H–Sb–H-Winkel von 91,3°, sehr nahe am erwarteten 90°-Winkel für unhybridisiertes EH$_3$ mit inertem s-Paar. Das geht einher mit dem Trend, dass schwere Hauptgruppenelemente die höchste nach der Gruppennummer mögliche Oxidationsstufe meiden und eine um zwei reduzierte Oxidationsstufe bevorzugen (s. Kapitel 1). Der Grund ist ein fortschreitender Rückzug des s-Orbitals (und darin befindlichen freien Elektronenpaares) aus der chemischen Reaktivität des Elementes.

> **Wichtig zu wissen**
> - Bei der VB-Theorie bestimmt der Hybridisierungsgrad die Koordinationsgeometrie des Atoms (und damit die Molekülgestalt).
> - Bei der VB-Theorie benötigt ein Atom genauso viele Orbitale, wie es Bindungen eingeht.

3.3.2 Die Molekülorbital- (MO-)Theorie

Bei der Molekülorbital- (MO-)Theorie betrachtet man Orbitale, die nicht mehr nur einem Atom oder aber zwei Atomen gemeinsam gehören. Vielmehr erstrecken sich die Orbitale nun über das ganze Molekül oder doch über mindestens große Teile desselben. Die Molekülorbitale entstehen durch Linearkombination von Atomorbitalen der beteiligten Atome. Es gibt grundsätzlich drei Arten von Molekülorbitalen: die bindenden, die nichtbindenden und die antibindenden Molekülorbitale MO.

Wichtig zu wissen
- Bindende Molekülorbitale sind energetisch günstig (tief liegend). Elektronen in bindenden Molekülorbitalen erhöhen die Bindungsordnung.
- Nichtbindende Molekülorbitale behalten den Charakter des Atomorbitals AO oft weitestgehend bei. Sie gehören also weiterhin ausschließlich nur einem Atom. Ein nichtbindendes Molekülorbital nimmt ein freies Elektronenpaar auf. Ein Elektron in einem nichtbindenden Molekülorbital beeinflusst die Bindungsordnung nicht.
- Antibindende Molekülorbitale sind energetisch ungünstig (hoch liegend). Elektronen in antibindenden Molekülorbitalen erniedrigen die Bindungsordnung.

Bei der MO-Theorie ist die Zahl der Orbitale vor und nach der Linearkombination der Atomorbitale identisch. Nur die Gestalt ändert sich. Es gilt der Orbitalerhaltungssatz.

Beispiel
Als einfachstes Beispiel betrachten wir molekularen Wasserstoff. Ein Wasserstoffatom besitzt ein s-Orbital und ein Elektron (Abbildung 3.18). Während es in der VB-Theorie zur Überlappung der beiden s-Orbitale im H_2-Molekül kommt (Ausbildung einer σ-Bindung mit zwei Elektronen), beobachtet man in der MO-Theorie das Auftreten von zwei neuen Orbitalen mit σ-Symmetrie, dem bindenden σ-Orbital und dem antibindenden σ*-Orbital. Die beiden Elektronen gehen in das tiefer liegende, bindende σ-Orbital, und das höher liegende σ*-Orbital bleibt leer.

Wichtig zu wissen
- Es gilt der Orbitalerhaltungssatz, d. h. die Anzahl der Molekülorbitale ist gleich der Anzahl der beteiligten Atomorbitale.
- Es gilt der Energieerhaltungssatz, d. h. die Summe der Energieabsenkungen der (bindenden) Molekülorbitale ist gleich der Summe der Energieanhebungen der (antibindenden) Molekülorbitale.

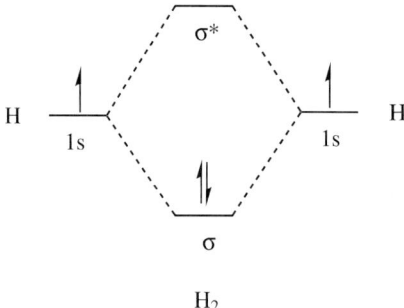

Abb. 3.18 Das MO-Schema von molekularem Wasserstoff H_2.

Wir sehen im MO-Schema des Wasserstoffatoms eine Absenkung des bindenden σ-MO gegenüber dem 1s-AO des atomaren Wasserstoffs um den gleichen Betrag wie die Anhebung des antibindenden σ*-MO. Würden wir das MO-Schema des hypothetischen He$_2$-Moleküls erstellen, so müssten wir zwei Elektronen in das σ-MO und zwei Elektronen in das σ*-MO einfüllen, Da Elektronen in bindenden Molekülorbitalen die Bindungsordnung erhöhen, jene in antibindenden Molekülorbitalen die Bindungsordnung aber erniedrigen, kommen wir zu dem Ergebnis:

$$\text{Bindungsordnung BO} = \frac{\#\text{bindende Elektronen} - \#\text{antibindende Elektronen}}{2}$$

Für He$_2$:

$$\text{BO} = \frac{2-2}{2} = 0$$

Das gleiche Ergebnis erhalten wir aus der Energiebilanz. Nach dem Energieerhaltungssatz ist der Energiegewinn aus den beiden Elektronen im σ-MO gleich dem Energieverlust aus den beiden Elektronen im σ*-MO.

Wichtig zu wissen
Es gibt kein He$_2$-Molekül.

Wir können diese Prinzipien selbstverständlich auch auf zweiatomige Moleküle mit mehr als zwei Elektronen anwenden. Ein gutes Beispiel ist das Sauerstoff-

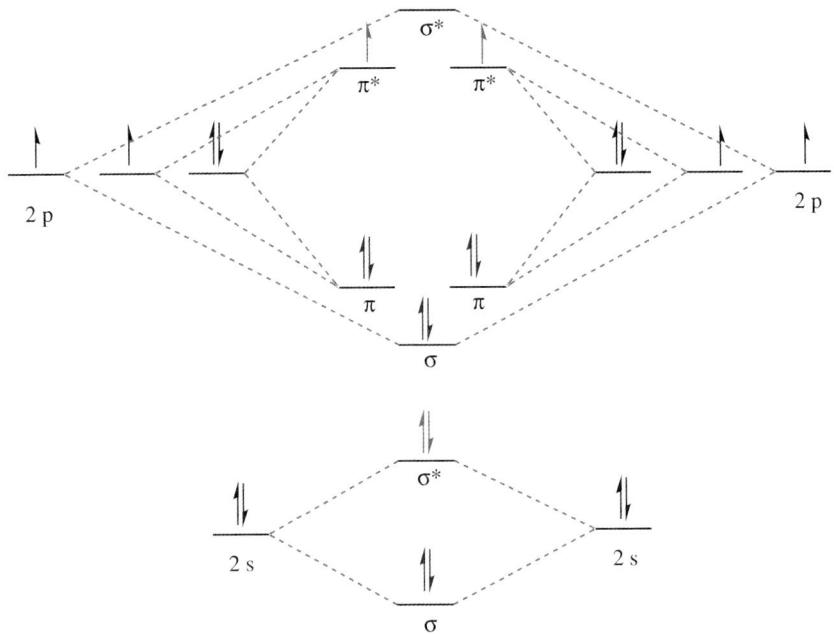

Abb. 3.19 Das MO-Schema von molekularem Sauerstoff O$_2$.

molekül aus der VI. Hauptgruppe der zweiten Periode. Das Sauerstoffatom hat sechs Valenzelektronen und vier Valenzorbitale; wir betrachten also zwölf Elektronen in acht Molekülorbitalen. Nach der VB-Theorie erwarten wir eine gewöhnliche O=O-Doppelbindung und zwei freie Elektronenpaare pro Sauerstoffatom. In unserem MO-Schema erkennen wir eine deutlich komplexere Situation (Abbildung 3.19).

Zunächst einmal fällt uns auf, dass keine nichtbindenden Molekülorbitale vorhanden sind. Unsere vereinfachte Vorstellung, dass in der MO-Theorie freie Elektronenpaare zwingend in nichtbindenden Molekülorbitalen sitzen müssen, ist also so nicht richtig. Vielmehr ist das freie Elektronenpaar ein Konzept aus der VB-Theorie, in der ja alle Elektronen lokalisiert sind. In der MO-Theorie werden freie Elektronenpaare nur indirekt wiedergegeben. Bestimmt man in obigem MO-Schema die Bindungsordnung, so kommt man auf BO = 2. Es werden also vier der zwölf Elektronen für die O=O-Doppelbindung benötigt, somit bleiben acht Elektronen übrig, die man rechnerisch als vier freie Elektronenpaare auffassen kann.

Wichtig zu wissen
Das wohl überraschendste Merkmal des MO-Schemas von Sauerstoff ist das Vorhandensein zweier ungepaarter Elektronen im HOMO (*highest occupied MO*: höchstes besetztes MO). Das HOMO ist entartet, d. h. es gibt davon (mindestens) zwei, die sich zwar in Gestalt oder Orientierung, nicht aber im Energieinhalt unterscheiden können. Daher werden sie zunächst einfach mit Elektronen besetzt, und es kommt zu zwei Elektronen mit parallelem Spin. Das Sauerstoffmolekül ist ein Diradikal.

Die Vorhersage eines Diradikals als Grundzustand des Sauerstoffmoleküls entspricht den experimentellen Befunden und ist daher ein Beweis der höheren Leistungsfähigkeit der MO-Theorie gegenüber der VB-Theorie. Die VB-Theorie sieht keine ungepaarten Elektronen im Sauerstoffmolekül vor.

Wir haben bisher immer Elemente betrachtet (Wasserstoff, Helium, Sauerstoff). Die meisten Moleküle sind aber aus Atomen unterschiedlicher Elemente zusammengesetzt. Im einfachsten Fall bleiben wir bei zweiatomigen Molekülen und dem gleichen Orbitalsatz wie beim Sauerstoff. Daher wählen wir das Kohlenmonoxid CO, ein farbloses, geruchloses, tödlich giftiges Gas. Seine Toxizität ist auf seine exzellenten Ligandeneigenschaften zurückzuführen. Es bildet starke Bindungen zu fast allen, aber besonders zu den späten Übergangsmetallen aus. Es findet daher breite Verwendung in der metallorganischen Chemie und in der Koordinationschemie. Es wirkt tödlich, da es auch an das Eisenatom im Hämoglobin stärker gebunden wird als Sauerstoff und so den Sauerstofftransport bei der Atmung unterbindet.

Wie erwartet zeigt das MO-Schema von CO (Abbildung 3.20) große Ähnlichkeit mit dem von Sauerstoff. Da wir jetzt die Atomorbitale zweier unterschiedlicher Elemente betrachten, sind die Atomorbitale naturgemäß nicht mehr auf demselben Energieniveau. Es kommt zu einer Schieflage des MO-Schemas. Eine wichtige Konsequenz ist die relative Anhebung des σ^*-Orbitals aus der 2s-Wechselwirkung.

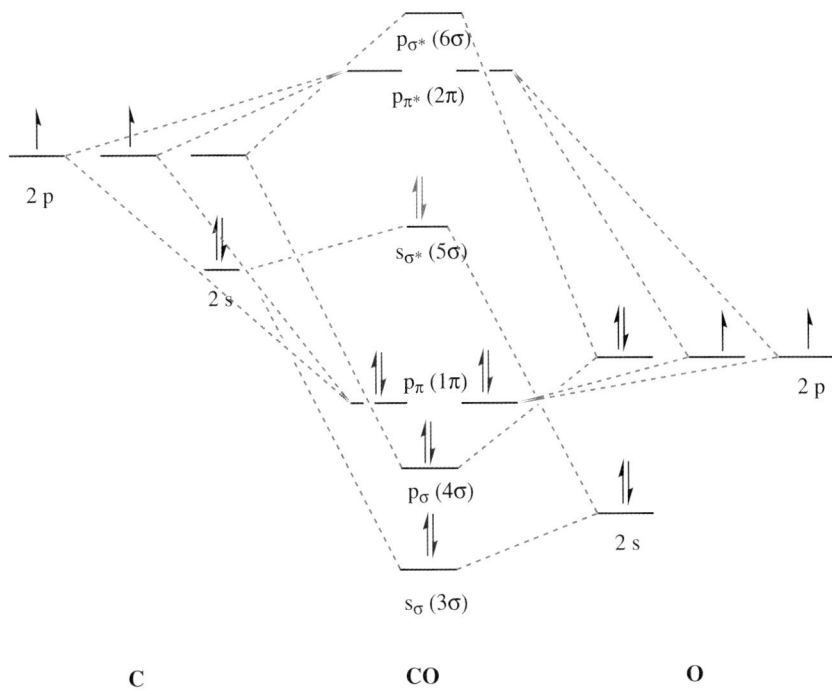

Abb. 3.20 Das MO-Schema von Kohlenmonoxid CO.

Dieses σ*-Orbital liegt jetzt nicht mehr unterhalb, sondern oberhalb der bindenden Molekülorbitale aus der 2p-Wechselwirkung. Da dem CO gegenüber dem O_2 zwei Elektronen fehlen, wird das σ*-Orbital der 2s-Wechselwirkung zum HOMO. Das Fehlen dieser zwei Elektronen hat noch andere Konsequenzen. Zum einen ist nun das entartete π*-Orbital aus der 2p-Wechselwirkung nicht mehr besetzt und CO daher kein Diradikal. Zum anderen hat das Einfluss auf die Bindungsordnung. Durch das Fehlen zweier Elektronen im antibindenden Molekülorbital erhöht sich die Bindungsordnung um eins. Es handelt sich also um eine C≡O-Dreifachbindung.

> **Wichtig zu wissen**
> Transferiert man diese Erkenntnisse in die VB-Theorie, so lässt sich das Kohlenmonoxid als |C≡O| schreiben. Sowohl das C- als auch das O-Atom haben also formal fünf Elektronen; das C-Atom trägt eine negative und das O-Atom eine positive Partialladung. CO verhält sich daher als Lewis-Base (s. Kapitel 5) gegenüber Übergangsmetallen. Da der CO-Ligand tief liegende unbesetzte Orbitale LUMO (*lowest unoccupied MO*: tiefstes unbesetztes MO) besitzt, kann das Übergangsmetall Elektronendichte auf den CO-Liganden transferieren (Rückbindung). Es kommt zur Ausbildung von sehr stabilen Metall-Ligand-Mehrfachbindungen.

Diese ÜM-CO-Rückbindung erniedrigt die Bindungsordnung im CO-Liganden. Experimentell lässt sich dies durch die Verschiebung der CO-Schwingung im IR-Spektrum genau verfolgen. Die VB-Theorie kann die Rückbindung wiederum nicht erklären, da dem Kohlenstoffatom nur vier Orbitale zur Verfügung stehen. Diese sind durch die C≡O-Dreifachbindung und die C–M-Donorbindung bereits belegt. Die M–C-Rückbindung bräuchte in der VB-Theorie ein nicht existentes fünftes Valenzorbital des Kohlenstoffs.

Wenn wir uns jetzt dreiatomigen Molekülen zuwenden, erhöht sich die Anzahl der Orbitale, die nichts zu den Bindungen im Molekül beitragen. In der VB-Theorie sind dies die freien Elektronenpaare. Nehmen wir z. B. Bismutiodid BiI_3. Gemäß der VB-Theorie haben wir drei Bi–I-Einfachbindungen, ein freies Elektronenpaar an Bi (6s-Orbital) und jeweils drei freie Elektronenpaare an den drei Iodatomen. In der MO-Betrachtung kämen wir nach einer Quantenrechnung unter Einbeziehung aller 26 Valenzelektronen und aller 16 Valenzorbitale zum gleichen Ergebnis. Ohne Zuhilfenahme eines Computers ist dies aber kaum möglich. Behelfen kann man sich, indem man die Iodatome zu einer Gruppe zusammenfasst (Ligandengruppenorbitale LGO) und nach einer gruppentheoretischen Betrachtung die LGO geeigneter Symmetrie mit dem Zentralatom Bi wechselwirken lässt.

- Vorteil: Vereinfachung des Verfahrens. Höhere Anschaulichkeit.
- Nachteil: Es wird ein Verständnis der Gruppentheorie und der angewandten Mathematik benötigt.
- Nachteil: Für die LGO-Betrachtung wird die Geometrie des Moleküls benötigt und die kommt aus der VB-Theorie.

Die Berechnung der Ligandengruppenorbitale ist also nicht wirklich hilfreich, da hierzu das Molekül zunächst über die VB-Theorie bestimmt werden muss. Wenn man das aber kann, ist eine MO-Betrachtung nur dann sinnvoll, wenn die experimentellen Eigenschaften des Moleküls von der VB-Theorie nicht erklärt werden können.

Wichtig zu wissen
Es ist sinnvoll, einfache Moleküle möglichst mit der VB-Theorie zu beschreiben, während komplexere Moleküle mit der MO-Theorie berechnet werden sollten, wenn eine VB-theoretische Beschreibung mit den experimentellen Befunden nicht mehr in Einklang gebracht werden kann.

3.4 Die Donorbindung

Die Donorbindung ist der kovalenten Bindung eng verwandt. Während bei der kovalenten Bindung jeder Bindungspartner ein Elektron beisteuert, handelt es sich bei der Donorbindung um eine Überlappung eines leeren Orbitals mit einem freien Elektronenpaar. Beide Bindungselektronen stammen also von demselben Atom.

Wichtig zu wissen
Eine Donorbindung hat exakt dieselben Eigenschaften (Elektronendichteverteilung, Bindungslänge) wie eine kovalente Bindung. Sie unterscheiden sich lediglich in der Herkunft der Elektronen.

Wir werden später sehen, dass die Donorbindung eine zentrale Rolle in der Säure-Base-Theorie nach Lewis und der Koordinationschemie spielt.

3.5 Strukturen von Hauptgruppenverbindungen

Die räumlichen Strukturen vieler Verbindungen der Hauptgruppenelemente lassen sich mithilfe einer von Gillespie entwickelten Theorie, der *valence shell electron pair repulsion* oder VSEPR-Theorie, qualitativ voraussagen. Eine experimentelle Strukturbestimmung für die qualitative Abschätzung der Bindungswinkel ist nicht zwingend notwendig.

Wichtig zu wissen
Der VSEPR-Theorie liegen wenige, aber sehr wirkungsvolle Grundannahmen zugrunde, mit deren Hilfe die Struktur der betreffenden Verbindung abgeschätzt werden kann.
- Elektronenpaare (gebundene und freie) stoßen sich gegenseitig ab.
- Sowohl Bindungspartner (gebundene Elektronenpaare) als auch freie Elektronenpaare sind strukturrelevant (tragen zur Bestimmung der Struktur bei).
- Die Summe aus Bindungspartnern und freien Elektronenpaaren ergibt die virtuelle Koordinationszahl des Zentralatoms.
- Aus der virtuellen Koordinationszahl wird ein raumerfüllender Polyeder gebildet.
- Die tatsächliche Struktur der Verbindung ergibt sich aus dem raumerfüllenden Polyeder durch Nichtberücksichtigung der freien Elektronenpaare.

Für die Zuordnung der einzelnen Koordinationsstellen am Zentralatom zu den einzelnen Substituenten (bzw. freien Elektronenpaaren) gelten noch ein paar Zusatzregeln:
- Freie Elektronenpaare benötigen mehr Platz als Bindungen.
- Doppelbindungen benötigen mehr Platz als Einfachbindungen.
- Bei der trigonalen Bipyramide besetzt der elektronegativste Substituent die axiale Position.

Beispiel
Wir wenden uns ein paar bekannten und weniger bekannten Beispielen zu. Zunächst betrachten wir die beiden Gase CO_2 und SO_2, die eine sehr ähnliche Summenformel aufweisen.

O=C=O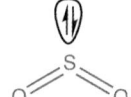

Abb. 3.21 Die Strukturen von CO$_2$ und SO$_2$.

CO$_2$: Kohlenstoff ist ein Element der vierten Hauptgruppe und bildet zwei Doppelbindungen zu den beiden Sauerstoffatomen aus (Abbildung 3.21). Dazu benötigt das Kohlenstoffatom vier Elektronen. Es verbleibt also kein freies Elektronenpaar mehr am Kohlenstoff. Die beiden Substituenten nehmen die Position der größten Raumerfüllung ein (im 180°-Winkel zueinander; lineare Anordnung).

SO$_2$: Schwefel ist ein Element der sechsten Hauptgruppe und bildet zwei Doppelbindungen zu den beiden Sauerstoffatomen aus. Dazu benötigt das Schwefelatom vier Elektronen. Im Gegensatz zum Kohlenstoffatom in CO$_2$ verbleibt also ein freies Elektronenpaar am Schwefelatom. Die beiden Substituenten nehmen zusammen mit dem freien Elektronenpaar die Position der größten Raumerfüllung ein (eine trigonal-planare Anordnung um das Schwefelatom herum). Nach Nichtberücksichtigung des freien Elektronenpaares verbleibt eine gewinkelte Struktur mit einem O–S–O-Winkel von unter 120°, da das freie Elektronenpaar mehr Platz beansprucht als die beiden Sauerstoffatome.

Wir sehen das allgemeine Prinzip:

1) Bestimmung des Zentralatoms,
2) Bestimmung der Anzahl der Substituenten am Zentralatom,
3) Bestimmung der Oxidationszahl des Zentralatoms,
4) Bestimmung der Anzahl der freien Elektronenpaare am Zentralatom,
5) Summe aus Substituenten und freien Elektronenpaaren am Zentralatom,
6) Bestimmung des Koordinationspolyeders,
7) Anordnung der Substituenten im Koordinationspolyeder.

Dieses allgemeine Prinzip können wir nun auf verschiedene, ähnlich erscheinende Beispiele anwenden.

Beispiel
Beispiel 1: NH$_3$, SO$_3$, IBr$_3$ Auf den ersten Blick scheint das Unterscheidungsmerkmal hier die Stellung des Zentralatoms im Periodensystem zu sein: N (V), S (VI) und I (VII). In Wahrheit geht es aber um die Anzahl der freien Elektronenpaare am Zentralatom bei gleichbleibender Zahl der Substituenten (hier: drei; Abbildung 3.22).
SO$_3$
  3 Substituenten
  0 freie Elektronenpaare

Abb. 3.22 Die Strukturen von SO₃, NH₃ und IBr₃.

Gesamt: 3, daher ist die Struktur trigonal-planar (das Zentralatom liegt in der Ebene der Sauerstoffatome).

NH₃

3 Substituenten

1 freies Elektronenpaar

Gesamt: 4, daher liegt der Struktur ein Tetraeder zugrunde.

Unter Nichtberücksichtigung des freien Elektronenpaares verbleibt eine trigonal-pyramidale Struktur (die drei Wasserstoffatome in der Basis der Pyramide, das Stickstoffatom im Apex, der Spitze, der Pyramide).

IBr₃

3 Substituenten

2 freie Elektronenpaare

Gesamt: 5, daher liegt der Struktur eine trigonale Bipyramide zugrunde. Die freien Elektronenpaare befinden sich in der Äquatorialebene. Dort haben sie innerhalb der Ebene einen Abstand von 120° zum nächsten Nachbarn, während der Abstand zwischen axialer und äquatorialer Position nur 90° beträgt.

Unter Nichtberücksichtigung der freien Elektronenpaare ergibt sich also eine T-Anordnung aus Zentralatom und Substituenten.

Beispiel

Beispiel 2: XeF₄, XeOF₂, XeO₂ Bei unserem zweiten Beispiel bleibt die Oxidationszahl des Zentralatoms und damit die Anzahl freier Elektronenpaare gleich. Es ändert sich die Anzahl der Substituenten und damit der zugrunde liegende Koordinationspolyeder (Abbildung 3.23).

XeF₄

4 Substituenten

2 freie Elektronenpaare

Gesamt: 6, daher liegt der Struktur ein Oktaeder zugrunde. Die freien Elektronenpaare sind *trans* (gegenüber, in 180°-Abstand) angeordnet.

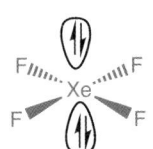 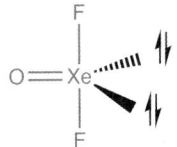

Abb. 3.23 Die Strukturen von XeF₄, XeOF₂ und XeO₂.

Unter Nichtberücksichtigung der freien Elektronenpaare ergibt sich eine quadratisch-planare Koordination (das Zentralatom befindet sich in der Ebene der Fluoratome).

XeOF$_2$

3 Substituenten

2 freie Elektronenpaare

Gesamt: 5, daher liegt der Struktur eine trigonale Bipyramide zugrunde. Die freien Elektronenpaare befinden sich in der Äquatorialebene. Dort haben sie innerhalb der Ebene einen Abstand von 120° zum nächsten Nachbarn, während der Abstand zwischen axialer und äquatorialer Position nur 90° beträgt. Fluor ist elektronegativer als Sauerstoff und befindet sich deshalb in den beiden axialen Positionen.

Unter Nichtberücksichtigung der freien Elektronenpaare ergibt sich also eine T-Anordnung aus Zentralatom und Substituenten, wobei das Sauerstoffatom den Fuß des T bildet.

XeO$_2$

2 Substituenten

2 freie Elektronenpaare

Gesamt: 4, daher liegt der Struktur ein Tetraeder zugrunde.

Unter Nichtberücksichtigung der freien Elektronenpaare ergibt sich eine gewinkelte Struktur, wobei der O–Xe–O-Winkel kleiner als 109,5° ist (freie Elektronenpaare benötigen mehr Platz als Doppelbindungen).

Beispiel

Beispiel 3: IBr$_3$, [BiF$_4$]$^-$, PF$_5$ Nun leiten sich alle drei Strukturen von der trigonalen Bipyramide ab. Es ergibt sich aber jeweils eine andere Verteilung zwischen Substituenten und freien Elektronenpaaren und damit eine andere tatsächliche Struktur (Abbildung 3.24).

IBr$_3$

3 Substituenten

2 freie Elektronenpaare

Gesamt: 5, daher liegt der Struktur eine trigonale Bipyramide zugrunde. Die freien Elektronenpaare befinden sich in der Äquatorialebene. Dort haben sie innerhalb der Ebene einen Abstand von 120° zum nächsten Nachbarn, während der Abstand zwischen axialer und äquatorialer Position nur 90° beträgt.

Abb. 3.24 Die Strukturen von IBr$_3$, [BiI$_4$]$^-$ und PF$_5$.

Unter Nichtberücksichtigung der freien Elektronenpaare ergibt sich also eine T-Anordnung aus Zentralatom und Substituenten.

[BiF$_4$]$^-$

4 Substituenten

1 freies Elektronenpaar

Gesamt: 5, daher liegt der Struktur eine trigonale Bipyramide zugrunde. Das freie Elektronenpaar befindet sich in der Äquatorialebene. Dort hat es innerhalb der Ebene einen Abstand von 120° zum nächsten Nachbarn, während der Abstand zwischen axialer und äquatorialer Position nur 90° beträgt.

Unter Nichtberücksichtigung des freien Elektronenpaares ergibt sich also eine Schmetterlingsstruktur mit der Koordinationszahl 4 für das Zentralatom.

PF$_5$

5 Substituenten

0 freie Elektronenpaare

Gesamt: 5, daher ist die Struktur eine trigonale Bipyramide.

3.6 Hypervalente Verbindungen

Unter hypervalenten Verbindungen versteht man Verbindungen, deren Zentralatom mehr Bindungen aufweist, als es aufgrund seiner Stellung im Periodensystem Valenzorbitale besitzt. Bei Hauptgruppenelementen sind dies mehr als vier Bindungen. Es gibt aber auch hypervalente Verbindungen mit weniger als fünf Bindungen, da man die freien Elektronenpaare bei der Zahl der Valenzorbitale berücksichtigen muss.

Wir haben in Abschnitt 3.6 bereits eine Vielzahl derartiger Verbindungen kennengelernt. Es sei an das IBr$_3$ oder PF$_5$ erinnert. Im ersten Fall hat das zentrale Iodatom zwei freie Elektronenpaare und drei Einfachbindungen, im zweiten Fall weist das zentrale Phosphoratom fünf Bindungen auf.

Die Nomenklatur hypervalenter Verbindungen basiert auf der Zahl der Valenzelektronen und der Bindungen des Zentralatoms. Man gibt eine hypervalente Verbindung als *x-E-y* an: Anzahl der Bindungen–Elementname–Anzahl der Valenzelektronen. Daher schreibt man für IBr$_3$ 3-I-10 und für PF$_5$ 5-P-10.

> **Wichtig zu wissen**
> Hypervalente Verbindungen werden als x-E-y angegeben.

Wenn wir ein so alltägliches Ion wie SO$_4^{2-}$ oder ClO$_4^-$ betrachten, so fallen uns sofort die hohe Oxidationszahl des Zentralatoms (S^{VI} bzw. Cl^{VII}) und die hohe Bindigkeit auf. Gemäß der klassischen Valenzbindungstheorie hätte SO$_4^{2-}$ sechs Bindungen (2 Einfach- und zwei Doppelbindungen) und ClO$_4^-$ sogar sieben Bindungen (1 Einfach- und 3 Doppelbindungen), die mit den vier Valenzorbitalen (1 s- und 3 p-Orbitale) nicht in Einklang gebracht werden können (Abbildung 3.25). Es müssen für die Doppelbindungen die energetisch nächsthöheren Orbitale geeigneter Symmetrie und Orientierung genutzt werden.

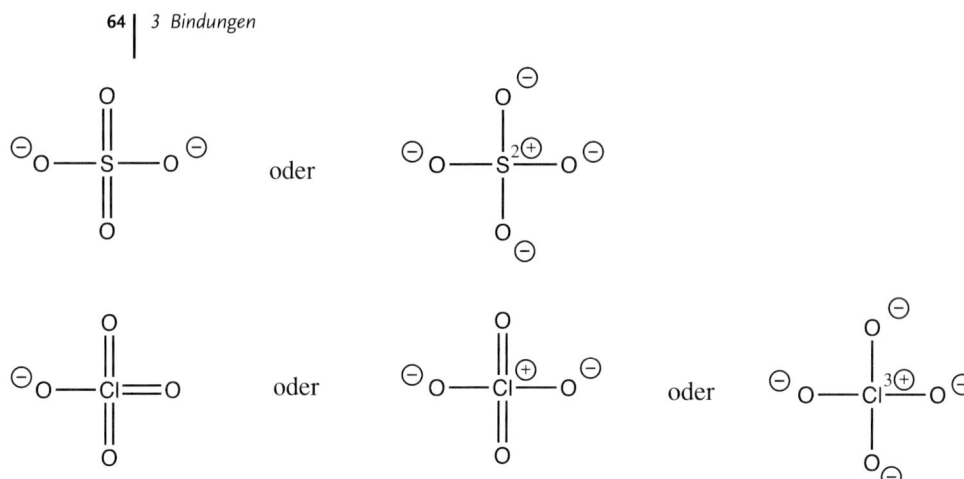

Abb. 3.25 Die Strukturen von SO$_4^{2-}$ und ClO$_4^-$ gemäß der VB-Theorie.

In der Vergangenheit zog man daher die 3d-Orbitale heran, da diese Orbitale bei Hauptgruppenelementen, beginnend mit der dritten Periode, prinzipiell vorhanden und unbesetzt sind. Allerdings ist, wie wir wissen, das 4 s-Orbital energetisch günstiger als das 3d-Orbital. Daher ist die Erklärung wenig stichhaltig, und man erklärt sich den Sachverhalt heute anders. Zudem hat diese d-Orbitaltheorie noch einen anderen Pferdefuß. Gemäß der zweiten Doppelbindungsregel sind nur zwei Doppelbindungen im Tetraeder möglich, da nur zwei der d-Orbitale in die Ecken eines Tetraeders zeigen.

Heute geht man nicht mehr von lokalisierten Zweizentrenbindungen im Molekül aus (VB-Theorie), sondern von Molekülorbitalen (MO-Theorie), die sich über große Bereiche des Moleküls erstrecken.

Molekülorbitale gehen aus der Linearkombination einzelner Atomorbitale hervor. Hierbei ist die Anzahl der Molekülorbitale gleich der Zahl der verwendeten Atomorbitale. Es gehen also weder Orbitale verloren noch werden welche erzeugt. Ebenso ist der Energieinhalt aller Molekülorbitale gleich dem Energieinhalt aller verwendeter Atomorbitale (Energieerhaltungssatz). Bei der Erzeugung von Molekülorbitalen aus Atomorbitalen entstehen daher sowohl bindende als auch antibindende Molekülorbitale MO.

Wichtig zu wissen
- Nichtbindende Molekülorbitale sind Orbitale, die im Wesentlichen nur einer Atomsorte zugeordnet werden können, sich also von Atomorbitalen nicht wesentlich unterscheiden. Ihr Energieinhalt hat sich kaum geändert.
- Bindende Molekülorbitale sind Orbitale niedrigerer Energie im Vergleich zu den Atomorbitalen, aus denen sie entstanden sind.
- Antibindende Molekülorbitale sind Orbitale höherer Energie im Vergleich zu den Atomorbitalen, aus denen sie entstanden sind.

Betrachten wir die Situation in SiF$_4$ (entsteht beim Fluoridnachweis in der Wassertropfenprobe): Gemäß der VB-Theorie geht Silicium, wie Kohlenstoff in Methan CH$_4$, vier Bindungen zu Fluor ein. Es verwendet dazu vier sp^3-Hybridorbitale. Damit sind alle vier Valenzorbitale des Siliciums verwendet worden, und es stehen ihm keine weiteren Orbitale zur Verfügung. Ein Hexafluorosilicat-Anion SiF$_6^{2-}$ ist daher nach der klassischen VB-Theorie unmöglich. Man hat sich früher damit beholfen, einfach zwei d-Orbitale in die Hybridisierung mit einzubeziehen. Man käme dann zu sechs d^{2}sp^3-Hybridorbitalen, die oktaedrisch angeordnet sind. Die d-Orbitale liegen aber energetisch zu weit oben und können nicht verwendet werden (zudem wäre das 4s- energetisch günstiger als das 3d-Niveau).

Wichtig zu wissen
Bei Hauptgruppenelementen liegen die d-Orbitale energetisch zu weit oben und können für Bindungen nicht verwendet werden.

Die klassische VB-Theorie kennt keine antibindenden Molekülorbitale. Dies ist eine Errungenschaft der MO-Theorie. Das Vorhandensein von antibindenden MO bedeutet aber, dass relativ niedrig liegende Orbitale zur Verfügung stehen, um weitere (Donor-)Bindungen zu realisieren.

Beispiel
Im Falle des SiF$_4$ kann man experimentell beobachten, dass sich SiF$_4$ gegenüber Fluoridionen als Lewis-Säure verhält. Es werden zwei Donorbindungen geknüpft. Dies kann man sich erklären, indem man sich vor Augen führt, dass zwei der vier unbesetzten antibindenden Molekülorbitale des SiF$_4$ mit zwei vollbesetzten Atomorbitalen der beiden Fluoridionen wechselwirken und so zwei neue bindende und zwei neue antibindende Molekülorbitale entstehen. Jetzt haben wir sechs bindende Molekülorbitale mit oktaedrischer Geometrie des Zentralatoms Si.

$$SiF_4 + 2\ F^- \rightarrow SiF_6^{2-}$$

Ähnliches lässt sich für die Oxidation von PCl$_3$ zu POCl$_3$ anführen. In PCl$_3$ liegen drei bindende, drei antibindende und ein nichtbindendes Molekülorbital vor. Das freie Elektronenpaar befindet sich im nichtbindenden Molekülorbital. Mit einem freien Elektronenpaar und drei Einfachbindungen lässt sich PCl$_3$ mit der VB-Theorie problemlos erklären. Beim Oxidationsprodukt POCl$_3$ ist das grundlegend anders. Hier finden wir zusätzlich zu den drei P–Cl-Einfachbindungen noch eine P=O-Doppelbindung. Dazu sind fünf Orbitale notwendig, die das Phosphoratom nach der klassischen VB-Theorie nicht besitzt. Da d-Orbitale nicht herangezogen werden dürfen, müsste man eine ionische Schreibweise mit Ladungen auf benachbarten Atomen einführen. Auch dies ist energetisch problematisch, wenngleich innerhalb der VB-Theorie unumgänglich. Auch hier erweist sich die MO-Theorie als überlegen, da sie problemlos fünf bindende Molekülorbitale zur Verfügung stellt, die aus den Valenzorbitalen aller fünf beteiligten Atome (O, P, 3 Cl) stammen.

PCl$_3$ + [O] → POCl$_3$

Wir haben jetzt die Bindungsverhältnisse in hypervalenten Verbindungen etwas näher betrachtet und festgestellt, dass wir sie mithilfe der MO-Theorie genau beschreiben könnten. Doch leider ist die MO-Theorie wenig anschaulich und für den Nichtmathematiker nur schwer zu verstehen. Die VB-Theorie ist zwar sehr anschaulich, doch in ihrer anschaulichen Version leider nicht in der Lage, befriedigende Ergebnisse für hypervalente Verbindungen zu liefern. Es bleibt uns also nichts anderes übrig, als die VB-Theorie für Konzepte der MO-Theorie zu öffnen, um so eine leistungsfähigere und dabei immer noch anschauliche VB-Theorie zu bekommen.

Unser Hauptproblem bei der VB-Theorie ist es, nicht genügend Orbitale zu haben. Im p-Block des Periodensystems (III.–VIII. Hauptgruppe) gibt es auf jeder Schale nur vier Valenzorbitale (1 s-Orbital und 3 p-Orbitale). Daher sind in der VB-Theorie nur vier Bindungen möglich. Um die tatsächlich vorhandenen sechs Bindungen des Schwefels im Sulfatanion (Oxidationsstufe +VI) erklären zu können, hat man daher zwei der in der 3. Schale vorhandenen d-Orbitale herangezogen. Nun hatte man sechs Orbitale, die man zu sechs d^{2}sp^3-Hybridorbitalen mit oktaedrischer (6 Einfachbindungen) oder tetraedrischer (2 Einfach- und 2 Doppelbindungen) Geometrie zusammenfassen konnte. Die d-Orbitale sind allerdings so energiereich, dass sie für eine Bindung nicht herangezogen werden können. Wir müssen daher Ersatz beschaffen, wenn wir unser anschauliches Hybridisierungsmodell beibehalten wollen.

Innerhalb der MO-Theorie werden alle tatsächlich vorhandenen Orbitale betrachtet, also auch die antibindenden (energetisch ungünstigen). Die VB-Theorie ignoriert diese antibindenden Orbitale, da sie bei flüchtiger Betrachtung nichts zu den Bindungsverhältnissen beitragen. Sie sind aber vorhanden und liegen energetisch deutlich unter den d-Orbitalen.

Öffnet man die VB-Theorie für antibindende (MO-)Orbitale, so hat man nunmehr genügend energetisch tief liegende Orbitale, um mittels Hybridisierung die Bindungsverhältnisse in hypervalenten Verbindungen erklären zu können.

Wichtig zu wissen
- Die zweite Doppelbindungsregel bezieht sich auf das Vorhandensein von d-Orbitalen, die in unserem Modell nicht verwendet werden.
- Die antibindenden Orbitale haben die gleiche Symmetrie wie die bindenden. Daher werden im Tetraeder mehr als zwei Doppelbindungen möglich.

Bei dieser Betrachtungsweise haben wir nun das Problem, dass wir sehr innovativ mit den Modellvorstellungen der Chemie umgegangen sind. Wir haben in eine grundlegende Debatte innerhalb der theoretischen Chemie eingegriffen, indem wir uns Konzepte aus beiden gegnerischen Lagern (VB- und MO-Theorie) zunutze gemacht haben, um die Welt der Chemie zu erklären. Das ist legitim. Wir sollten uns aber vor Augen führen, dass dies grobe Näherungen und Vereinfachungen mit sich bringt. Wir verstehen so die großen Zusammenhänge besser, können aber natürlich die Details, um die es bei dieser theoretischen Grundsatzdebatte geht, keineswegs begreifen oder gar erklären.

Wir können jetzt auch die eingangs dieses Unterkapitels gestellten Fragen beantworten. Das Sulfatanion kann mit zwei Doppelbindungen und das Perchloratanion mit drei Doppelbindungen beschrieben werden, da wir über die antibindenden Molekülorbitale genügend Orbitale geeigneter Orientierung bekommen.

Die Schreibweise für hypervalente Verbindungen x-E-y gibt die Anzahl der Bindungen und die Anzahl der formal auf das Zentralatom entfallenden Elektronen an. Eine strukturelle Aussage wird nicht gegeben, da nicht zwischen Einfach- und Mehrfachbindung sowie Bindungselektronen und freien Elektronenpaaren unterschieden wird.

> **Wichtig zu wissen**
> Aus der Schreibweise für hypervalente Verbindungen x-E-y lässt sich die Struktur nicht unmittelbar ableiten.

Beispielsweise kann man für das Schwefelatom im Sulfatanion 6-S-12 schreiben. Der Schwefel hat also zwölf Elektronen (vier in den Einfachbindungen, acht in den Doppelbindungen) und bildet damit sechs Bindungen aus. Mittelbar ergibt sich dabei schon, dass die zwölf Elektronen in sechs Bindungen stecken und somit kein freies Elektronenpaar vorhanden ist. Allerdings kann nicht zwischen Tetraeder und Oktaeder unterschieden werden. Dafür braucht man noch zusätzlich die Summenformel für das Sulfatanion SO_4^{2-}. Erst dann wird die tetraedrische Symmetrie klar.

Für das SiF_6^{2-} ergibt sich 6-Si-12 und demnach die gleiche Aussage wie für das Sulfatanion. Durch die Summenformel kommt man dann allerdings zum Oktaeder und nicht zum Tetraeder wie für das Sulfatanion.

> **Noch einmal in Kürze**
> Bindungen sind ein zentrales Konzept der Chemie. Man unterscheidet drei Hauptgruppen, die metallische Bindung, die Ionenbindung und die kovalente Bindung. Während sich die Ionenbindung und die kovalente Bindung nur im Grad des Elektronentransfers unterscheiden, handelt es sich bei der metallischen Bindung um etwas fundamental anderes.
>
> Das Vorliegen einer Ionenbindung oder einer kovalenten Bindung führt zu völlig unterschiedlichen Substanzklassen, zu Salzen und zu Molekülverbindungen, die deutlich unterschiedliche Eigenschaften aufweisen. Zur Erklärung der Molekülverbindungen wurden zwei Bindungstheorien entwickelt, die VB-Theorie und die MO-Theorie. Die Valenzbindungstheorie zeichnet sich durch eine große Anschaulichkeit aus, während die Molekülorbitaltheorie die Bindungsverhältnisse deutlich besser beschreibt.

Aus der Valenzbindungstheorie lässt sich ein Konzept entwickeln, das VSEPR- Konzept (*valence shell electron pair repulsion*), mit dessen Hilfe sich die Strukturen von Hauptgruppenelementverbindungen leicht berechnen lassen.

Mithilfe der MO-Theorie und der VSEPR-Theorie lassen sich auch sogenannte hypervalente Verbindungen beschreiben, also Hauptgruppenelementverbindungen, bei denen das zentrale Hauptgruppatom mehr als acht Valenzelektronen aufweist bzw. mehr als vier Valenzorbitale benötigt (Summe aus Bindungen und freien Elektronenpaaren übersteigt vier).

Wissen testen

3.1 a) Zeichne das MO-Schema von Stickstoff N_2 und bestimme die Bindungsordnung.
b) Zeichne das MO-Schema von Fluor F_2 und bestimme die Bindungsordnung.

3.2 Zeichne die Struktur folgender Moleküle oder Ionen unter Berücksichtigung der freien Elektronenpaare:
a) $[PbI_4]^{2-}$
b) $XeOF_4$
c) IF_7
d) OF_2
e) $SnCl_2$
f) $GeCl_4$
g) InF_4^-
h) SbF_6^-
i) AlH_4^-
j) BPh_4^-
k) ClF_5

3.3 Warum ist Silber ein Metall?

3.4 Warum ist Germanium ein Halbmetall?

3.5 Erläutere den Unterschied zwischen der kubisch dichtesten und der hexagonal dichtesten Kugelpackung.

3.6 Warum kann man die Struktur des Perchlorats nicht mit der einfachen VB-Theorie zufriedenstellend erklären?

3.7 Handelt es sich in den folgenden Verbindungen um metallische, ionische oder kovalente Bindungen? Begründe.
a) BaF_2
b) $CuAu_9$
c) KCl
d) SiO_2
e) $AuAg$
f) Cu_2O
g) Na_2O
h) H_2S
i) P_4O_{10}

j) LiAlH$_4$
k) KNa
l) H$_2$O$_2$

3.8 Welche der folgenden Verbindungen sind hypervalente Verbindungen? Benenne sie nach dem Schema x-E-y:
a) PCl$_3$
b) PF$_5$
c) IF$_3$
d) InCl$_3$
e) SnCl$_4$
f) SF$_4$
g) Na$_2$O$_2$
h) XeO$_2$
i) KrF$_2$

3.9 In der Struktur von ZnS bilden die Sulfidionen eine dichteste Kugelpackung, die Zinkionen besetzen tetraedrische Lücken. Wie viele Lücken bleiben unbesetzt?

3.10 Die Verbindung PBr$_5$ bildet im Festkörper eine Struktur, die aus Br$^+$-Kationen und PBr$_4^-$-Anionen besteht.
a) Handelt es sich dabei um ein hypervalentes Anion, und
b) kann das PBr$_4^-$-Anion eine tetraedrische Struktur besitzen?

3.11 Die Verbindung PCl$_5$ bildet im Festkörper eine Struktur, die aus PCl$_4^+$-Kationen und PCl$_6^-$-Anionen besteht.
a) Handelt es sich dabei um hypervalente Ionen, und
b) welche Strukturen haben die beiden Ionen?

Redoxchemie 4

In diesem Kapitel...

Die meisten chemischen Reaktionen werden von einem Elektronentransfer begleitet. Aber nicht bei allen dieser Reaktionen ändert sich auch die Oxidationszahl der beteiligten Atome. Wenn sich die Oxidationszahl ändert, spricht man entweder von einer Oxidation (Erhöhung der Oxidationszahl) oder einer Reduktion (Erniedrigung der Oxidationszahl). Da ein Elektron transferiert werden muss, findet die Elektronenabgabe (Oxidation) immer zusammen mit einer Elektronenaufnahme (Reduktion) an anderer Stelle statt. Es gibt keine Oxidation ohne Reduktion. Weil dem so ist, spricht man allgemein von Redoxreaktionen.

> **Wichtig zu wissen**
> - Eine Oxidation ist eine Elektronenabgabe.
> - Eine Reduktion ist eine Elektronenaufnahme.
> - Eine Oxidation findet immer gemeinsam mit einer Reduktion statt. Man spricht deshalb von einer Redoxreaktion.

Die Abgrenzung von Redoxreaktionen gegenüber anderen Reaktionstypen in der Chemie ist nicht immer einfach und noch weniger einsichtig. Es trägt viel zum Verständnis bei, wenn man sich vergegenwärtigt, dass diese Einteilungen historisch gewachsen sind und häufig auf einen längst überholten Stand der wissenschaftlichen Erkenntnis basieren. Bei der Definition der Redoxreaktion muss man insbesondere auf die Unterscheidung zur Donorbindung achten.

Bei der Donorbindung werden Elektronen vom Donor (Lewis-Base) zum Akzeptor (Lewis-Säure) transferiert, ohne dass wir formal von einer Redoxreaktion sprechen würden. Bei einer Donorbindung werden die Elektronen zwar nicht vollständig transferiert, aber es wird Elektronendichte von der Lewis-Base auf die Lewis-Säure übertragen. Bei einer kovalenten Bindung kommt es andererseits zu einem Elektronentransfer von einem zum anderen Atom, der für gewöhnlich als Redoxreaktion bezeichnet wird. Es muss also eine Definition geben, die zu einer eindeutigen Unterscheidung und Abgrenzung der Redoxreaktion führt.

Allgemeine Chemie: für Lebenswissenschaftler, Mediziner, Pharmazeuten..., 1. Auflage.
Olaf Kühl © 2012 Wiley-VCH Verlag GmbH & Co. KGaA.
Published 2012 by Wiley-VCH Verlag GmbH & Co. KGaA.

Wichtig zu wissen
Donorbindungen sind keine Redoxvorgänge.

Schlüsselthemen
- Erkennen, was eine Oxidation und eine Reduktion ist, und die Beschreibung von Redoxreaktionen
- Die Bestimmung von Oxidationszahlen in Verbindungen der Elemente
- Das Verständnis für die Stabilität von Oxidationszahlen und das Wissen, welche Elemente in welchen Oxidationszahlen stabil sind
- Das Aufstellen und Ausgleichen von Redoxgleichungen
- Erkennen, was eine Disproportionierung und eine Komproportionierung sind
- Die Anwendung des Redoxkonzeptes in wichtigen Beispielen aus der Anorganischen, Organischen und Biochemie

4.1 Ermittlung der Oxidationszahlen

Wir nähern uns diesem Problem einfach einmal von hinten, indem wir uns über die Ermittlung der Oxidationszahlen Gedanken machen. Wir schauen uns also eine Verbindung an, die formal aus einer Redoxreaktion hervorgegangen ist, und beschreiben den Zustand der Atome nach dem Elektronentransfer. Bei der Verbrennung von Kohle entsteht das Gas Kohlendioxid CO_2. Es handelt sich hierbei um eine klassische Oxidationsreaktion – die Sauerstoffaufnahme (Verbrennung).

$$C + O_2 \rightarrow CO_2$$

Aus der Stellung im Periodensystem – C: IV. Hauptgruppe; O: VI. Hauptgruppe – erkennen wir, dass Sauerstoff elektronegativer als Kohlenstoff ist und daher die Elektronen von Kohlenstoff zu Sauerstoff transferiert werden. Das Kohlenstoffatom hat demnach vier Elektronen weniger als vor der Reaktion und daher eine nach außen wirksame Ladung von 4+ (resultierend aus der weiterhin vorhandenen positiven Kernladung). Jedes Sauerstoffatom hat eine nach außen wirksame Ladung von 2– (da es ja zwei zusätzliche Elektronen aufgenommen hat). Diese nach außen wirksamen Ladungen werden Oxidationszahlen genannt und mit römischen Zahlen bezeichnet – C: +IV; O: –II.

Wichtig zu wissen
- Die Summe der Oxidationszahlen in einem ungeladenen Molekül ist immer null.
- Die Summe der Oxidationszahlen in einem Ion ist immer gleich der Ionenladung.

Oxidationszahlen ermittelt man, indem man alle Bindungselektronen formal dem elektronegativeren Bindungspartner zuordnet. Nun zieht man für jedes Atom des

Moleküls die Anzahl der verbliebenen Elektronen von der Zahl der Gruppennummer im PSE (Valenzelektronenzahl des Elements) ab. Das Ergebnis ist die Oxidationszahl des Atoms in diesem Molekül.

Beispiel

Kohlendioxid CO_2:	C: IV (PSE) – 0 (verbliebene Elektronen) = +IV (Oxidationszahl)
	O: VI (PSE) – 8 (verbliebene Elektronen) = –II (Oxidationszahl)
Schwefeldioxid SO_2:	S: VI – 2 = +IV
	O: VI – 8 = –II
Aluminiumsulfid Al_2S_3:	Al: III – 0 = +III
	S: VI – 8 = –II
Calciumchlorid $CaCl_2$:	Ca: II – 0 = +II
	Cl: VII – 8 = –I

In binären Verbindungen, d. h. Verbindungen mit nur zwei Atomsorten, scheint dies ja recht einfach zu sein. In ternären Verbindungen, also bei drei Atomsorten, ist das schon schwieriger. Hier hat man das Problem der *A-priori*-Zuordnung, d. h. man kennt die Oxidationszahl (die Anzahl der transferierten Elektronen) eines Atoms nicht. Dies ist immer dann der Fall, wenn ein Atom mehrere prinzipielle Oxidationszahlen hat.

Wir betrachten einmal den Schwefel. Dort haben wir gerade das SO_2 (Schwefel +IV) und das Aluminiumsulfid (Schwefel –II) kennengelernt. Wir kennen darüber hinaus auch noch die Oxidationszahl +VI für den Schwefel. Diese tritt in Schwefeltrioxid (SO_3) und in der Schwefelsäure (H_2SO_4) auf. Das SO_2, SO_3 und Al_2S_3 sind binäre Verbindungen, für die die Oxidationszahl des Schwefels direkt aus der Oxidationszahl des Partners (Sauerstoff oder Aluminium) folgt. Bei der Schwefelsäure muss man schon zwei Partner berücksichtigen.

Wir haben uns bei der Berechnung der Oxidationszahl des Schwefels darauf verlassen, dass sein Partner in den angegebenen Verbindungen immer dieselbe Oxidationszahl hat. Es stellt sich die Frage, ob das immer so ist. Hat Sauerstoff immer die Oxidationszahl –II und Aluminium immer die Oxidationszahl +III? Mit wenigen, leicht erkennbaren Ausnahmen ist das so. Doch wie können wir angesichts mehrerer möglicher Oxidationszahlen für ein und dasselbe Element zu verlässlichen Regeln kommen, was das Aufstellen von Oxidationszahlen betrifft? Wir befragen auch hier wieder das Periodensystem der Elemente und kommen zu ein paar grundsätzlichen Erkenntnissen.

Wichtig zu wissen
Regeln zur Berechnung von Oxidationszahlen
- In elementarem Zustand hat ein Atom immer die Oxidationszahl 0.
- Sauerstoff hat immer die Oxidationszahl –II. Ausnahmen sind die Peroxide (z. B. H_2O_2 und Peroxosäuren $CH_3C(O)OOH$), Oxidationszahl des Peroxids –I) und das hoch reaktive Sauerstofffluorid OF_2.
- Wasserstoff hat immer die Oxidationszahl +I. Ausnahme sind die Metallhydride mit der Oxidationszahl –I.
- Alkalimetalle (I. Hauptgruppe) haben immer die Oxidationszahl +I.
- Erdalkalimetalle (II. Hauptgruppe) haben immer die Oxidationszahl +II.
- Halogene (VII. Hauptgruppe) haben immer die Oxidationszahl –I. Ausnahmen: Sauerstoff- und Interhalogenverbindungen.
- Chalkogene (VI. Hauptgruppe) haben zumeist die Oxidationszahl –II. Ausnahmen: Sauerstoff und Halogenverbindungen (Sauerstoff und Halogene stehen im Periodensystem der Elemente über bzw. rechts von den Chalkogenen).
- Edelgase (VIII. Hauptgruppe) gehen keine Verbindungen ein. Ausnahme: Fluor-, Sauerstoff- und Chlorverbindungen des Xenons und Kryptons, in denen das Edelgas eine positive Oxidationszahl hat.

Mithilfe obiger Regeln lassen sich die Oxidationszahlen der meisten (anorganischen) Verbindungen berechnen, sofern nur für eine Atomsorte eine eindeutige Bestimmung nicht möglich ist. Dann lässt sich die fehlende Oxidationszahl nämlich einfach berechnen.

Beispiel

Perchlorsäure $HClO_4$:	Sauerstoff: –II
	Wasserstoff: +I
	Chlor: $4 \cdot 2 - 1 = +VII$
Phosphorsäure H_3PO_4:	Sauerstoff: –II
	Wasserstoff: +I
	Phosphor: $4 \cdot 2 - 3 \cdot 1 = +V$
Vanadat VO_4^{3-}:	Sauerstoff: –II
	Vanadium: $4 \cdot 2 - 3 = +V$

Bei der Perchlorsäure (und ebenso bei der Phosphorsäure) haben wir die Summe der negativen Oxidationszahlen der Sauerstoffatome bestimmt ($4 \cdot -II = -VIII$) und davon die positiven Ladungen der Wasserstoffatome abgezogen. Für $HClO_4$ kommen wir so auf –VII und für H_3PO_4 auf –V. Da nun das Zentralatom diese Ladungen kompensieren muss, kommt man für Chlor in Perchlorsäure auf +VII und für Phosphor in Phosphorsäure auf +V. Bei Vanadat gibt es keine Protonen, es ist ein komplexes Anion. Hier müssen wir die Ionenladung 3– von der Summe der

Oxidationszahlen der Sauerstoffatome abziehen. Also –VIII – (–3) = –V. Kompensation der Ladung durch das Zentralatom bestimmt die Oxidationszahl des Vanadiums in Vanadat als +V.

Es gibt natürlich Beispiele, bei denen diese immer noch stark vereinfachte Vorgehensweise nicht zu einem befriedigenden Ergebnis führt. Insbesondere sind Verbindungen schwierig, in denen ein Element in mehr als einer Oxidationsstufe auftritt. Hier betrachten wir folgende Beispiele, für die sich eine durchschnittliche Oxidationszahl bestimmen lässt.

Beispiel

Thiosulfat $S_2O_3^{2-}$:	Sauerstoff: –II
	Schwefel: $(3 \cdot 2 - 2) : 2 = +II$
Mennige Pb_3O_4:	Sauerstoff: –II
	Blei: $4 \cdot 2 : 3 = +II\ ^2\!/_3$
Spinell Co_3O_4:	Sauerstoff: –II
	Cobalt: $4 \cdot 2 : 3 = +II\ ^2\!/_3$

Wir bemerken beim Spinell und bei der Mennige eine gebrochene Oxidationszahl. Da die Oxidationszahl die Anzahl der transferierten Elektronen repräsentiert, dürfen wir uns mit Recht wundern. Die Ladung des Elektrons ist die Elementarladung, d. h. es können nur ganze, natürliche Zahlen als Oxidationszahlen für ein Atom infrage gekommen. Eine gebrochene Oxidationszahl ist daher das Resultat einer durchschnittlichen Oxidationszahl, wenn in Wirklichkeit mehrere ganzzahlige Oxidationszahlen für das gleiche Element in der Verbindung vorliegen. Im Fall der Mennige und des Spinells müssen drei Metallatome zusammen die Zahl +VIII ergeben. Dies ist in mehreren Kombinationen möglich, von denen hier +II, +III, +III (Spinell) und +II, +II, +IV (Mennige) tatsächlich vorliegen. Die Mischoxide (Metall in unterschiedlichen Oxidationsstufen, bzw. auch unterschiedliche Metalle in einem Oxid) verwirklichen also beide bevorzugten Oxidationsstufen der beteiligten Metalle.

Beim Spinell nutzt man das in der anorganischen Chemie für Nachweisreaktionen des Aluminiums (blaue Farbe von Thénards Blau $CoAl_2O_4$) und des Zinks (grüne Farbe von Rinmanns Grün $ZnCo_2O_4$) aus. Der Spinell beherbergt eine Reihe von Edelsteinen und Halbedelsteinen (Voraussetzungen: Härte, Farbe, chemische Inertheit).

Bei Thiosulfat ist die Situation natürlich ähnlich, aber nicht so offensichtlich. Wir haben eine ganzzahlige Oxidationszahl ermittelt. Hier wissen wir aus dem Namen Thiosulfat, dass ein Sauerstoffatom des Sulfats durch Schwefel ersetzt worden ist. Das Ion sieht also so aus: $[O(O)S(S)O]^{2-}$ mit einer S=S-Doppelbindung. Wir haben also ein Schwefelatom mit der Oxidationszahl +IV und ein Schwefelatom mit der Oxidationszahl 0. Hier können wir die Oxidationszahl aus der Strukturformel ableiten (Abbildung 4.1).

76 | 4 Redoxchemie

Sulfat   Thiosulfat

Abb. 4.1 Die Oxidationszahlen des Schwefels in Sulfat und Thiosulfat.

Jetzt kommen wir nochmal auf die Frage zurück, warum bei einer Donorbindung keine Redoxreaktion vorliegt, obwohl doch offensichtlich Elektronendichte vom Donor (Lewis-Base) zum Akzeptor (Lewis-Säure) transferiert wird. Definitionsgemäß bestimmt man die (formale) Oxidationszahl, indem man alle Elektronen einer Bindung dem elektronegativeren Partner zurechnet. Es ist leicht vorstellbar, dass bei einer Donorbindung die Lewis-Base (Donor) das freie Elektronenpaar an einem Atom mit hoher Elektronegativität zur Verfügung stellt, während die Lewis-Säure (Akzeptor) eine Elektronenlücke an einem Atom geringer Elektronegativität aufweist. Bei der Ermittlung der Oxidationszahlen der Atome einer Donorbindung werden die Elektronen der Donorbindung also formal der Lewis-Base zugerechnet. Der Elektronentransfer wird gemäß Definition ignoriert. Wir überprüfen auch das anhand von Beispielen.

Beispiel

Aluminiumhydroxid Al(OH)$_3$	Al: III − 0 = +III
Tetrahydroxyaluminat [Al(OH)$_4$]$^-$	Al: III − 0 = +III
Borsäure H$_3$BO$_3$	B: III − 0 = +III
Tetrahydroxyborat [B(OH)$_4$]$^-$	B: III − 0 = +III
Siliciumtetrafluorid SiF$_4$	Si: IV − 0 = +IV
Hexafluorosilicat [SiF$_6$]$^{2-}$	Si: IV − 0 = +IV

Wichtig zu wissen
Donorbindungen haben keinen Einfluss auf die Oxidationszahl der beteiligten Atome.

4.2 Stabilität von Oxidationszahlen

Nachdem wir jetzt grundsätzlich über die Ermittlung von Oxidationszahlen Bescheid wissen, sollten wir uns über die Stabilität von Oxidationszahlen Gedanken machen. Warum ist Mn(VII) stabiler als Mn(V) und Pb(II) stabiler als Pb(IV)? Warum wird Wolfram leichter zu W(VI) als Chrom zu Cr(VI)? Zur Beantwortung dieser Fragen müssen wir unser Periodensystem der Elemente wieder hervorholen und uns an die Trends erinnern, die wir schon einmal erarbeitet haben.

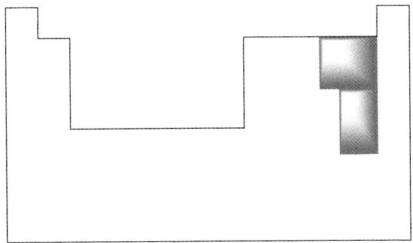

Abb. 4.2 Das bevorzugte Auftreten negativer Oxidationszahlen im Periodensystem der Elemente.

Wichtig zu wissen
Die Elektronegativität nimmt im Periodensystem von links nach rechts und von unten nach oben zu.

Dies bedeutet, dass negative Oxidationszahlen bevorzugt rechts oben im PSE gefunden werden (Abbildung 4.2). In der Tat sind die bevorzugten Anionen Halogenide, Oxide, Sulfide und sauerstoffhaltige komplexe Anionen wie Phosphate, Sulfat, Carbonat, Nitrat und Silicate. Die komplexen Anionen haben Zentralatome mit positiver Oxidationszahl.

Dies bedeutet aber auch, dass innerhalb einer Gruppe die Stabilität der größeren Oxidationszahl von oben nach unten zunehmen sollte.

Wichtig zu wissen
Bei den Hauptgruppenelementen wird bei den höheren Homologen das s-Orbital der Valenzschale durch die d- und f-Orbitale unterer Schalen abgeschirmt (Inert-s-Pair-Effekt, Abbildung 4.3).

Bei den schwereren Elementen ist die Oxidationszahl GN − 2 (GN = Gruppennummer) deshalb stabiler als die Oxidationszahl GN, obwohl die Elektronegativität gemäß dem allgemeinen Trend abnimmt.

Abb. 4.3 Das Auftreten des Inert-s-Pair-Effekts bei Hauptgruppenelementen.

Beispiel

$PbCl_2$: stabiler Feststoff, der in Wasser zu Pb^{2+} und Cl^- Ionen hydrolysiert wird

$PbCl_4$: instabile Flüssigkeit, die an Luft raucht (HCl-Bildung), weil PbO_2 entsteht

PbO_2: im Gegensatz zu PbO ein gutes Oxidationsmittel, d. h. es wird leicht zu PbO umgesetzt

Die Stabilität der ECl_2-Verbindungen nimmt in der IV. Hauptgruppe mit steigender Ordnungszahl zu: $CCl_2 < SiCl_2 < GeCl_2 < SnCl_2 < PbCl_2$. Das $GeCl_2$ ist als Dioxan-Addukt $GeCl_2(1,3\text{-Dioxan})$ stabil, das Zinn(II)chlorid und das Blei(II)chlorid auch ohne Donorstabilisierung.

Wichtig zu wissen

Bei den Nebengruppenelementen nimmt die Stabilität größerer Oxidationszahlen innerhalb einer Gruppe mit der Ordnungszahl zu (Abbildung 4.4).

Beispiel

Dies bedeutet, dass es leichter ist, Wolfram zu W(VI) zu oxidieren, als Chrom zu Cr(VI) zu oxidieren. Allerdings ist bei beiden Elementen die Oxidationszahl +VI stabil.

$$2\,Cr + 3\,Cl_2 \rightarrow 2\,CrCl_3$$

$$2\,Mo + 5\,Cl_2 \rightarrow 2\,MoCl_5$$

$$W + 3\,Cl_2 \rightarrow WCl_6$$

Anhand der Oxidationskraft des starken Oxidationsmittels Chlor lässt sich der Trend leicht erkennen. Während Chrom von Chlor nur zu Cr(III) oxidiert wird, reicht es bei Molybdän schon zu Mo(V), und bei Wolfram wird mit W(VI) endlich die Gruppennummer erreicht.

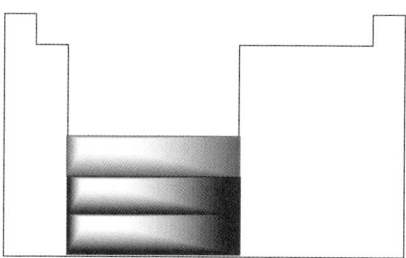

Abb. 4.4 Die zunehmende Stabilität der höheren Oxidationszahlen bei Nebengruppenelementen.

Wichtig zu wissen

Es gilt die Regel, dass leere, halb besetzte und voll besetzte Schalen und Unterschalen besonders stabil sind.

Daraus folgt, dass die Elemente der I. und II. Nebengruppe bevorzugt die Oxidationszahlen +I und +II haben. Sie erreichen dadurch eine d^{10}-Konfiguration und somit eine abgeschlossene Schale.

Beispiel

$[Zn(OH)_4]^{2-}$	Oxidationszahl: +II	II. NG, d^{10}
	Geometrie: Tetraeder	es stehen nur sp^3-Hybridorbitale für Donorbindungen zur Verfügung
CuCl	Oxidationszahl: +I	I. NG, d^{10}

Ausnahmen

- Der Jahn-Teller-Effekt bei Cu(II). Hier ist die d^9-Konfiguration stabiler als die abgeschlossene Schale mit d^{10} und Cu(I).
- Hg(I)-Verbindungen des Quecksilbers. Es kommt meist zu Hg–Hg-Bindungen.
- Die Stabilität von Au(III). Es kommt zur ebenfalls stabilen quadratisch-planaren d^8-Konfiguration (Abbildung 4.5).

Dies bedeutet, dass Eisen mit den stabilen Oxidationszahlen +II und +III vorkommt. Eisen hat hier die Konfigurationen Fe(II) d^6 und Fe(III) d^5. In Fe(II) Low-Spin-Komplexen hat das Eisenatom ein voll besetztes t_{2g}-Niveau, in Fe(III) High-Spin-Komplexen liegt ein halb besetzter d-Orbitalsatz vor (Abbildung 4.6). Fe(II) Low-Spin und Fe(III) High-Spin sind daher die bevorzugten Anordnungen des Eisens in seinen Komplexen.

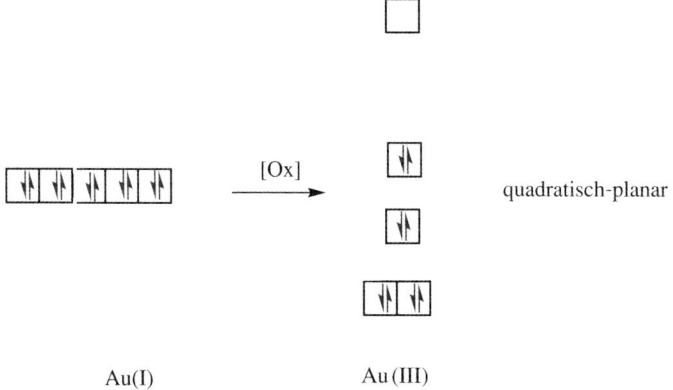

Abb. 4.5 Der Übergang von Au(I) zu quadratisch-planarem Au(III).

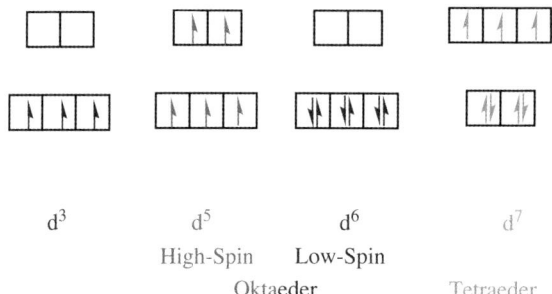

d³   d⁵   d⁶   d⁷
      High-Spin   Low-Spin
             Oktaeder   Tetraeder

Abb. 4.6 Stabile Elektronenkonfigurationen bei Übergangsmetallen.

Analog weisen auch die isoelektronischen Verbindungen eine entsprechende Stabilität auf. Co(III) ist isoelektronisch zu Fe(II): d^6 Low-Spin. Mn(II) ist isoelektronisch zu Fe(III): d^5 High-Spin. Mangan ist in drei Oxidationszahlen besonders stabil: Mn(II) d^5 High-Spin, Mn(IV) d^3 und Mn(VII) d^0 (Abbildung 4.6).

Die Stabilität einer Oxidationszahl bei Nebengruppenelementen kann also vorhergesagt werden, indem man ausgehend von der Gruppennummer eine stabile d^n-Konfiguration ansteuert.

4.3 Aufstellen von Redoxgleichungen

Nachdem wir jetzt die Oxidationszahlen kennen und den einzelnen Elementen ihre stabilen Oxidationszahlen zuordnen können, sollten wir uns an das Aufstellen von Redoxgleichungen heranwagen. Nur über die Redoxgleichung lässt sich eine Redoxreaktion eindeutig beschreiben und so die chemischen Abläufe dieser Reaktion erklären. Eine Redoxgleichung stellt man am besten nach folgendem Schema auf:

Wichtig zu wissen
1) Beschreibung der Oxidation
2) Beschreibung der Reduktion
3) Zusammenstellung der beiden Teilgleichungen

Beispiel
Als Beispiel betrachten wir die Oxidation von Mn(II) zu Braunstein MnO_2 im Rahmen des alkalischen Sturzes (ein Teilschritt des Kationentrennungsgangs). Als Oxidationsmittel wird Wasserstoffperoxid H_2O_2 verwendet.

Oxidation:	Mn(II) → Mn(IV) + 2 e⁻
Reduktion:	H_2O_2 + 2 e⁻ → 2 OH⁻
zusammen:	Mn(II) + H_2O_2 → Mn(IV) + 2 OH⁻
Gesamtgleichung unter Berücksichtigung des Mediums:	$Mn(OH)_2$ + H_2O_2 → MnO_2 + 2 H_2O

Kaliumpermanganat ist ein gängiges Oxidationsmittel, das in der anorganischen Chemie in der qualitativen und quantitativen Analytik breite Anwendung erfährt. Wir betrachten die manganometrische Bestimmung von Oxalat, die auch zur quantitativen Bestimmung von Oxalat (und Eisen(II)) verwendet werden kann.

Oxidation:	$C_2O_4^{2-} \rightarrow 2\,CO_2 + 2\,e^-$
Reduktion:	$MnO_4^- + 3\,e^- + 2\,H_2O \rightarrow MnO_2 + 4\,OH^-$
	$MnO_4^- + 5\,e^- + 8\,H^+ \rightarrow Mn^{2+} + 4\,H_2O$

Wir erkennen zwei Herausforderungen: Erstens müssen wir entscheiden, in welchem pH-Bereich wir arbeiten wollen, da die Oxidationsstufe des Produktes vom pH-Wert abhängig ist, und zweitens muss die Gleichung stöchiometrisch ausgeglichen werden. Die Reduktion verbraucht mehr Elektronen, als die Oxidation liefert.

Wichtig zu wissen
- Die Reduktion von Permanganat ist abhängig vom pH-Wert. In saurem Milieu wird bis zu Mn(II) reduziert, in basischem Milieu nur bis zu Mn(IV).
- Die Oxidation von Mn(II) ist abhängig vom pH-Wert. In saurem Milieu wird bis zu Mn(VII) oxidiert, in basischem Milieu nur bis zu Mn(IV).

Die Oxidation mit Permanganat wird meistens in saurem Milieu durchgeführt. Zum einen können dann pro Manganatom fünf Elektronen aufgenommen werden (statt nur drei im basischen Milieu), und zum anderen ist Mn^{2+} wasserlöslich, während MnO_2 als brauner Schlamm (Braunstein) ausfällt.

Beispiel
Wir betrachten nun die Oxidation von Oxalsäure (Oxalat wird im Sauren zur Oxalsäure protoniert) in saurem Milieu und fangen mit der Beschreibung von vorne an.

Oxidation:	$C_2O_4^{2-} \rightarrow 2\,CO_2 + 2\,e^-$
Reduktion:	$MnO_4^- + 5\,e^- + 8\,H^+ \rightarrow Mn^{2+} + 4\,H_2O$

Wir müssen jetzt beide Teilgleichungen auf den gleichen Faktor (Elektronenzahl) bringen. Dazu multiplizieren wir die Oxidationsgleichung mit fünf und die Reduktionsgleichung mit zwei. Wir erhalten also:

Oxidation:	$5\,C_2O_4^{2-} \rightarrow 10\,CO_2 + 10\,e^-$
Reduktion:	$2\,MnO_4^- + 10\,e^- + 16\,H^+ \rightarrow 2\,Mn^{2+} + 8\,H_2O$

Jetzt können wir die beiden Teilgleichungen zusammenziehen und erhalten:
zusammen:
2 MnO$_4^-$ + 10 e$^-$ + 16 H$^+$ + 5 C$_2$O$_4^{2-}$ → 2 Mn^{2+} + 8 H$_2$O + 10 CO$_2$ + 10 e$^-$
Durch Kürzen (der Elektronen) erhalten wir die Endgleichung:
2 MnO$_4^-$ + 16 H$^+$ + 5 C$_2$O$_4^{2-}$ → 2 Mn^{2+} + 8 H$_2$O + 10 CO$_2$

4.4 Beispiele für Redoxreaktionen

Permanganat wird auch in der organischen Chemie als Oxidationsmittel genutzt. Es ist stark genug, um aromatische Ringe aufzubrechen. Dabei sind Heteroaromaten stabiler als Phenylringe (Benzol). Dies wird bei der Synthese von Pyridincarbonsäuren ausgenutzt (Abbildung 4.7).

Auch der Nachweis des Mangans in der qualitativen Analyse geschieht über eine Oxidation. Dabei wird Mangan als Mn(II) oder Mn(IV) in einem Gemisch aus Na$_2$CO$_3$ und NaNO$_3$ über dem Bunsenbrenner erhitzt (Oxidationsschmelze). Das Gemisch vermag die Manganverbindung nur bis zum grünen Mn(VI) zu oxidieren. Übergießt man das grüne Mn(VI) mit Eisessig, so disproportioniert es und wird über verschiedene Zwischenstufen zu einer lila Lösung mit Mn(VII) und einem braunen Niederschlag mit Mn(IV) (Abbildung 4.8).

Wichtig zu wissen
Disproportionierung bedeutet, dass ein Atom in mittlerer Oxidationsstufe gleichzeitig zu einer höheren und einer niedrigeren Oxidationsstufe reagiert.

Es finden zwei aufeinanderfolgende Disproportionierungen statt. Zunächst disproportioniert das grüne Mn(VI)O$_4^{2-}$ zu blauem Mn(V)O$_3^-$ und lila Mn(VII)O$_4^-$. Danach disproportioniert das blaue Mn(V) O$_3^-$ zu grünem Mn(VI)O$_4^{2-}$ und braunem Mn(IV)O$_2$. Da das blaue Mn(V)O$_3^-$ in lila Mn(VII)O$_4^-$-Lösung nicht

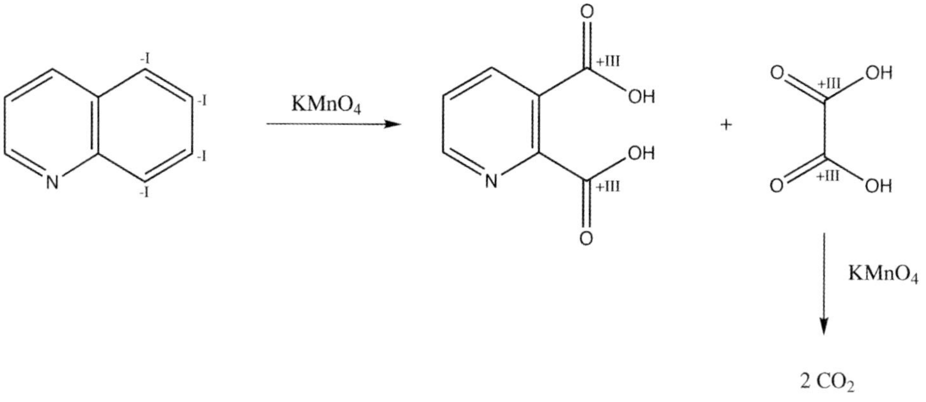

Abb. 4.7 Die Oxidation von Chinolin mit Kaliumpermanganat.

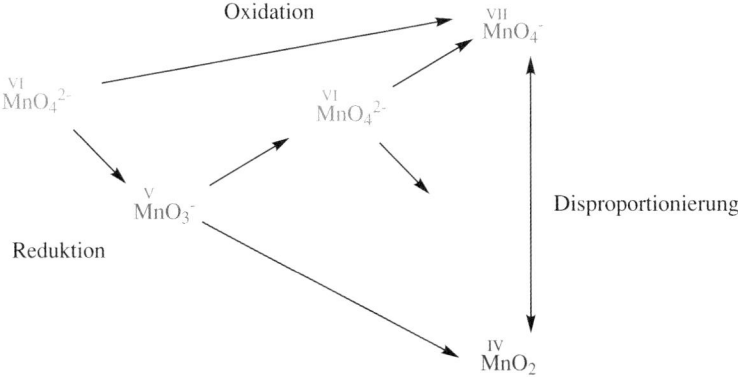

Abb. 4.8 Der Zerfall von Manganat Mn(VI)O$_4^{2-}$ zu Permanganat Mn(VII)O$_4^-$ und Braunstein Mn(IV)O$_2$.

gesehen werden kann, erscheint die Reaktion als Disproportionierung des grünen Mn(VI)O$_4^{2-}$ in lila Mn(VII)O$_4^{2-}$ und braunes Mn(IV)O$_2$. Die doppelte Disproportionierung erscheint im Experiment mit Zeitverzögerung; das braune Mn(IV)O$_2$ wird erst sichtbar, nachdem zunächst gebildetes blaues Mn(V)O$_3^-$ disproportioniert ist.

Beispiel
Auch in der organischen Chemie lassen sich Reduktionen durchführen. Eine beliebte Reduktion ist die Reduktion von Carbonsäuren zu Alkoholen mit einem komplexen Hydrid wie LiAlH$_4$. Wir betrachten die Reduktion der proteinogenen Aminosäure L-Valin zu L-Valinol (Abbildung 4.9).

Da die Reduktion nicht am asymmetrischen C-Atom, sondern am Carbonyl-C-Atom erfolgt, bleibt die Chiralität des Moleküls erhalten.

Beispiel
Die Problematik der Disproportionierung und ihrer Umkehrreaktion, der Synproportionierung oder Komproportionierung, lässt sich anhand einer simplen anorganischen Reaktion, der Chlorierung von Wasser, zeigen. Die

Abb. 4.9 Die Reduktion von L-Valin zu L-Valinol.

Lage des Gleichgewichts ist abhängig vom pH-Wert. In basischem Milieu überwiegt das Hypochlorid, in saurem Milieu aber elementares Chlor.

Disproportionierung:	$Cl_2 + 2\ NaOH \rightarrow NaOCl + NaCl + H_2O$
Komproportionierung:	$NaOCl + NaCl + 2\ H^+ \rightarrow Cl_2 + 2\ Na^+ + H_2O$

Die Protonierung kann hierbei schon durch das Salz KHSO$_4$ (Kaliumhydrogensulfat) erfolgen. Kommt es bei der Chlorierung im Schwimmbad zu einer Verwechslung von NaOCl und KHSO$_4$, beides sind weiße Feststoffe, so werden große Mengen elementares Chlor freigesetzt und das Schwimmbad wird sofort evakuiert.

Beispiel
Redoxvorgänge finden selbstverständlich auch in der Biochemie statt und werden dort mittels Enzymen katalysiert. Enzyme sind Proteine, die eine bestimmte katalytische Reaktion durchführen. In unserem Fall betrachten wir eine Oxidase (ein Enzym, das eine Oxidation katalysiert). Das aktive Zentrum unserer Oxidase besteht aus zwei Kupferatomen, die durch mehrfachen Wechsel der Oxidationsstufe den Elektronentransfer unterstützen.

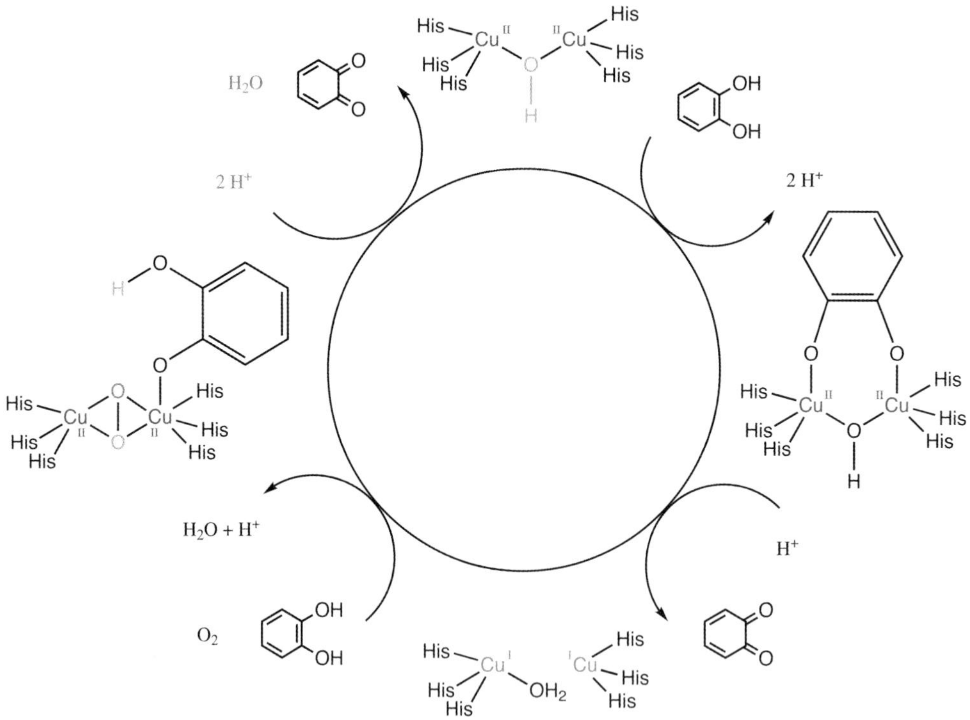

Abb. 4.10 Enzymatische Oxidation von Catechol zu *ortho*-Benzochinon.

4.4 Beispiele für Redoxreaktionen | 85

Oxidation

$$2 \text{ C}_6\text{H}_4(\text{OH})_2 \longrightarrow 2 \text{ C}_6\text{H}_4\text{O}_2 + 4\text{ H}^+ + 4\text{ e}^-$$

Reduktion

$$\text{O}_2 + 4\text{ H}^+ + 4\text{ e}^- \longrightarrow 2\text{ H}_2\text{O}$$

Zusammen

$$2 \text{ C}_6\text{H}_4(\text{OH})_2 + \text{O}_2 \longrightarrow 2 \text{ C}_6\text{H}_4\text{O}_2 + 2\text{ H}_2\text{O}$$

Abb. 4.11 Die Redoxgleichung der enzymatischen Oxidation von Catechol zu *ortho*-Benzochinon.

Im Laufe des Katalysezyklusses werden zwei Moleküle Catechol zu *ortho*-Benzochinon oxidiert (Abbildung 4.10). Als Oxidationsmittel dient zum einen das aktive Zentrum des Enzyms (Cu(II) → Cu(I)) und zum anderen Luftsauerstoff. Die Protonen des Catechols werden dabei dazu verwendet, mit Luftsauerstoff Wasser zu bilden. Die Redoxgleichung ist in Abbildung 4.11 aufgeführt.

Das Metalloenzym, die Oxidase, nimmt an der Reaktion nicht im eigentlichen Sinne teil, da sie nach einem vollständigen Katalysezyklus (Oxidation von zwei Molekülen Catechol) wieder unverändert im Urzustand vorliegt. Dies entspricht der Definition eines Katalysators.

> **Wichtig zu wissen**
> Enzyme sind Katalysatoren und werden im Laufe der katalytischen Reaktion nicht verändert.

> **Noch einmal in Kürze**
> Ausgehend von der Definition einer Redoxreaktion als Elektronentransferreaktion werden die Teilschritte der Reduktion (Elektronenaufnahme) und Oxidation (Elektronenabgabe) erarbeitet. Aus dem Periodensystem der Elemente heraus werden Regeln für die Aufstellung und die Stabilität von Oxidationszahlen erarbeitet. Mit diesem Rüstzeug können die Reaktionsgleichungen von Redoxreaktionen aufgestellt werden, die man praktischerweise in eine Reaktionsgleichung für die Oxidation und eine für die Reduktion aufteilt. Anschließende Zusammenführung der Teilgleichungen zu einer Gesamtgleichung und das Ausgleichen dieser Gesamtgleichung nach stöchiometrischen Grundsätzen

führt zur Redoxgleichung. Es werden Spezialgebiete der Redoxreaktion – Disproportionierung und Synproportionierung – erörtert und Beispiele aus der Anorganischen, Organischen und Biochemie vorgestellt.

Wissen testen

4.1 In den folgenden Paaren ist eine Verbindung stabiler gegenüber Redoxreaktionen als die andere. Welche ist es?
   a) $PbCl_2$ und PbO_2
   b) $Na_3[Fe(CN)_6]$ und $Na_4[Fe(CN)_6]$
   c) $CuCl$ und $CuCl_2$
   d) NO_2^- und NO_3^-
   e) CO und CO_2
   f) $NaCl$ und $NaOCl$
   g) CuI und CuI_2

4.2 Welche Oxidationszahl hat das Zentralatom in den folgenden Verbindungen?
   a) Na_3VO_4
   b) $HClO_3$
   c) $CaHPO_3$
   d) IF_3
   e) $K_2Cr_2O_7$
   f) $MgNH_4PO_4$
   g) ReH_7
   h) Na_3FeF_6

4.3 Kaliumpermanganat reagiert in saurem Milieu mit Oxalsäure zu Mangan(II) und Kohlendioxid. Stelle die Reaktionsgleichung auf.

4.4 Mit PbO_2 lässt sich Mangan(II)chlorid in saurem Milieu zu Permanganat oxidieren. Stelle die Reaktionsgleichung auf.

4.5 Durch Wasserstoffperoxid lässt sich in basischem Milieu Mangan(II)chlorid zu Braunstein (MnO_2) oxidieren. Stelle die Reaktionsgleichung auf. Tipp: MnO_2 entsteht durch Entwässern des Hydroxids $Mn(OH)_4$.

4.6 a) Eisen(II)sulfat reagiert in schwach basischem Milieu mit Luftsauerstoff zu $Fe(OH)_3$
   b) und in salzsaurer Lösung mit Kaliumpermanganat zu Mangan(II)chlorid. Stelle jeweils die Reaktionsgleichung auf.

4.7 Gebe für folgende Elemente stabile Oxidationszahlen an. Begründe.
   a) Indium;
   b) Fluor;
   c) Francium;
   d) Rhodium;
   e) Kohlenstoff;
   f) Schwefel;
   g) Nickel;
   h) Beryllium;
   i) Aluminium.

5 Säuren und Basen

In diesem Kapitel...
Es gibt verschiedene Definitionen einer Säure und somit auch einer Base. Die bekanntesten Definitionen sind diejenigen nach Brønsted und nach Lewis.

> **Wichtig zu wissen**
> **Definition nach Brønsted:** Eine Säure ist ein Protonendonor, d. h. eine Verbindung, die ein Proton abgibt. Eine Base ist demzufolge ein Protonenakzeptor, d. h. eine Verbindung, die ein Proton aufnimmt.

Die Definition nach Brønsted schränkt den Säure-Base Begriff also auf das Vorhandensein von reaktiven Protonen ein. Zumindest aber muss die Möglichkeit bestehen, ein Proton zu übertragen. Freie Protonen müssen nicht auftreten und die Definition ist auch nicht auf Wasser als Lösungsmittel beschränkt.

> **Wichtig zu wissen**
> **Definition nach Lewis:** Eine Lewis-Säure ist ein Elektronenpaarakzeptor, d. h. eine Verbindung mit einer Elektronenlücke, einem unbesetzten Orbital. Eine Lewis-Base ist somit ein Elektronenpaardonor, d. h. eine Verbindung mit einem freien Elektronenpaar, das eine Donorbindung ausbilden kann.

Die Definition nach Lewis beschränkt sich also nicht auf ein bestimmtes Teilchen, wie das Proton im Falle der Brønsted-Definition, sondern ist eine weit umfassendere Definition, die sich auf die Möglichkeit bezieht, eine Donorbindung auszubilden. Somit lässt sich auch die gesamte Koordinationschemie mit der Lewis-Säure-Base Theorie definieren. Im Prinzip schließt die Definition nach Lewis die Definition nach Brønsted mit ein, das Proton (Wasserstoffkation) ist eine Lewis-Säure, da es ein leeres s-Orbital, eine Elektronenpaarlücke, aufweist. Der wirkliche Unterschied zwischen der Definition nach Brønsted und der nach Lewis ist semantischer Natur, laut Brønsted ist eine Säure eine Verbindung, die ein Proton abgeben kann, nicht das Proton selber.

Das Kapitel über Säuren und Basen ist zweigeteilt. Im ersten Teil wird der Säurebegriff nach Brønsted behandelt, d. h. Protonen-Transferreaktionen in wässrigem Medium. Im zweiten Teil geht es um den Säurebegriff nach Lewis,

d. h. den Komplex der Donorbindungen. Eine Sonderstellung nehmen Lewis-Säuren ein, die die Konzentration der Protonen (Borsäure) oder der Hydroxidionen (z. B. bei $Zn(OH)_2$, $Al(OH)_3$) in wässrigem Medium verändern. Diese Verbindungen sind zwar Lewis-Säuren, wirken aber als Brønsted-Säuren. Sie werden daher im ersten Teil des Kapitels behandelt.

Schlüsselthemen
- Verständnis für den Unterschied zwischen Säuredefinition nach Brønsted und der nach Lewis
- Die Beschreibung einer Säure (Base) nach Brønsted
- Das Wissen um den Unterschied zwischen starker und schwacher Säure (Base) und das Entstehen eines Puffers
- Verständnis für die Funktionsweise eines Indikators und Kenntnis einiger der wichtigsten Säure/Base-Indikatoren
- Das Wissen um die zentrale Bedeutung der Lewis-Base in der Koordinations- oder Komplexchemie

Verständnis des zentralen Konzeptes in der Koordinationschemie, der HSAB-Theorie, und ihrer quantitativen Erweiterung, des Absoluten Härtefaktors

5.1 Die Säuredefinition nach Brønsted

Der Brønsted-Definition liegt der Transfer eines Protons von der Säure zur Base zugrunde. Die Base stellt dabei ein freies Elektronenpaar zur Verfügung, das eine Donorbindung mit dem leeren s-Orbital des Protons eingeht. Die Brønsted-Base benimmt sich also als Lewis-Base. Man kann sich den Vorgang als einen Protonentransfer von einer (schwächeren) zu einer anderen (stärkeren) Base vorstellen. Dabei gilt natürlich, dass die nach dem Protonentransfer zurückgelassene Base umso schwächer ist, desto stärker die Säure war. Die Säurestärke geht dabei einher mit der Polarität der polar kovalenten Bindung zum (sauren oder aciden) Wasserstoffatom.

Typische starke Säuren sind solche, bei denen das Proton an ein komplexes Anion mit stark elektronegativem Zentralatom (Sulfat – Schwefelsäure; Nitrat – Salpetersäure; Perchlorat – Perchlorsäure) oder direkt an ein stark elektronegatives einfaches Anion (Chlorid – Salzsäure) gebunden ist. Der Grund ist, dass ein Elektronen ziehendes Zentralatom (Schwefel, Stickstoff, Chlor) die Polarität der O–H-Bindung erhöht und das Wasserstoffatom dadurch acider macht.

Wichtig zu wissen

Moleküle wie Wasser (H_2O) und Ammoniak (NH_3) nehmen eine Sonderstellung ein. Sie sind sowohl eine Base (freies Elektronenpaar am Sauerstoff bzw. Stickstoff) als auch eine Säure (polar kovalente O–H- bzw. N–H-Bindung, die prinzipiell ein Proton abspalten und so als Säure wirken kann). Diese Eigenschaft nennt sich amphoteres Verhalten, und die Verbindungen sind Ampholyte. Im Falle des Wassers kommt es zu einem Autoprotolysegleichgewicht, d. h. selbst in reinstem Wasser liegen gemäß der Gleichung:

$$H_2O + H_2O \rightleftharpoons H_3O^+ + OH^-$$

eine gewisse Anzahl Kationen (Protonen) und Anionen (Hydroxidionen) als Ladungsträger vor. Die Gleichgewichtskonstante dieser Reaktion lässt sich zu 10^{-14} mol^2 l^{-2} bestimmen. Es liegen im Gleichgewicht also 10^{-7} mol l^{-1} Protonen und 10^{-7} mol l^{-1} Hydroxidionen vor. Daraus bestimmt sich auch der Neutralpunkt des Säure-Base-Gleichgewichts in Wasser bei pH = 7 (pH ist der negative dekadische Logarithmus der Protonenkonzentration; pH = – lg [H$^+$]). Ebenso definiert sich der maximal mögliche pH-Bereich in Wasser aus dem Autoprotolysegleichgewicht (0 ≤ pH ≤ 14).

Außerhalb dieses Bereichs ist der pH-Wert in Wasser nicht definiert. Es lassen sich zwar hiervon abweichende pH-Werte in Tabellen finden, dabei handelt es sich aber nicht um Werte, die in wässriger Lösung gemessen wurden. Die Bestimmung kann entweder theoretisch (berechnet) oder in einem anderen flüssigen Medium (als Wasser) erfolgen.

5.1.1 Säurestärke

Man teilt die unterschiedlichen Säuren und Basen nach der Fähigkeit, ein Proton abzugeben bzw. ein Proton aufzunehmen, in verschiedene Kategorien ein. Man spricht von der Stärke einer Säure bzw. Base. Laut Definition ist eine starke Säure eine Verbindung, die in wässriger Lösung vollständig dissoziiert, d. h. es entsteht aus jedem Säuremolekül ein Proton. Die Konzentration der Protonen ist identisch mit der Konzentration der eingesetzten Säure (Vorsicht: bei mehrprotonigen Säuren muss jedes Proton gesondert betrachtet werden). Analog spricht man von einer starken Base, wenn jedes Basenmolekül in wässriger Lösung protoniert wird. Dann entspricht die Konzentration der Hydroxidionen der Konzentration der eingesetzten Base.

Von einer schwachen Säure spricht man, wenn nur ein Teil der eingesetzten Säure in wässriger Lösung dissoziiert. Es entsteht dann ein Gleichgewicht zwischen Säure und Wasser einerseits und Säureanion und Proton andererseits. Das Säureanion einer schwachen Säure reagiert selbst basisch und wird als konjugierte Base bezeichnet. Analog reagiert die protonierte Form einer schwachen Base selbst sauer und wird als konjugierte Säure bezeichnet.

> **Beispiel**
> Beispiele für starke Säuren sind Salzsäure HCl, Schwefelsäure H_2SO_4, Salpetersäure HNO_3 und Perchlorsäure $HClO_4$, aber auch Feststoffe wie Kaliumhydrogensulfat $KHSO_4$, das das Monokaliumsalz der Schwefelsäure ist. Beispiele für starke Basen sind die Hydroxide des Kaliums KOH und Natriums NaOH.
>
> Beispiele für schwache Säuren sind organische Säuren wie die Essigsäure oder Weinsäure, aber auch die (instabile) Kohlensäure H_2CO_3, die Phosphorsäure H_3PO_4 (sie gilt als mäßig stark, aber da sie in Wasser nicht

vollständig dissoziiert, ist sie laut Definition eine schwache Säure) und Ammoniumchlorid NH_4Cl (die konjugierte Säure des Ammoniaks). Schwache Basen sind der Ammoniak NH_3, Acetat (die konjugierte Base der Essigsäure), das Hydrogenphosphat HPO_4^{2-} oder die Tartrate (die Salze der Weinsäure).

pH-Wert einer schwachen Säure

$$CH_3COOH + H_2O \rightleftharpoons CH_3COO^- + H_3O^+$$

Massenwirkungsgesetz

$$\frac{[CH_3COO^-][H_3O^+]}{[CH_3COOH][H_2O]} = K \qquad /[H_2O]$$

Die Konzentration des Wassers im Reaktionsgemisch bleibt annähernd gleich

$$\frac{[CH_3COO^-][H_3O^+]}{[CH_3COOH]} = K$$

Aus der Reaktionsgleichung folgt: $[H_3O^+] = [CH_3COO^-]$

$$\frac{[H_3O^+]^2}{[CH_3COOH]} = K \qquad /[CH_3COOH]$$

$$[H_3O^+]^2 = K \cdot [CH_3COOH] \qquad /p$$

Die Gleichung wird mit dem Operator "p" multipliziert

$$p[H_3O^+]^2 = p(K \cdot [CH_3COOH])$$

Logarithmusregel: $\lg(ab) = \lg a + \lg b$

Logarithmusregel: $\lg x^2 = 2 \lg x$

Wir betrachten die Säureseite der Reaktionsgleichung

$$pH = 1/2\,(pKa - \lg[CH_3COOH])$$

Abb. 5.1 Berechnung des pH-Wertes einer schwachen Säure.

pH-Wert einer schwachen Base

$$NH_3 + H_2O \rightleftharpoons NH_4^+ + OH^-$$

Massenwirkungsgesetz

$$\frac{[NH_4^+][OH^-]}{[NH_3][H_2O]} = K \qquad /[H_2O]$$

Die Konzentration des Wassers im Reaktionsgemisch bleibt annähernd gleich:

$$\frac{[NH_4^+][OH^-]}{[NH_3]} = K$$

Aus der Reaktionsgleichung folgt: $[OH^-] = [NH_4^+]$

$$\frac{[OH^-]^2}{[NH_3]} = K \qquad /[NH_3]$$

$$[OH^-]^2 = K \cdot [NH_3] \qquad /p$$

Die Gleichung wird mit dem Operator „p" multipliziert:

$$p\,[OH^-]^2 = p\,(K \cdot [NH_3])$$

Logarithmusregel: $\lg(ab) = \lg a + \lg b$

Logarithmusregel: $\lg x^2 = 2\lg x$

Wir betrachten die Baseseite der Reaktionsgleichung:

$$pOH = 1/2\,(pK_b - \lg[NH_3])$$

Es gilt: $pH + pOH = 14$

Also: $pH = 14 - pOH$

Abb. 5.2 Berechnung des pH-Wertes einer schwachen Base.

Der pH-Wert einer schwachen Säure oder einer schwachen Base lässt sich mithilfe des Massenwirkungsgesetzes aus der Reaktionsgleichung berechnen. Hier wird das Verfahren am Beispiel der Essigsäure (schwache Säure) und des Ammoniaks (schwache Base) exemplarisch gezeigt (Abbildungen 5.1, 5.2).

5.1.2 Mehrprotonige Säuren

Es gibt Säuren, die mehr als ein acides Proton besitzen und deshalb auch mehr als ein Proton transferieren können. Man spricht hier von mehrprotonigen Säuren. Für jeden Protonentransfer lässt sich eine Gleichgewichtsreaktion formulieren. Es ist leicht einsichtig, dass die Säurestärke von Stufe zu Stufe abnimmt, da sich ja die negative Ladung an der konjugierten Base stetig erhöht und es so zunehmend schwieriger wird, ein Kation (Proton) abzuspalten.

Beispiel
Das Beispiel der dreiprotonigen Phosphorsäure veranschaulicht dies. Der erste Schritt (Phosphorsäure zu Dihydrogenphosphat) liegt stark auf Seiten der Produkte, und der pK_a-Wert mit 2,0 stark im sauren Bereich. Der zweite Schritt (Dihydrogenphosphat zu Hydrogenphosphat) liegt bereits im neutralen Bereich (pK_a = 7,2), es werden also kaum zusätzliche Protonen freigesetzt, umgekehrt bindet das Hydrogenphosphat aber auch keine. Im dritten Schritt (Hydrogenphosphat zu Phosphat) liegt das Gleichgewicht stark auf Seiten der Edukte, und der pK_a-Wert liegt im stark alkalischen Bereich. Phosphat ist also eine mäßig starke Base.

Mehrprotonige Säure: Phosphorsäure

$$H_3PO_4 + H_2O \rightleftharpoons H_2PO_4^- + H_3O^+$$

$$H_2PO_4^- + H_2O \rightleftharpoons HPO_4^{2-} + H_3O^+$$

$$HPO_4^{2-} + H_2O \rightleftharpoons PO_4^{3-} + H_3O^+$$

Oder von seiten der Base aus betrachtet:

$$PO_4^{3-} + H_2O \rightleftharpoons HPO_4^{2-} + OH^-$$

$$HPO_4^{2-} + H_2O \rightleftharpoons H_2PO_4^- + OH^-$$

$$H_2PO_4^- + H_2O \rightleftharpoons H_3PO_4 + OH^-$$

Die Schwefelsäure ist ein Beispiel dafür, dass auch bei mehrprotonigen Säuren beide Deprotonierungsschritte vollständig erfolgen können. Sowohl die Schwefelsäure (H_2SO_4) als auch das Kaliumhydrogensulfat ($KHSO_4$) sind starke Säuren. Selbstverständlich ist die Schwefelsäure trotzdem eine stärkere Säure als $KHSO_4$.

5.1.3 Puffer und Puffergleichgewichte

Ein Puffer ist ein Gemisch aus einer schwachen Säure (z. B. Essigsäure) und ihrer konjugierten schwachen Base (z. B. Acetat). Laut Definition ist eine schwache Säure nicht vollständig dissoziiert, da ihre Säurestärke nicht ausreicht, alle Protonen an das Wasser abzugeben. Gibt man jetzt eine starke Brønsted-Base (z. B. NaOH) dazu, so werden der Lösung Protonen entzogen. Das Gleichgewicht ist gestört. Es kann weitere Essigsäure dissoziieren, bis der ursprüngliche pH-Wert wieder annähernd erreicht ist. Dies lässt sich so lange wiederholen, bis alle Essigsäure dissoziiert ist. Erst dann führt weitere Zugabe von NaOH zu einem schlagartigen Anstieg des pH-Wertes.

Für das Acetat (konjugierte schwache Base) gelten analoge Beobachtungen. Hier kann die schwache Base von Wasser nicht vollständig protoniert werden. Es verbleibt also freies Acetat, das bei Säurezusatz (z. B. HCl) die zusätzlichen Protonen bindet. Der pH-Wert erniedrigt sich erst dann schlagartig, wenn alles Acetat protoniert ist.

Die Frage, wie viel zusätzliche Säure bzw. Base von einem Puffersystem gebunden werden kann, ohne dass sich der pH-Wert wesentlich ändert, hängt von der Pufferkapazität des Systems ab. Diese wiederum ist abhängig von der Menge an schwacher Säure und schwacher Base, die man dem System zugesetzt hat. Sie wird also durch die Löslichkeit der Pufferkomponenten begrenzt. In der Praxis setzt man Puffersysteme ein, um kleine Schwankungen der H^+- und OH^--Konzentration auszugleichen. Der pH-Wert eines Puffersystems lässt sich über das Massenwirkungsgesetz MWG berechnen; die Henderson-Hasselbach-Gleichung liefert die Berechnungsanleitung (Abbildung 5.3).

Die Henderson-Hasselbalch-Gleichung ist eine mathematische Beschreibung des chemischen Sachverhaltes. Man kann mit ihrer Hilfe für jedes Puffersystem nahezu jeden pH-Wert berechnen. Sinnvoll ist das natürlich nicht, da eine chemische Reaktion ja nur so lange ablaufen kann, wie Reaktionspartner (Edukte) vorhanden sind. Insbesondere können Hydroxidionen (z. B. NaOH-Zugabe) nur so lange abgepuffert (neutralisiert) werden, wie undissoziierte Essigsäure vorhanden ist. Das Gleiche gilt bei Säurezugabe (HCl) für das Vorhandensein von Acetationen. Dies lässt sich durch die folgenden Teilreaktionen veranschaulichen.

$$HCl + NaOH \longrightarrow NaCl + H_2O$$

$$CH_3COOH + H_2O \rightleftharpoons CH_3COO^- + H_3O^+$$

$$CH_3COO^- + H_2O \rightleftharpoons CH_3COOH + OH^-$$

Ist mehr NaOH als Essigsäure vorhanden, so bricht das Puffersystem zusammen und der pH-Wert steigt schlagartig an. Ist andererseits mehr HCl als Acetat vorhanden, so bricht das Puffersystem ebenfalls zusammen und der pH-Wert

Henderson - Hasselbalch - Gleichung

$$CH_3COOH + H_2O \rightleftharpoons CH_3COO^- + H_3O^+$$

$$\frac{[CH_3COO^-][H_3O^+]}{[CH_3COOH][H_2O]} = K \qquad /[H_2O]$$

Die Konzentration des Wassers im Reaktionsgemisch bleibt annähernd gleich:

$$\frac{[CH_3COO^-][H_3O^+]}{[CH_3COOH]} = K \qquad /[CH_3COOH]$$

$$[CH_3COO^-][H_3O^+] = K \cdot [CH_3COOH] \qquad /:[CH_3COO^-]$$

$$[H_3O^+] = K \cdot \frac{[CH_3COOH]}{[CH_3COO^-]} \qquad /p$$

Die Gleichung wird mit dem Operator „p" multipliziert:

$$p[H_3O^+] = p\left[K \cdot \frac{[CH_3COOH]}{[CH_3COO^-]}\right]$$

Logarithmusregel: $\lg(ab) = \lg a + \lg b$

Wir betrachten die Säureseite der Reaktionsgleichung:

$$pH = pKa + p\frac{[CH_3COOH]}{[CH_3COO^-]}$$

Logarithmusregel: $\frac{1}{\lg x} = -\lg x$

$$pH = pKa - \lg\frac{[Säure]}{[Base]} = pKa + \lg\frac{[Base]}{[Säure]}$$

Henderson - Hasselbalch - Gleichung

Abb. 5.3 Die Berechnung des pH-Wertes eines Puffers.

sinkt schlagartig. Die Pufferkapazität ist also genau dann erschöpft, wenn die gesamte schwache Säure (schwache Base) umgesetzt wurde.

Die Henderson-Hasselbalch-Gleichung liefert nicht nur die Grundlage zur Berechnung der Pufferkapazität, sondern hilft uns auch, den pH-Wert unseres Puffersystems zu berechnen und festzulegen. Dies geschieht durch Veränderung des Verhältnisses zwischen Konzentration der schwachen Säure und der Konzentration der konjugierten schwachen Base. Gemäß der mathematischen Gleichung lässt sich theoretisch jeder pH-Wert einstellen, chemisch gesehen gibt es aber enge Grenzen. Um den pH-Wert des Puffers um eine Einheit zu verändern, muss man das Konzentrationsverhältnis zwischen Säure und konjugierter Base um den Faktor 10 verändern. Also:

$$\frac{[CH_3COOH]}{[CH_3COO^-]} = \frac{1}{10} \quad \longleftarrow \quad \frac{[CH_3COOH]}{[CH_3COO^-]} = 1 \quad \longrightarrow \quad \frac{[CH_3COOH]}{[CH_3COO^-]} = 10$$

Im Interesse der Pufferkapazität lässt sich der pH-Wert eines Puffers also nur gemäß der Gleichung: $pH = pK_a \pm 1$ einstellen.

Beispiel

Berechnung des pH-Wertes eines Puffersystems

$$pH = pK_a + \lg\left(\frac{[Base]}{[Säure]}\right) \quad \text{Henderson-Hasselbalch}$$

Essigsäure: $$pH = 4{,}75 + \lg\left(\frac{[Base]}{[Säure]}\right)$$

Bei gleicher Konzentration von Säure und Base:

$$pH = pK_a + \lg 1 = 4{,}75 + \lg 10^0 = 4{,}75$$

Bei zehnfacher Konzentration der Säure:

$$pH = 4{,}75 + \lg 0{,}1 = 4{,}75 + \lg 10^{-1} = 3{,}75$$

Bei zehnfacher Konzentration der Base:

$$pH = 4{,}75 + \lg 10 = 4{,}75 + \lg 10^1 = 5{,}75$$

Andererseits kann man natürlich für jedes Paar aus Säure und konjugierter Base zwei Puffer definieren. Nimmt man die Essigsäure, hätte ihr Puffer einen Ausgangswert von 4,75 (pK_a-Wert der Essigsäure), ihre konjugierte Base aber einen Ausgangswert von 9,25 (pK_a-Wert von Natriumacetat).

Phosphatpuffer

Als dreiprotonige Säure hat Phosphorsäure drei Äquivalenzpunkte und drei pK_a-Werte (Abbildung 5.4). Es können also drei Puffersysteme verwirklicht werden, für jeden pK_a-Wert eines. Sinnvoll ist das aber nur bedingt, da zwei der drei pK_a-Werte (und damit Puffersysteme) in den Außenbereichen des pH-Fensters in Wasser (0 ≤ pH ≤ 14) liegen. Einer liegt im mäßig stark sauren Bereich (pH = 2,0) und der andere im mäßig stark basischen Bereich (pH = 12,3). Diese beiden pH-Werte sind für biologische, biochemische und enzymatische Anwendungen meist uninteressant, da hier in das Wasserstoffbrücken-Bindungssystem der Proteine und Enzyme eingegriffen wird. Es kommt zu strukturellen Veränderungen, die den Verlust der Aktivität dieser Proteine und Enzyme zur Folge haben.

Der Phosphatpuffer ist daher gar kein Phosphatpuffer im chemischen Sinne, sondern vielmehr ein Dihydrogenphosphat/Hydrogenphosphat-Puffer. Er operiert im neutralen Bereich (pH = 7,2 ± 1) und mithin in einem pH-Bereich in dem auch viele Enzyme und Mikroorganismen operieren.

Carbonatpuffer

Auch beim Carbonatpuffer liegt dem Puffersystem eine mehrprotonige Säure, die Kohlensäure H_2CO_3, zugrunde (Abbildung 5.5). Das Besondere dieses Puffersystems ist die Instabilität der Kohlensäure. Sie zerfällt in einer Gleichgewichtsreaktion zu Wasser und Kohlendioxid CO_2. Da CO_2 ein Gas ist, kann es im Allgemeinen das Gleichgewicht leicht verlassen, was zu einem Zusammenbruch des Puffersystems führt. Sinnvoll ist der Carbonatpuffer also nur in einem quasi geschlossenen System wie dem Blut (das CO_2 kann das Blut nur im Bereich der Lunge, die als Ventil oder Schleuse wirkt, verlassen) oder in einem offenen System

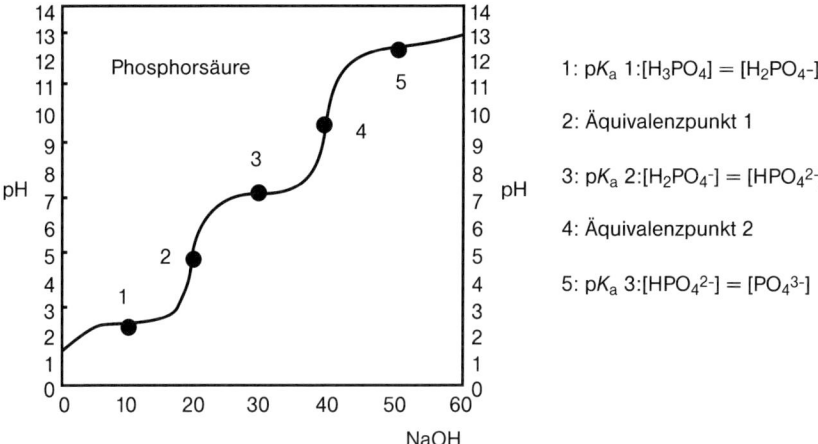

Abb. 5.4 Die Titrationskurve der Phosphorsäure.

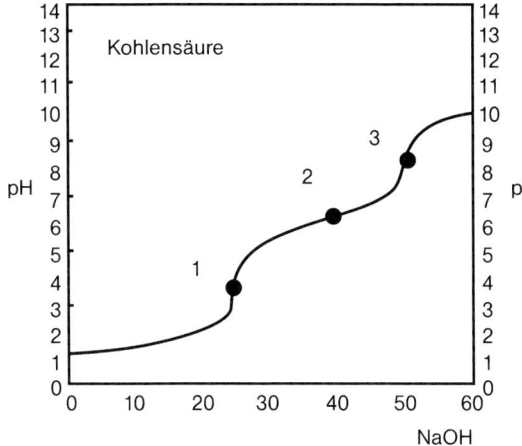

Abb. 5.5 Die Titrationskurve von Carbonat.

1: Äquivalenzpunkt 1

2: pK_a 1; [H_2CO_3] = [HCO_3^-]

3: Äquivalenzpunkt 2

wie der Lunge, in dem das CO_2 ständig nachgeliefert wird (aus der Muskeltätigkeit über den Blutkreislauf).

$$CO_2 + H_2O \rightleftharpoons H_2CO_3$$

$$H_2CO_3 + H_2O \rightleftharpoons HCO_3^- + H_3O^+$$

$$HCO_3^- + H_2O \rightleftharpoons CO_3^{2-} + H_3O^+$$

Im Bereich zwischen Hydrogencarbonat und Carbonat, also im basischen Bereich jenseits von pH 8, liegt kein CO_2 vor. Das überrascht nicht, da hier die Konzentration von freier Kohlensäure verschwindend gering ist. Die Zerfallsreaktion von Kohlensäure zu CO_2 findet praktisch nicht statt. Man kann dies auch experimentell beobachten, wenn man basisches Bismutcarbonat $(CO_3Bi)_2O$ mit Säure überschüttet. Es entsteht – für ein Carbonat untypisch – nur wenig CO_2 (geringe Blasenbildung), da zunächst der oxidische Sauerstoff neutralisiert werden muss, bevor das Carbonat zur Kohlensäure protoniert werden kann.

> **Beispiel**
> **Blutpuffer** Wenn man von Blutpuffer spricht, meint man eigentlich zwei verschiedene Puffersysteme, die unabhängig voneinander im gleichen Medium operieren. Man unterscheidet bei Blut das arterielle (sauerstoffreiche) und das venöse (sauerstoffarme) Blut. In der Lunge gibt das Blut das in den Muskeln erzeugte CO_2 ab und ersetzt es durch Sauerstoff. Es wird von venösem zu arteriellem Blut. Für den Blutpuffer hat dies einschneidende Konsequenzen. In venösem Blut liegt überwiegend ein Carbonatpuffer vor, der in der Lunge kollabiert (da das CO_2 ausgeatmet wird). Die Pufferfunktion wird von einem Proteinpuffer übernommen (der Hämoglobin-Sauerstoff-

Komplex), der auf Sauerstoffbasis arbeitet. Im Muskel findet der umgekehrte Prozess statt. Das Blut stellt von Proteinpuffer zu Carbonatpuffer um.

Wichtig zu wissen
- Es gibt zwei Blutpuffersysteme, den Carbonatpuffer in der venösen Hälfte des Blutkreislaufes und den Proteinpuffer in der arteriellen Hälfte.
- Der ebenfalls anwesende Phosphatpuffer (1 % der Pufferwirkung) wirkt als Mittler zwischen Carbonatpuffer und Proteinpuffer, um das Umschalten in der Lunge zu ermöglichen.
- Die Umstellung geschieht kontinuierlich und gekoppelt. Es ist ein gleichzeitiger Tausch von Sauerstoff und CO_2.

5.1.4 Protonen transferierende Lewis-Säuren

Definitionsgemäß bindet eine Lewis-Säure ein Nukleophil, also ein Molekül mit einem freien Elektronenpaar (Elektronenpaardonor). Ein Transfer von Protonen wird zunächst nicht beobachtet. Er kann aber nach Ausbildung der Donorbindung erfolgen.

Beispiel
Ein klassisches Beispiel dafür ist die Borsäure H_3BO_3 (Abbildung 5.6). Man kann sich die Borsäure als ein Molekül vorstellen, in dem das zentrale Boratom drei Bindungen zu drei OH-Gruppen ausbildet. Das Boratom (III. Hauptgruppe) verwendet dazu alle drei Valenzelektronen, aber nur drei der insgesamt vier Valenzorbitale. Es steht ihm also noch ein leeres Orbital (Elektronenlücke) zur Verfügung. Hiermit kann es eine Donorbindung mit dem freien Elektronenpaar eines Wassermoleküls ausbilden. Aufgrund des damit verbundenen tatsächlichen Elektronentransfers von Sauerstoff zu Bor ist das Boratom nunmehr negativ und das Sauerstoffatom positiv geladen. Da Sauerstoff elektronegativer als Bor ist, ist dies ein energetisch ungünstiger Zustand. Das Sauerstoffatom des gebundenen Wassermoleküls kann durch Abgabe eines Protons seine Elektronendichte wiedererlangen. Die Spezies $[B(H_2O)(OH)_3]$ reagiert also als Brønsted-Säure, obwohl die eigentliche Borsäure H_3BO_3 eine Lewis-Säure ist und definitiv kein Proton transferiert. Dies kann durch Isotopenmarkierung mit Deuterium ^2H experimentell nachgewiesen werden.

Abb. 5.6 Wie die Lewis-Säure H_3BO_3 zur Brønsted-Säure wird.

Eine weitere Möglichkeit für eine Lewis-Säure, *de facto* als Brønsted-Säure zu wirken ist es, Hydroxidionen zu binden und sie so aus dem Autoprotolysegleichgewicht des Wassers zu entziehen. Es bleiben dann Protonen übrig, und der pH-Wert der Lösung erniedrigt sich. In der Praxis geschieht allerdings etwas anderes. Nehmen wir zum Beispiel die Hydroxide des Zinks und des Aluminiums. Beide sind in Wasser unlöslich, lösen sich bei Zugabe einer Brønsted-Base (NaOH) unter Bildung eines komplexen Anions aber wieder auf.

$$Al(OH)_3 + OH^- \rightleftharpoons [Al(OH)_4]^-$$

$$Zn(OH)_2 + 2\,OH^- \rightleftharpoons [Zn(OH)_4]^{2-}$$

Der pH-Wert der Lösung verändert sich nicht in dem Maße, wie Hydroxidionen zugegeben werden, da $Zn(OH)_2$ bzw. $Al(OH)_3$ einen Teil der Hydroxidionen bei der Bildung von Tetrahydroxyzinkat $[Zn(OH)_4]^{2-}$ bzw. Tetrahydroxyaluminat $[Al(OH)_4]^-$ binden. Der pH-Wert erhöht sich erst dann schlagartig, wenn der Niederschlag in Lösung gegangen ist. Das Gleiche gilt natürlich auch für den umgekehrten Fall, wenn man eine Zinkat- bzw. Aluminatlösung ansäuert. Hier erniedrigt sich der pH-Wert erst dann schlagartig, wenn der zwischenzeitlich auftretende Niederschlag an $Zn(OH)_2$ bzw. $Al(OH)_3$ vollständig aufgelöst ist. Dazu reicht eine schwache Säure nicht aus, weshalb der Zusatz von NH_4Cl zu $Na[Al(OH)_4]$ zu einem Niederschlag von $Al(OH)_3$ führt, der sich auch bei weiterem Zusatz von NH_4Cl nicht wieder auflöst. Das Ammoniumion ist eine zu schwache Brønsted-Säure.

5.2 Indikatoren

Indikatoren sind Moleküle, die einen chemischen Vorgang anzeigen, der sonst nicht wahrgenommen werden würde. Bei Säure-Base-Reaktionen dient der Indikator dazu, den Protonentransfer sichtbar zu machen. Dazu muss er ein Farbstoff sein und außerdem bei Zugabe von Protonen oder Hydroxidionen seine Farbe wechseln. Der Indikator ist also selber eine sehr schwache Säure bzw. Base. Außerdem muss die Farbe sehr intensiv sein, da der Indikator ja selbst Säure (Base) verbraucht und daher nur in sehr geringer Konzentration zugegeben werden darf, um das Titrationsergebnis nicht zu verfälschen.

Gute Indikatoren haben einen scharfen Umschlagspunkt (Farbwechsel), der mit dem pH-Wert des zu untersuchenden Systems korrespondieren muss. Wir brauchen also für das System Phosphat-Hydrogenphosphat (pK_a = 12,3) einen anderen Indikator als für das System Phosphorsäure-Dihydrogenphosphat (pK_a = 2,0).

Wenn wir von einer unbekannten Lösung den pH-Wert messen wollen, so brauchen wir ein Indikatorsystem, das ein Farbspektrum über den gesamten pH-Bereich des Wassers liefert. Dies lässt sich entweder mit einem Indikatorgemisch (Universalindikator) oder über eine elektrochemische Messanordnung (pH-Meter) mittels einer protonensensitiven Elektrode bewerkstelligen.

100 | 5 Säuren und Basen

Geeignete Farbindikatoren können aus allen Farbstoffklassen stammen. Im Folgenden sind als Beispiele die drei Triphenylmethanfarbstoffe Phenolphthalein, Malachitgrün und Kristallviolett sowie der Azofarbstoff Methylorange angeführt.

Beispiel
Phenolphthalein Im neutralen Bereich liegt Phenolphthalein als farblose, neutrale Leukoverbindung vor, die durch Zugabe von zwei Äquivalenten Hydroxidionen in das rote Dianion übergeht (Abbildung 5.7). Die Farbe kommt vom chinoiden Chromophor, das sich aufgrund von Mesomerie auf zwei Phenolsysteme erstreckt. Zugabe von einem dritten Äquivalent Hydroxidionen führt zu einem nukleophilen Angriff des Hydroxidions am zentralen Kohlenstoffatom und in dessen Folge zur Rückbildung des aromatischen Systems im Phenylring. Die rote Farbe, die im schwach alkalischen Bereich zunächst auftritt, verschwindet im stark alkalischen also wieder.

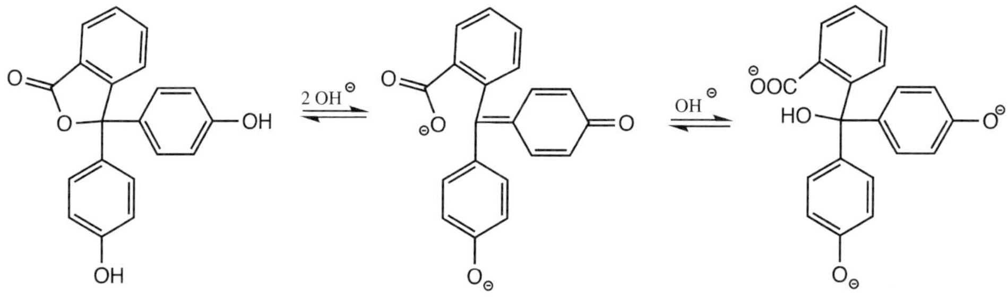

Abb. 5.7 Der Farbwechsel von Phenolphthalein.

Beispiel
Malachitgrün Bei Malachitgrün wird durch Protonierung der OH-Gruppe am zentralen Kohlenstoffatom Wasser abgespalten und ein Carbokation erzeugt (Abbildung 5.8). Das freie Elektronenpaar am Stickstoff der Amino-

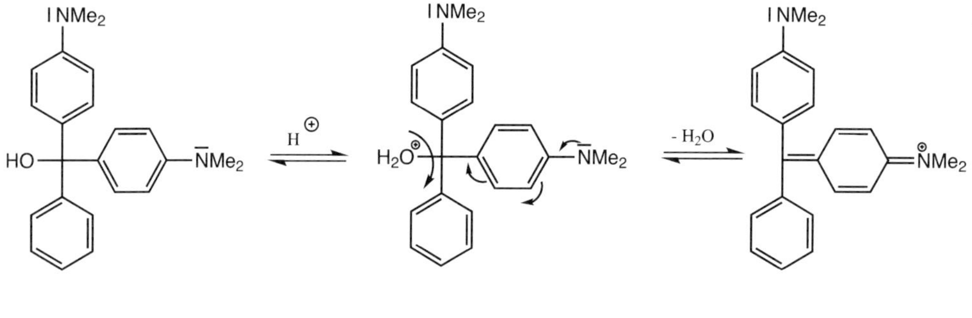

Abb. 5.8 Der Farbwechsel von Malachitgrün.

gruppe bewirkt einen Ladungsausgleich bei gleichzeitiger Entstehung eines chinoiden Chromophors. Aufgrund von Mesomerie werden beide Aminogruppen beteiligt, und es entsteht eine grüne Farbe.

Beispiel
Kristallviolett Bei Kristallviolett erstreckt sich das mesomere System (chinoides Chromophor) über drei Phenylringe (Abbildung 5.9). Durch sukzessive Protonierung der beiden verbliebenen Aminogruppen werden dem mesomeren System (Chromophor) bei Säurezugabe zunächst ein Phenylring und dann der zweite Phenylring entzogen. Es kommt bei Säurezugabe also zu charakteristischen Farbumschlägen von violett zu grün und weiter zu gelb (in Abhängigkeit vom pH-Wert der Lösung).

Abb. 5.9 Der Farbwechsel bei Kristallviolett.

Phenolphthalein (farblos – rot – farblos) im alkalischen Bereich und Kristallviolett (violett – grün – gelb) im sauren Bereich sind Beispiele dafür, dass ein Indikator auch mehr als einen Umschlagspunkt anzeigen kann. Auch Indikatoren können mehrprotonige Säuren bzw. Basen sein.

Beispiel
Methylorange Bei Methylorange wird die zentrale Diazogruppe reversibel protoniert. Es kommt somit zum Verschwinden eines Chromophors (Diazogruppe) und dem Auftauchen eines anderen Chromophors (chinoides System, Abbildung 5.10). Der Farbumschlag ist daher auch nur graduell (orange zu rot). Das kann zu Problemen bei der optischen Detektierbarkeit führen.

5 Säuren und Basen

[Strukturformel Methylorange - orange Form (basisch)]

[Strukturformel Methylorange - rote Form (protoniert)]

Abb. 5.10 Der Farbwechsel bei Methylorange.

5.3 Die Säuredefinition nach Lewis

Der Säuredefinition nach Lewis liegt das Konzept der Donorbindung zugrunde. Bei der Donorbindung geht das freie Elektronenpaar des einen Reaktionspartners (Elektronenpaardonor) eine Wechselwirkung mit dem leeren Orbital des anderen Reaktionspartners (Elektronenpaarakzeptor) ein. Es entsteht eine kovalente Bindung, bei der beide Bindungselektronen nur von einem Reaktionspartner stammen.

Wichtig zu wissen
Es findet also ein Elektronentransfer von der Lewis-Base (Elektronenpaardonor) zur Lewis-Säure (Elektronenpaarakzeptor) statt.

Betrachtet man den Protonentransfer des Brønsted-Konzepts aus der Perspektive der Elektronen, so wird ersichtlich, dass man die klassische Brønsted-Reaktion:

$$HCl + H_2O \rightarrow H_3O^+ + Cl^-$$

statt als Protonentransfer von Chlorwasserstoff (Brønsted-Säure) zum Wassermolekül (Brønsted-Base) auch als Elektronentransfer vom Wassermolekül (Lewis-Base) zum Proton (Lewis-Säure) betrachten kann. Es wird also der gleiche Vorgang aus unterschiedlichen Blickwinkeln beschrieben.

Da chemische Reaktionen immer von einem Elektronentransfer begleitet werden, aber nur selten ein Protonentransfer stattfindet, ist die Definition nach Lewis viel umfassender als die nach Brønsted.

Mit der Definition nach Lewis lassen sich viele Vorgänge im Bereich der Koordinationschemie, Katalyse, Enzymkatalyse, Organischen Chemie, Medizinischen Chemie, Pharmazie etc. erklären. Sie ist daher von großer grundsätzlicher Bedeutung.

5.3.1 Koordinationschemie

Von einer Koordinationsverbindung spricht man, wenn ein Zentralatom, meist ein Übergangsmetall, eine oder mehr Donorbindungen mit einer entsprechenden Anzahl Liganden eingeht. Ein Ligand ist ein Molekül, das über eine funktionelle Gruppe verfügt, die ein freies Elektronenpaar aufweist. Ein Ligand ist also ein Elektronenpaardonor, eine Lewis-Base. Der Ligand bindet mit einem Donoratom (das Atom innerhalb der funktionellen Gruppe, das ein freies Elektronenpaar aufweist) an das Zentralatom. Dieses Donoratom ist meist Sauerstoff, Stickstoff, Phosphor oder Schwefel. In jüngster Zeit kommt noch das Kohlenstoffatom eines Carbenliganden hinzu.

Der wohl universelle Donorligand ist das Wasser. Es koordiniert an praktisch jedes Metallkation (Hauptgruppe und Nebengruppe) und führt so zu den Aquokomplexen. Wassermoleküle binden aber nur schwach an das Metall. Experimentell lässt sich dies an ausgesuchten Beispielen leicht überprüfen.

Beispiel
Das wohl bekannteste Beispiel ist Kupfer(II)sulfat. In seiner handelsüblichen Form ist Kupfer(II)sulfat hellblau und hat die Formel $CuSO_4 \cdot 5\ H_2O$. Die Struktur lässt sich besser als $[Cu(H_2O)_4]SO_4(H_2O)$ beschreiben, d. h. vier Wassermoleküle koordinieren (tetraedrisch) an das Kupferkation und bilden den Kupfertetraaqua-Komplex, das fünfte Wassermolekül koordiniert an das Sulfatanion. Die blaue Farbe stammt vom $[Cu(H_2O)_4]$-Kation, also der Koordination der vier Wassermoleküle an das Kupferkation. Erhitzt man $CuSO_4 \cdot 5\ H_2O$ über dem Bunsenbrenner, so verdampft das Kristallwasser, es bleibt das weiße, wasserfreie $CuSO_4$ zurück. Das Kupferkation gibt das gebundene Wasser also leicht ab, die Donorstärke des Wasserliganden ist nur schwach. Etwas Ähnliches gilt für Calciumsulfat (Gips). Gewöhnlicher Gips enthält zwei Moleküle Wasser je Formeleinheit, $CaSO_4 \cdot 2\ H_2O$. Baugips hingegen ist leichter, da er nur ein halbes Wassermolekül je Formeleinheit enthält, $CaSO_4 \cdot 0{,}5\ H_2O$. Beide Sorten sind durch Trocknung respektive Wasserzusatz leicht ineinander überführbar.

Es stellt sich natürlich die Frage, wie viele Liganden sinnvollerweise von einem Metallkation koordiniert werden. Zur Beantwortung dieser Frage erinnern wir uns an die 8-Elektronen-Regel für Hauptgruppenelemente bzw. an die 18-Elektronen-Regel für Nebengruppenelemente. Demzufolge sollte das Calcium-Kation in Gips vier Donorbindungen ausbilden, da es so seine vier Valenzorbitale (s, p_x, p_y, p_z) mit den vier Elektronenpaaren der vier Liganden (Lewis-Basen) mit acht Elektronen voll besetzen kann. Gewöhnlicher Gips hat aber nur zwei Wasserliganden (Baugips sogar noch weniger), das Sulfatanion muss also als Lewis-Base wirken.

Wichtig zu wissen
Das Sulfatanion ist eine Lewis-Base, obwohl es nicht als Brønsted-Base in Erscheinung tritt.

Diese Beobachtung führt uns zu zwei Vermutungen. Erstens: Das Sulfatanion ist wohl eine schwache Lewis-Base. In der Tat wird sie in wässriger Lösung durch Wasserliganden ersetzt. Es entsteht das $[Ca(H_2O)_4]^{2+}$-Kation. Gips ist aber erfahrungsgemäß relativ schlecht in Wasser löslich. Die Wasserliganden verdrängen das Sulfat also nur schwerlich von Calcium. Zweitens: Calcium ist wohl eine bessere Lewis-Säure als das Proton. Dies ist jetzt noch nicht so gut ersichtlich, denn wir kennen erst zwei Lewis-Basen, das Sulfatanion und Wasser. Jedoch koordinieren Metalle auch noch andere Lewis-Basen gut bis sehr gut, die ihrerseits Protonen nur schlecht koordinieren, also schlechte Brønsted-Basen sind.

Beispiel

Das Kupfer(II)-Kation in $[Cu(H_2O)_4]^{2+}$ ist ein Beispiel für die 18-Elektronen-Regel. Das Cu(II)-Kation besitzt selbst neun Valenzelektronen (d^9-System) und erhält durch die vier Donorbindungen acht Elektronen dazu, mit denen die s, p_x, p_y, p_z-Orbitale aufgefüllt werden. Das Cu(II)-Kation hat nun 9 + 8 = 17 Valenzelektronen und somit fast eine komplette Schale. Das Cu(II)-Kation kann die 18-Elektronen-Regel nicht komplett erfüllen, da Cu(II) als d^9-Ion über eine ungerade Zahl von Valenzelektronen verfügt und eine Donorbindung immer *genau* zwei Elektronen transferiert. Um zu einer stabilen, abgeschlossenen 18-Elektronen-Valenzschale zu kommen, muss also zusätzlich ein Elektron im Rahmen einer Redoxreaktion transferiert werden. Beispiele sind Cobalt-Hexammin-Komplexe (Co^{II} zu Co^{III}) und das bekannte $[Fe(CN)_6]^{3-}$, das rote Blutlaugensalz (ein schwaches Oxidationsmittel).

Ein wichtiges Kriterium zur Bestimmung der Stöchiometrie ist also die Erfüllung der 8-Elektronenregel für Hauptgruppenelemente und der 18-Elektronen-Regel für Nebengruppenelemente als Zentralatome einer Komplexverbindung. Es gibt aber auch eine Anzahl prominenter Ausnahmen.

Beispiel
Schauen wir uns $NiCl_2$ an. Die wasserfreie Verbindung ist gelb gefärbt, während das wasserhaltige Nickelchlorid die für Nickel „charakteristische" grüne Farbe aufweist. Charakteristisch ist die grüne Farbe für Nickel nur, da die meisten in der Natur als Mineralien vorkommenden Nickelverbindungen aufgrund des koordinierten Kristallwassers grün gefärbt sind. Es gibt zahllose Komplexverbindungen (Koordinationsverbindungen) des Nickels, die orange, rot oder lila sind. Die grasgrüne Farbe des Nickelchlorids ist der Verbindung $[Ni(H_2O)_6]Cl_2$ zu eigen. Es sind also sechs Wassermoleküle vorhanden. Nickel ist ein Element der zehnten Nebengruppe, Ni^{2+} hat somit acht Valenzelektronen. Die zwölf Elektronen der sechs Donorliganden (Wasser) würden also zu 20 Valenzelektronen am Nickel führen. Das wäre ein Verstoß gegen die 18-Elektronen-Regel und wir müssen uns überlegen, wie wir uns den $[Ni(H_2O)_6]^{2+}$-Komplex vorzustellen haben.

Das Ni^{2+}-Kation ist ein d^8-System und realisiert entweder quadratisch-planare oder tetraedrische Komplexe (Koordinationsverbindungen, Abbil-

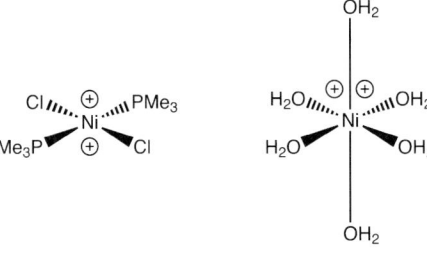

quadratisch planar   gestreckter Oktaeder

Abb. 5.11 Quadratisch-planar oder gestreckt oktaedrisch: die Koordinationsgeometrie von Ni(II) d^8.

dung 5.11). Es hat also nur vier Liganden (Donorbindungen zu Lewis-Basen) statt der fünf, die es bräuchte um der 18-Elektronen-Regel zu genügen.

> **Wichtig zu wissen**
> Die Geometrie und damit Raumerfüllung eines Komplexes ist von größerer energetischer Bedeutung als das Argument der formalen Elektronenzahl des Komplexes.

Vermutungen:

- Es kommt nicht auf die formale Elektronenzahl, sondern auf die tatsächliche Elektronendichte am Zentralatom an.
- Die tatsächliche Elektronendichte am Zentralatom hängt von der Stärke der Donorbindung zwischen Lewis-Base (Ligand) und Lewis-Säure (Zentralatom) ab.

Wenn dem tatsächlich so ist, muss es Liganden verschiedener Donorstärke geben, die unterschiedliche Affinitäten (Vorlieben) für Zentralatome (Lewis-Säuren) haben. Ebenso muss es Mechanismen geben, mit denen Lewis-Säuren (Zentralatome) fehlende Elektronendichte aufnehmen oder überschüssige Elektronendichte fernhalten können.

> **Beispiel**
> Der $[Ni(H_2O)_6]^{2+}$-Komplex ist ein exzellentes Beispiel für Letzteres. In $[Ni(PMe_3)_2Cl_2]$ ist das Ni(II)-Kation quadratisch-planar von zwei Chloratomen und zwei Phosphanliganden umgeben. Die Verbindung ist sowohl koordinativ (die richtige Anzahl Liganden) als auch elektronisch (ausreichende Elektronendichte am Zentralatom) gesättigt. Der entsprechende $[Ni(H_2O)_4]^{2+}$-Komplex existiert nicht. Das Ni(II)-Atom lagert stattdessen noch zwei Wassermoleküle an, um einen Oktaeder zu bilden. Es entsteht aber kein idealer Oktaeder mit drei identischen Hauptachsen, sondern ein gestreckter Oktaeder. Eine der drei Hauptachsen ist länger als die beiden

anderen. Die beiden Wasserliganden dieser dritten, längeren Hauptachse sind schwächer gebunden (weiter vom Zentralatom entfernt) und haben weniger Elektronendichte transferiert als die vier Wasserliganden, die die quadratisch-planare Koordination in der Mitte des Oktaeders bilden.

Wichtig zu wissen
- Das Zentralatom kann durch Ausbildung unterschiedlich starker Donorbindungen mit demselben Liganden die ideale Elektronendichte generieren.
- Für gewöhnlich geschieht die Erzeugung der idealen Elektronendichte am Zentralatom durch die Auswahl von Liganden mit geeigneten Donorstärken.

5.3.2 Ligandenstärke

Es stellt sich die Frage, wie man die Ligandenstärke, also die Stärke der einzelnen Lewis-Basen, bestimmen kann. Welche Elektronenpaardonoren können ihre Elektronendichte am effektivsten an eine Lewis-Säure transferieren? Um dies herauszufinden, muss man ein System betrachten, das als einzige Variable den Liganden hat. Im Trennungsgang der Kationen in der qualitativen anorganischen Analytik gibt es mit den Cu(II)-Komplexen ein solches System. Wir wissen bereits, dass der Tetraaquakomplex von Kupfer(II) $[Cu(H_2O)_4]^{2+}$ die Wasserliganden nur schwach bindet, sie lassen sich durch trockenes Erhitzen leicht entfernen. Ebenso leicht können sie durch Ammoniak verdrängt werden. Gibt man zu einer wässrigen Lösung von Kupfer(II)sulfat Ammoniak hinzu, so färbt sich die hellblaue Lösung sofort dunkelblau, die Farbe des Tetrammin-Komplexes $[Cu(NH_3)_4]^{2+}$. Ammoniak ist also ein stärkerer Ligand, eine stärkere Lewis-Base als Wasser, da er in der Lage ist, das Wasser aus der Koordinationssphäre des Kupfers zu verdrängen. Ammoniak bildet stärkere Donorbindungen aus als Wasser. Doch auch Ammoniak lässt sich aus der Koordinationssphäre des Kupfers verdrängen. Versetzt man die tiefblaue Lösung des $[Cu(NH_3)_4]^{2+}$-Komplexes mit Kaliumcyanid KCN, so entfärbt sich die Lösung, es entsteht der Tetracyano-Komplex von Kupfer(I) $[Cu(CN)_4]^{3-}$.

Wichtig zu wissen
Die Maskierung des Kupfers mit Cyanid ist eine Redoxreaktion. Es entsteht neben Cu(I) noch Dicyan $(CN)_2$, ein giftiges, farbloses und geruchloses Gas.

Cyanid verdrängt also den Ammoniak, der seinerseits das Wasser verdrängt. Der Vorgang lässt sich hervorragend experimentell am Farbwechsel hellblau – dunkelblau – farblos verfolgen (Abbildung 5.12). Es ergibt sich somit eine Reihung der Ligandenstärke Wasser < Ammoniak < Cyanid.

Führt man ähnliche Experimente mit einer größeren Auswahl von Liganden (und Metallkationen) durch, so ergibt sich eine Reihung der Liganden gemäß ihrer Ligandenstärke. Zur experimentellen Bestimmung der Ligandenstärke wertet man

[Schema: Cu-Komplex-Farbwechsel]

H₂O, Cu(OH₂)₄²⁺ (hellblau) → NH₃ → [Cu(NH₃)₄]²⁺ (dunkelblau) → CN⁻, −NC-CN → [Cu(CN)₄]³⁻ (farblos)

Abb. 5.12 Die Farbwechsel der Kupferkomplexe in der qualitativen Analyse.

für gewöhnlich die UV/VIS-Spektren ihrer Metallkomplexe aus. Es kommt zu charakteristischen Farbänderungen (Verschiebungen in der Bandenlage), die auf eine veränderte Stärke der Donorbindung (Transfer von Elektronendichte) schließen lässt. Da die Ligandenstärke spektroskopisch bestimmt wird, spricht man von der spektrochemischen Reihe der Ligandenstärke.

> **Wichtig zu wissen**
> **Spektrochemische Reihe der Ligandenstärke**
> I⁻ < Br⁻ < Cl⁻ < F⁻ < OH⁻ < $C_2O_4^{2-}$ < H_2O < NH_3 < en* < NO_2^- < CN^-
> * Ethylendiamin $H_2N(CH_2)_2NH_2$

Diese Reihung ist im Wesentlichen für alle Metallkationen in allen Oxidationsstufen gleich. Abweichungen kommen nur gelegentlich und auch dann nur für direkt benachbarte Liganden vor. Daher ist der Redoxschritt der Cu(II)-Reduktion zu Cu(I) in unserem obigen Beispiel ohne Belang.

Die spektrochemische Reihe hat für die Ligandenfeldtheorie und damit für die Erklärung der elektronischen Struktur und des Magnetismus von Koordinationsverbindungen eine große Bedeutung (s. unten).

5.3.3 Stärke der Lewis-Säure

Genau wie die Liganden (Lewis-Basen, Elektronenpaardonoren) unterschiedlich gut Elektronendichte transferieren können, also eine unterschiedliche Ligandenstärke besitzen, so können natürlich auch die Lewis-Säuren (Elektronenpaarakzeptoren) unterschiedlich gut Elektronendichte aufnehmen. Auch die Lewis-Säuren unterscheiden sich in ihrer Säurestärke. Die Säurestärke lässt sich experimentell am besten im Rahmen von Lewis-Säure-katalysierten Reaktionen bestimmen.

Als Beispielsreaktionen betrachten wir die Friedel-Crafts-Reaktion aus der Organischen Chemie und das Enzym Peptid-Deformylase PDF aus der Biochemie. Die Friedel-Crafts-Reaktion führt eine Alkylgruppe (Alkylierung) oder einen Carbonsäurerest (Acylierung) in ein reaktionsfähiges Molekül ein, meistens einen Aromaten. Die Peptid-Deformylase PDF führt eine Hydrolysereaktion aus, bei der ein Formylrest von der Aminofunktion der Aminosäure Methionin entfernt wird (die Aminosäure wird entschützt).

Abb. 5.13 Die Wirkung der Lewis-Säure bei der Friedel-Crafts-Reaktion.

Beispiel
Bei der Friedel-Crafts-Acylierung (entsprechend bei der Alkylierung) wird eine Lewis-Säure zugesetzt, um die C–Cl-Bindung des Carbonsäurechlorids (Alkylchlorids) zu polarisieren und die positive Ladung am C-Atom zu erhöhen. Dadurch erhöht sich die Elektrophilie des Carbonsäurechlorids (Alkylchlorids) und die Reaktion läuft leichter ab.

In Abbildung 5.13 wird die Wirkungsweise der Lewis-Säure grafisch erläutert. Das Chloratom bindet mit einem seiner freien Elektronenpaare in die Elektronenlücke (leeres Orbital) der Lewis-Säure. Dadurch entsteht ein Unterschuss an Elektronendichte am Chloratom. Das Chloratom kann dies ausgleichen, indem es die Elektronen der C–Cl-Bindung stärker an sich zieht. Nun kommt es zu einem Unterschuss an Elektronendichte am C-Atom und somit zu einer erhöhten Reaktivität des Carbonsäurechlorids. Das Carbonsäurechlorid wird umso reaktiver sein, je stärker die Lewis-Säure ist. Für die Stärke der Lewis-Säure wurde die folgende Reihe gefunden: $ZnCl_2$ < $AlCl_3$ < $FeCl_3$.

Es ist natürlich völlig unerheblich, ob die Lewis-Säure am Chloratom oder am Sauerstoffatom des Carbonsäurechlorids angreift. In beiden Fällen erhöht sich die positive Teilladung am C-Atom. Normalerweise erfolgt der Angriff natürlich am Chloratom, aber für den Angriff am Sauerstoffatom lassen sich auch Beispiele finden.

Beispiel
Bei der Peptid-Deformylase PDF ist das aktive Zentrum des Enzyms eine Lewis-Säure. Ein zweiwertiges Metallkation M^{2+} (in den natürlich vorkommenden Enzymen entweder Eisen oder Zink) ist an die funktionalen Gruppen in den Seitenketten dreier Aminosäuren koordiniert: Imidazol (Histidin H136), Imidazol (Histidin H132) und Thiol (Cystein C90, RS^-; Abbildung 5.14). Die vierte Koordinationsstelle wird von einem Wassermolekül besetzt, das durch den Carboxylatrest (COO^-) der Aminosäure Glutamin (E133) deprotoniert wird. Die so entstandene Hydroxidgruppe greift am C-Atom des Formylrestes nukleophil an und spaltet die Carbonsäureamidbindung. Das Formiat bindet vorübergehend an Zink und verlässt das Metall, nachdem es von E133 (Glutamin, der 133. Aminosäurebaustein dieses Enzyms) protoniert wurde. Der Methioninrest ist nun ebenfalls frei und kann im Anschluss für die Synthese von Proteinen genutzt werden (Abbildung 5.15).

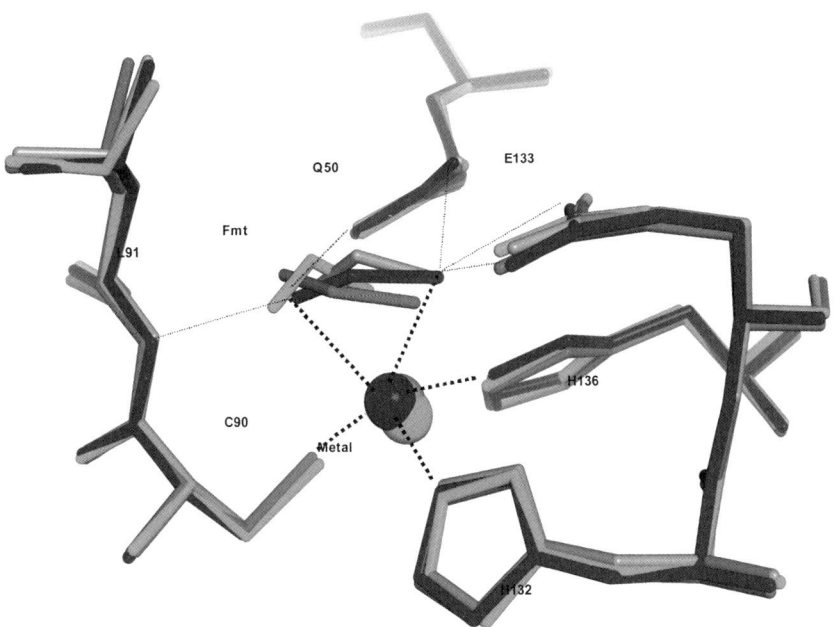

Abb. 5.14 Das aktive Zentrum des Enzyms Peptid Deformylase PDF. Die vier Strukturen unterscheiden sich nur durch das zentrale Kation: Fe^{2+}, Co^{2+}, Ni^{2+} oder Zn^{2+}. Fmt: Formiat.

Der Unterschied in der Lewis-Säurestärke zwischen Fe^{2+} und Zn^{2+} ist erkennbar, wenn man in Fe-PDF, also dem Enzym, in dem natürlicherweise Eisen enthalten ist, das Eisen durch Zink ersetzt. Die Aktivität des Enzyms sinkt auf einen kleinen Bruchteil der ursprünglichen Aktivität. Andererseits ist das aktive Zentrum von

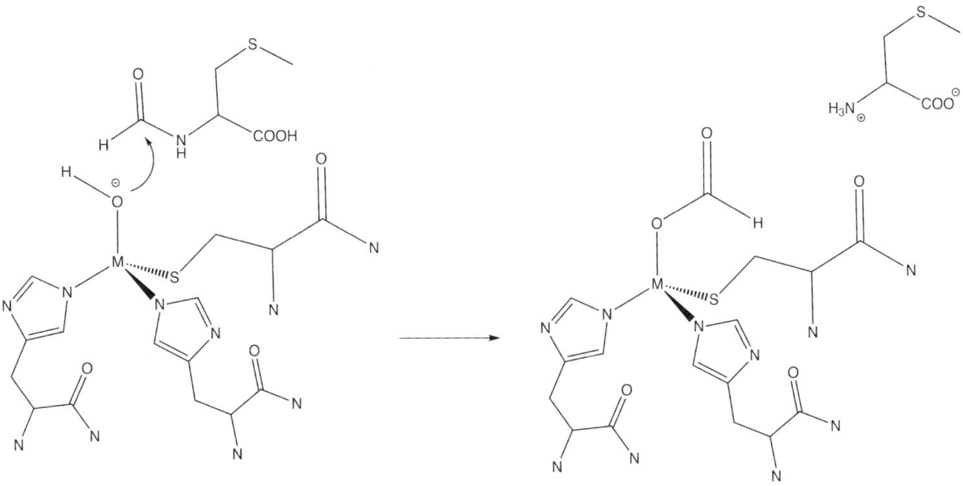

Abb. 5.15 Die Deformylierung von Methioninformiat durch das Enzym PDF.

Abb. 5.16 Die Aktivierung der Carbonylgruppe durch die Lewis-Säure Arginin.

Zn-PDF, einer Variante, die natürlicherweise Zn^{2+} enthält, identisch mit dem aktiven Zentrum von Fe-PDF. Zn-PDF ist deutlich aktiver als Fe-PDF(Zn), Fe-PDF mit Zink im aktiven Zentrum.

Der Grund hierfür liegt in einem anderen Bereich des Enzyms Zn-PDF. Zn-PDF, im Gegensatz zu Fe-PDF, besitzt eine flexible und lange Schlaufe im Proteinkörper, die sich von hinten dem Substrat nähern kann. An der Spitze dieser Schlaufe befindet sich die Seitengruppe einer Arginin-Aminosäure. Arginin bildet Wasserstoffbrücken-Bindungen mit Sauerstoffen von Carbonylgruppen (hier der Formyl-geschützte *N*-Terminus des Substrats). Dadurch wird das C-Atom des Substrats aktiviert, und es genügt das schwächere Nukleophil für die Reaktion (Abbildung 5.16).

5.3.4 Das HSAB-Konzept

Um die Wechselwirkungen zwischen Lewis-Säuren und Lewis-Basen zu verstehen ist es nicht genug, die Stärken individueller Lewis-Säuren und Lewis-Basen zu bestimmen. Die Wechselwirkung, die Ausbildung einer Donorbindung, ist nämlich noch von anderen Faktoren abhängig. Insbesondere ist die Natur der Lewis-Base und des potenziellen Partners, der Lewis-Säure, von großer Bedeutung. Auch hier bewahrheitet sich der Spruch: „Gleich und gleich gesellt sich gern."

Pearson teilte die Lewis-Säuren und Lewis-Basen in harte und weiche Säuren und Basen ein, weshalb sein Konzept als HSAB-Konzept bekannt geworden ist. HSAB steht für *hard and soft acids and bases* (harte und weiche Säuren und Basen).

Wichtig zu wissen

Das Konzept beruht auf physikalischen Überlegungen und basiert auf dem Verhältnis zwischen der Größe des Teilchens (Säure oder Base) und seiner Elektronendichte (im einfachsten Fall repräsentiert durch die Ladung). Die beiden Antipoden der Theorie sind die harte Säure und die weiche Base.

Eine weiche Base lässt sich am besten verstehen, wenn man sie sich als Lewis-Base (Elektronenpaardonor) vorstellt. Eine Lewis-Base soll Elektronendichte transferieren. Dazu muss ihre Elektronenhülle leicht polarisierbar sein. Anders ausgedrückt, sie sollte ihre Valenzelektronen möglichst wenig festhalten wollen. Das ist umso besser gewährleistet, wenn die Lewis-Base möglichst groß ist.

Eine harte Säure (Elektronenpaarakzeptor, Lewis-Säure) sollte demgegenüber freie Elektronenpaare möglichst stark an sich ziehen. Dazu muss sie möglichst klein sein und eine möglichst hohe positive Ladung tragen. Die Säurestärke eines Metallkations lässt sich daher durchaus bereits aus dem Periodensystem der Elemente PSE entnehmen, zumindest qualitativ. Betrachten wir einmal die zweiwertigen Metallkationen M^{2+}, die im PSE besonders häufig auftreten, so sollten die härtesten Lewis-Säuren das Beryllium und Magnesium sein. Geht man die vierte Periode entlang, so nimmt der Ionenradius ja bekanntermaßen von links nach rechts ab. Die Säurestärke sollte also dem Trend $Ca^{2+} < Mn^{2+} < Fe^{2+} < Co^{2+} < Ni^{2+} < Cu^{2+} < Zn^{2+}$ folgen. Betrachtet man sich die von Pearson und Parr berechneten Absoluten Härtewerte (Tabelle 5.1), so erkennt man sofort signifikante Abweichungen. Es muss also außer dem Ionenradius noch andere Faktoren geben, die für die Härte der Lewis-Säure von großer Bedeutung sind. Aus dem allgemeinen Bild heraus fallen Ca^{2+} und Mn^{2+}. Das Calciumion ist gegenüber den Nebengruppenelementen auffallend hart, was durch einen prinzipiellen Unterschied zwischen den Hauptgruppen- und Nebengruppenelementen erklärt werden kann, der auf dem Einfluss der d-Elektronen beruht. Das Manganion nimmt aufgrund seiner d^5-Konfiguration (Halbbesetzung der d-Unterschale) eine Sonderstellung innerhalb der Übergangsmetalle ein.

Tabelle 5.1 Absolute Härtefaktoren nach Pearson & Parr.

	Mg	Ca	Zn	Mn	Ni	Cu	Fe
Härte	32,5	19,7	10,8	9,3	8,5	8,3	7,3

Zum Vergleich lässt sich das Redoxpaar Fe^{2+}/Fe^{3+} anführen. Eisen(III) hat einen kleineren Ionenradius und eine höhere positive Ladung als Eisen(II). Es ist also kaum verwunderlich, dass die absoluten Härtewerte für Fe^{2+} (7,3) und Fe^{3+} (13,1) diese Überlegungen widerspiegeln.

> **Wichtig zu wissen**
> Es ist eine Grundaussage der HSAB-Theorie, dass harte Säuren gut mit harten Basen sowie weiche Säuren gut mit weichen Basen wechselwirken. Weiche Säuren (Basen) wechselwirken aber schlecht mit starken Basen (Säuren). Dies wird auf die Art der Wechselwirkung zurückgeführt. Eine harte Lewis-Säure (-Base) geht bevorzugt ionische Wechselwirkungen ein, während eine weiche Lewis-Säure (-Base) gerne kovalente Wechselwirkungen

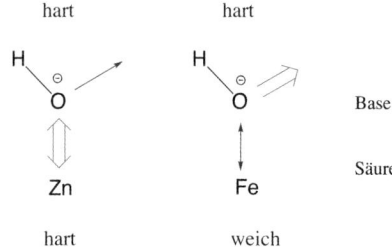

Abb. 5.17 Die Wechselwirkung der Lewis-Base OH^- mit der Lewis-Säure M^{2+} (Zn^{2+}, Fe^{2+}).

(Donorbindung) ausbildet. Trifft eine harte Lewis-Säure (-Base) auf eine weiche Lewis-Base (-Säure), so kommt es nur zu einer schwachen Wechselwirkung, da die Vorlieben nicht korrespondieren.

Dieses Prinzip lässt sich an unserem vertrauten Beispiel, der Peptid-Deformylase PDF, sehr gut überprüfen. Die zweiwertigen Übergangsmetall-Kationen Fe^{2+}, Ni^{2+}, Co^{2+} und Zn^{2+} gehören alle in den Bereich zwischen den harten und den weichen Lewis-Säuren. Die Unterschiede in den Absoluten Härtewerten sind signifikant, aber nicht übermäßig groß (7,3 für Fe^{2+} und 10,8 für Zn^{2+}). Das Hydroxid-Ion andererseits ist eine harte Lewis-Base. Die Wechselwirkung Fe^{2+}/OH^- ist also bedeutend kleiner als die Wechselwirkung Zn^{2+}/OH^- (Abbildung 5.17). Dadurch wird die Nukleophilie, die Fähigkeit Elektronendichte zu transferieren, bei Fe-PDF größer sein als bei Zn-PDF. Da das Eisen nur schwach mit dem Hydroxidion wechselwirkt, kann das Hydroxidion das Substrat hydrolysieren. In der Zn-PDF ist das nicht möglich, da das Zn^{2+} die Nukleophilie des Hydroxidions durch eine stärkere Wechselwirkung entscheidend abschwächt. Daher muss nun das Substrat aktiviert werden.

5.3.5 Beispiele für Lewis-Säuren

In der qualitativen anorganischen Analytik beruht der Nachweis der Kationen häufig auf der Ausbildung bestimmter Komplexverbindungen, die ihrerseits auf Donorbindungen (Lewis-Base/ Lewis-Säure-Wechselwirkungen) zurückzuführen sind. Beispiele sind der Nickelnachweis mittels des roten Dimethylglyoxim-Komplexes oder der Eisen(III)-Nachweis als Rhodanid-Komplex $[Fe(SCN)(H_2O)_5]^{2+}$.

Es gibt aber auch Beispiele, in denen nicht in erster Linie Koordinationsverbindungen, sondern klassische Lewis-Säuren mit benennbaren Elektronenlücken auftreten. Hier ist in erster Linie an die Hydroxide $Zn(OH)_2$ und $Al(OH)_3$ zu denken. Beide fallen als weiße Niederschläge aus, lösen sich bei Zugabe einer Brønsted-Säure oder einer Brønsted-Base aber wieder auf (Abbildung 5.18).

Bei Zugabe einer Brønsted-Säure wird das koordinierte Hydroxidion zum Wassermolekül protoniert. Es entsteht also das lösliche, hydratisierte Zink-Kation Zn^{2+}_{aq}. Bei Zugabe einer Brønsted-Base werden aber tatsächlich Hydroxidionen zugegeben. Diese können auch als Lewis-Base wirken, wenn sie auf einen Elektronenpaarakzeptor treffen. Eine solche Lewis-Säure liegt bei $Zn(OH)_2$ vor. Zink ist ein Element der zweiten Nebengruppe und verhält sich ähnlich wie ein Erdalkalimetall. Die 3d-

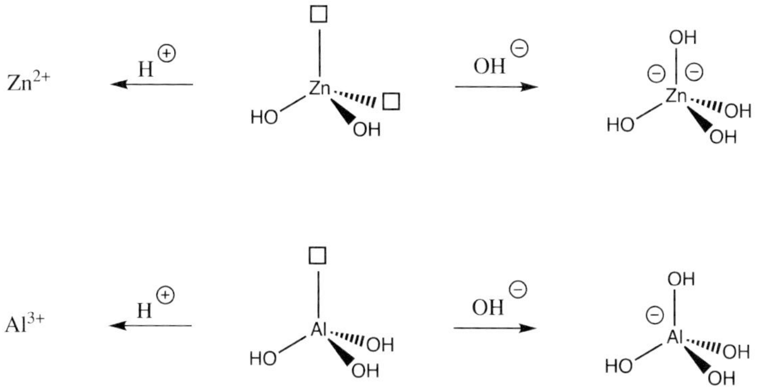

5.3 Die Säuredefinition nach Lewis

Abb. 5.18 Komplexierung der Verbindungen Zn(OH)$_2$ und Al(OH)$_3$ durch Hydroxidionen.

Schale ist voll besetzt, so verfügt es wie Calcium über das 4s- und die drei 4p-Orbitale. Zwei dieser Orbitale sind durch Bindungen zu den Hydroxid-Liganden besetzt, die beiden anderen sind aber leer. Zn(OH)$_2$ kann also zwei Donorbindungen mit geeigneten Lewis-Basen eingehen. Hydroxid ist eine geeignete Lewis-Base, und es kommt im alkalischen Bereich zur Ausbildung des löslichen Tetrahydroxyzinkats [Zn(OH)$_4$]$^{2-}$.

Aluminiumhydroxid Al(OH)$_3$ verhält sich völlig analog. Als Element der dritten Hauptgruppe kann Aluminium drei σ-Bindungen zu drei OH-Gruppen ausbilden. Das letzte der vier Valenzorbitale bleibt leer und steht für eine Donorbindung zu einem vierten Hydroxidion zur Verfügung. Im alkalischen Bereich kommt es zur Ausbildung des Aluminats [Al(OH)$_4$]$^-$. Es entsteht immer ein Tetrahydroxymetallat, da ja insgesamt vier Orbitale am Metall zur Verfügung stehen.

In beiden Fällen kann das Tetrahydroxymetallat vorsichtig zum entsprechenden unlöslichen Hydroxid protoniert werden. Es entsteht ein weißer Niederschlag, der sich im Überschuss von Brønsted-Säure (oder Brønsted-Base) wieder auflöst.

Ein weiteres Beispiel ist der Nachweis des Bismuts. Man gibt zu einer Lösung von Bi^{3+} etwas Kaliumiodid KI. Es fällt gelbes BiI$_3$ aus, das sich im Überschuss von Kaliumiodid KI wieder auflöst. Es entsteht das lösliche, gelbe Tetraiodobismutat [BiI$_4$]$^-$ (Abbildung 5.19). Auch bei BiI$_3$ handelt es sich um eine Lewis-Säure, die mit der Lewis-Base Iodid eine Donorbindung ausbildet. Das erschließt sich aber nicht auf dem ersten Blick. Bismut ist ein Element der fünften Hauptgruppe. Es bildet also drei Bindungen zu den drei Iodatomen aus und benutzt dazu drei der fünf Valenzelektronen und drei der vier Valenzorbitale. Die verbliebenen zwei Valenzelektronen besetzen das letzte Valenzorbital. Damit ist zunächst keine Elektronenlücke an BiI$_3$ zu erkennen. Eines der vorhandenen d-Orbitale kann nicht herangezogen werden, da es energetisch zu weit weg ist (das 7s Orbital wäre energetisch günstiger als ein 6d-Orbital). Vielmehr bildet ein antibindendes σ*-Orbital aus den drei Bi–I-Bindungen die Elektronenlücke. Tetraiodobismutat [BiI$_4$]$^-$ ist also ein hypervalentes Komplexanion.

Abb. 5.19 Komplexierung von BiI$_3$ durch Iodidionen.

Abb. 5.20 Komplexierung von PbI$_2$ durch Iodidionen.

Das dritte Beispiel ist das Blei. Versetzt man eine Pb^{2+}-Lösung mit Kaliumiodid so fällt das gelbe PbI$_2$ aus, das sich im Überschuss von Kaliumiodid als [PbI$_4$]$^{2-}$ wieder löst (Abbildung 5.20). [PbI$_4$]$^{2-}$ ist isoelektronisch zu [BiI$_4$]$^-$; Das eine zusätzliche Elektron des Bismuts, das aus der unterschiedlichen Gruppenzugehörigkeit stammt, wird durch eine zusätzliche negative Ladung am Tetraiodoplumbat kompensiert. Das PbI$_2$ muss im Gegensatz zu BiI$_3$ zwei zusätzliche Iodliganden aufnehmen. Das erste Iodid macht eine klassische Donorbindung in das letzte noch leere Valenzorbital des Bleis. Das zweite Iodid muss wie bei BiI$_3$ (isoelektronisch zum hypothetischen [PbI$_3$]$^-$) eine hypervalente Verbindung [PbI$_4$]$^{2-}$ ausbilden.

Noch einmal in Kürze

Es gibt zwei wichtige Definitionen einer Säure, die Definition nach Brønsted als Protonendonor und nach Lewis als Elektronenpaarakzeptor. Diese Definitionen entsprechen sich, die Definition nach Lewis ist aber allgemeiner und umfassender. Folgt man der Definition nach Brønsted, so hat man ein einfaches und quantitatives Säure/Base-Konzept, das besonders in wässriger Lösung ausgezeichnete Dienste leistet. Mithilfe des Massenwirkungsgesetzes und der Definition des pH-Wertes lassen sich Brønsted-Säuren hinsichtlich ihrer Säurestärke leicht quantifizieren. Schwache Säuren und Basen liefern die für biologische und biochemische Prozesse äußerst wichtigen Puffersysteme, die sich mittels der Henderson-Hasselbalch-Gleichung leicht berechnen lassen.

Über die Säuredefinition nach Lewis erschließt sich die Koordinationschemie als Komplexverbindungen zwischen Lewis-Säure (Zentralatom) und Lewis-Base (Liganden). Hier lässt sich die Säurestärke über Reaktivitätsvergleiche und die Basenstärke aus der spektroskopischen Reihe abschätzen.

Ein ausgezeichnetes Konzept zur Wechselwirkung zwischen Lewis-Säuren und Lewis-Basen in Komplexverbindungen liefert das HSAB-Prinzip (*hard and soft acids and bases*; harte und weiche Säuren und Basen), das sich mithilfe des

Absoluten Härtefaktors quantifizieren lässt. Die Lewis-Säurestärke spielt eine entscheidende Rolle in vielen Metalloenzymen, besonders in solchen, die wie die Peptid-Deformylase für die Hydrolyse zuständig sind.

Wissen testen

5.1 Was ist der Unterschied zwischen einer starken und einer schwachen Brønsted-Säure?
5.2 Was ist der Unterschied zwischen einer Lewis-Säure und einer Brønsted-Säure?
5.3 Was ist der Unterschied zwischen einer Lewis-Base und einer Brønsted-Base?
5.4 Sind die folgenden Verbindungen Lewis-Säuren oder Brønsted-Säuren oder beides?
   a) Schwefelsäure;
   b) Borsäure;
   c) Zinksulfat;
   d) Aluminiumhydroxid;
   e) Essigsäure.
5.5 Berechne den pH-Wert eines Liters einer wässrigen Lösung, in der sich 8,2 g Natriumacetat und 58 mg Essigsäure befinden.
5.6 a) Berechne den pH-Wert einer Lösung, in der sich 78 mg Aluminiumhydroxid und 80 mg Natriumhydroxid sowie 1000 g Wasser befinden. Nehme vollständigen Stoffumsatz an.
   b) Welcher Indikator empfiehlt sich?
5.7 Wie viel Kaliumhydroxid werden benötigt, um 9,8 g Phosphorsäure in Kaliumphosphat zu überführen?
5.8 Wie muss ein Phosphatpuffer zusammengesetzt sein, um einen pH-Wert von 9,2 einzustellen?
5.9 Welche Farbe hat eine Lösung aus 99 mg Kupfer(I)chlorid und 260 mg Kaliumcyanid in konzentriertem Ammoniak?

Ligandenfeldtheorie 6

In diesem Kapitel...
Die Ligandenfeldtheorie beschreibt die elektronische Struktur des Zentralatoms im Lichte der Wechselwirkungen zwischen den Orbitalen der Liganden und den d-Orbitalen des Zentralatoms. Sie dient daher dem besseren Verständnis von Übergangsmetallkomplexen. Im freien Atom sind die fünf d-Orbitale entartet, d. h. sie haben die gleiche Energie. Sie haben aber unterschiedliche Orientierung (Abbildung 6.1). Die Indices in ihren Namen d_{xy}, d_{xz}, d_{yz}, $d_{x^2-y^2}$ und d_{z^2} bezeichnen die Ausrichtung entlang eines kartesischen Koordinatensystems mit den Achsen x, y und z. Es entstehen zwei Gruppen von d-Orbitalen, die mit den Abkürzungen e_g und t_{2g} bezeichnet werden und sich bezüglich der Orientierung im kartesischen Koordinatensystem unterscheiden. Die Bezeichnungen e_g und t_{2g} stammen aus der Gruppentheorie und sind hier ohne besondere Bedeutung, außer dass die e_g-Orbitale $d_{x^2-y^2}$ und d_{z^2} auf den Achsen und die t_{2g}-Orbitale d_{xy}, d_{xz} und d_{yz} zwischen den Achsen des kartesischen Koordinatensystems zu liegen kommen. Sie sind aber immer noch entartet.

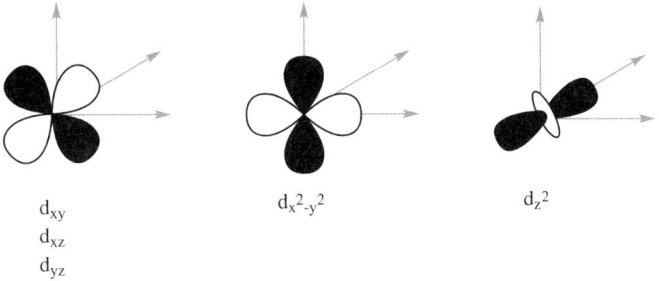

Abb. 6.1 Gestalt und Orientierung der d-Orbitale.

Schlüsselthemen
- Ursache der Orbitalaufspaltung in oktaedrischen und tetraedrischen Komplexen
- Entstehung von High-Spin- und Low-Spin-Komplexen

Allgemeine Chemie: für Lebenswissenschaftler, Mediziner, Pharmazeuten..., 1. Auflage.
Olaf Kühl © 2012 Wiley-VCH Verlag GmbH & Co. KGaA.
Published 2012 by Wiley-VCH Verlag GmbH & Co. KGaA.

- Erkennen des Zusammenhangs zwischen Ligandenstärke und Stellung des koordinierenden Atoms im Periodensystem der Elemente
- Verständnis des Jahn-Teller-Effekts

6.1 Entstehung des Ligandenfelds

Die Entartung der d-Orbitale wird erst aufgehoben, wenn Liganden dazukommen. Es entsteht dann ein Komplex mit Zentralatom und Liganden. Dieser Komplex hat eine bestimmte Geometrie – zumeist tetraedrisch, oktaedrisch oder quadratisch-planar. Durch diese Geometrie sind auch die Liganden entlang dem kartesischen Koordinatensystem ausgerichtet (Abbildung 6.2). Diese Ausrichtung ist im Tetraeder anders als im Oktaeder und auch anders als in der quadratisch-planaren Anordnung. Während im Tetraeder die Liganden zwischen den Achsen liegen, liegen sie im Oktaeder auf den Achsen. Da das Quadrat aus dem Oktaeder hervorgeht, indem man die Liganden genau einer Achse entfernt, liegen die Liganden im Quadrat zwar auf den Achsen, aber eben nicht auf allen.

Entspricht die Orientierung des d-Orbitals der Lage des Liganden, so ist die Abstoßung zwischen den Elektronen in diesen Orbitalen größer, als wenn sie sich aus dem Weg gingen.

Im Tetraeder liegen die Liganden zwischen den Achsen. Sie kollidieren daher mit den drei t_{2g}-Orbitalen, die sich ebenfalls zwischen den Achsen befinden. Die e_g-Orbitale hingegen liegen auf den Achsen und gehen den Liganden daher aus dem Weg. Die t_{2g}-Orbitale liegen daher aufgrund der höheren Abstoßung mit den Liganden energetisch über den e_g-Orbitalen.

Im Oktaeder ist die Situation genau umgekehrt. Nun liegen die e_g-Orbitale energetisch über den t_{2g}-Orbitalen, da die Liganden auf den Achsen liegen und nicht mehr zwischen ihnen wie im Tetraeder.

In der quadratisch-planaren Anordnung kommt es zur (teilweisen) Aufhebung der Entartung in beiden Orbitalsätzen, da aus dem Oktaeder zwei Liganden entlang einer Achse entfernt werden und daher die Orbitale energetisch abgesenkt werden, die einen Anteil entlang dieser Achse (im Diagramm die z-Achse) haben –

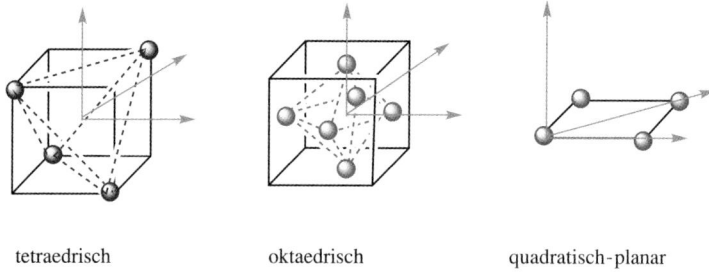

tetraedrisch   oktaedrisch   quadratisch-planar

Abb. 6.2 Die Orientierung der Liganden relativ zu den Hauptachsen eines kartesischen Koordinatensystems.

das d_z^2-Orbital (e_g) und die d_{xz}- und d_{yz}-Orbitale (t_{2g}). Innerhalb der verbliebenen Ebene (im Diagramm die xy-Ebene) werden die Wechselwirkungen stärker und die Orbitale $d_{x^2-y^2}$ (e_g) und d_{xy} (t_{2g}) entsprechend energiereicher (Abbildung 6.3).

Wichtig zu wissen

Die energetische Abfolge der d-Orbitale im Zentralatom ist eine Folge der Komplexgeometrie und kann auf die Lage der Liganden zurückgeführt werden. Die d-Orbitale des Zentralatoms richten sich im Feld der Liganden aus.

Die Orbitalaufspaltung ist im Tetraeder und Oktaeder gleich (zwei e_g-Orbitale und drei t_{2g}-Orbitale). Die energetische Abfolge ist aber genau entgegengesetzt. Im Tetraeder liegen die drei t_{2g}-Orbitale energetisch höher als die zwei e_g-Orbitale. Im Oktaeder liegen die e_g-Orbitale über den t_{2g}-Orbitalen.

In der quadratisch-planaren Anordnung gibt es ein energetisch sehr hoch liegendes Orbital $d_{x^2-y^2}$, das nicht besetzt wird. Quadratisch-planare Komplexe haben daher nur 16 Valenzelektronen.

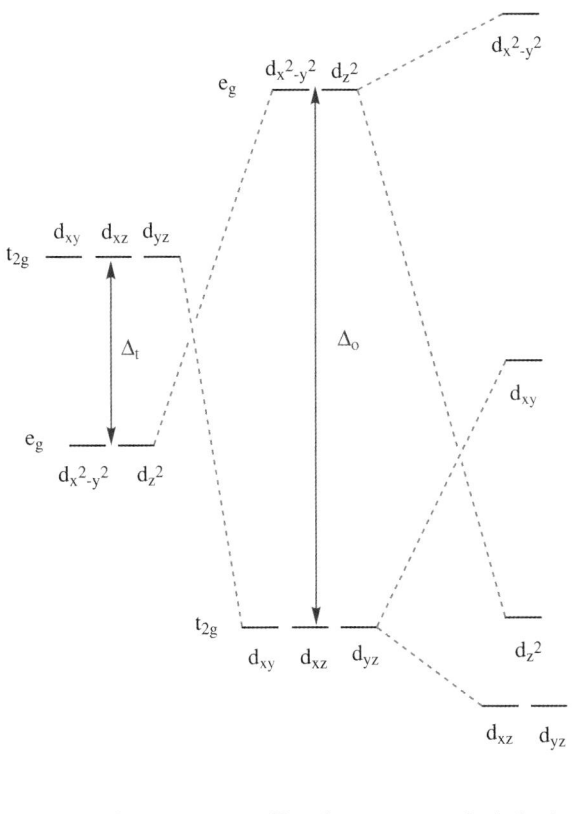

Tetraeder   Oktaeder   quadratisch-planar

Abb. 6.3 Aufspaltung der d-Orbitale im Ligandenfeld eines Tetraeders, Oktaeders und eines quadratisch-planaren Komplexes.

Diese unterschiedliche Aufspaltung der d-Orbitale hat weitreichende Konsequenzen bezüglich der elektronischen Struktur von Übergangsmetallkomplexen. Die Besetzungsregeln für Orbitale durch Elektronen haben sich nicht geändert, aber die energetische Abfolge der d-Orbitale schon. Übergangsmetalle unterscheiden sich voneinander in der Anzahl ihrer Elektronen in d-Orbitalen. Das Gleiche gilt natürlich entsprechend für ihre Ionen. So hat Eisen acht d-Elektronen, Fe(III) aber nur fünf.

6.2 High-Spin- und Low-Spin-Komplexe

Betrachten wir einmal oktaedrische Komplexe, so haben wir drei tief liegende t_{2g}-Orbitale, die zunächst einfach mit Elektronen zu besetzen sind (Hund'sche Regel). Das vierte Elektron sollten wir in ein bereits einfach besetztes t_{2g}-Orbital füllen (Aufbau-Prinzip). Die Alternative wäre die Einfachbesetzung eines energetisch höher liegenden e_g-Orbitals. Dies ist prinzipiell möglich, da für die Doppelbesetzung eines t_{2g}-Orbitals die Spinpaarungsenergie aufgebracht werden muss (um die Elektronenabstoßung im selben Orbital zu überwinden).

Ist die Spinpaarungsenergie größer als die Energiedifferenz zwischen e_g- und t_{2g}-Orbitalen, dann besetzt das vierte Elektron ein e_g-Orbital. Ist die Spinpaarungsenergie aber kleiner, dann wird zunächst das t_{2g}-Niveau doppelt besetzt. Da im ersten Fall vier ungepaarte Elektronen und im letzteren Fall nur zwei ungepaarte Elektronen beobachtet werden, spricht man von High-Spin- und Low-Spin-Komplexen (Abbildung 6.4).

Die Energiedifferenz zwischen e_g- und t_{2g}-Orbitalen trägt unterschiedliche Bezeichnungen, so z. B. Δ_t und Δ_o für die Aufspaltung in tetraedrischen bzw. oktaedrischen Komplexen, oder allgemein 10 Dq, da Dq der Differenzbetrag für eines (der insgesamt zehn) d-Elektronen ist. Es gilt: $\Delta_o > \Delta_t$

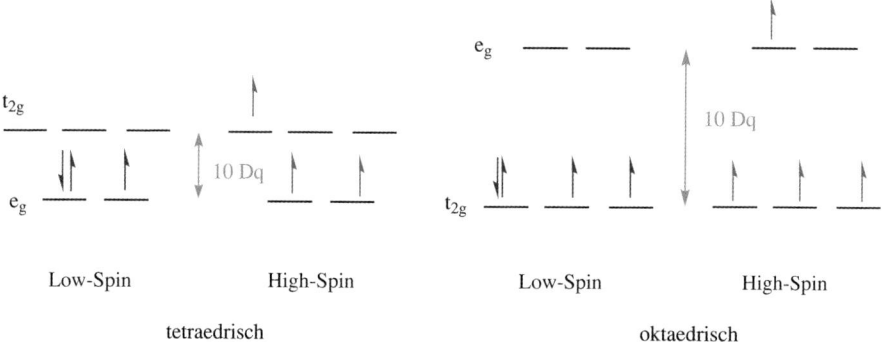

Abb. 6.4 High-Spin- und Low-Spin-Komplexe tetraedrischer und oktaedrischer Verbindungen.

6.2 High-Spin- und Low-Spin-Komplexe | 121

Wichtig zu wissen
- Low-Spin-Komplexe treten nur auf, wenn die Energiedifferenz 10 Dq groß ist.
- Im Tetraeder wurden bisher nur High-Spin-Komplexe gefunden, da die Energiedifferenz 10 Dq der Orbitalaufspaltung immer klein ist.

Es bleibt zu klären, für welche Anzahl an d-Elektronen es überhaupt zu High-Spin-Komplexen – unterschiedlichem Besetzungsschema des d-Niveaus – kommen kann (Abbildung 6.5). Es ist leicht einsichtig, dass diese Frage für oktaedrische und tetraedrische Komplexe unterschiedlich beantwortet werden muss. Für quadratisch-planare Komplexe stellt sie sich gar nicht erst, da quadratisch-planare Komplexe ein sehr aufgefächertes d-Orbitalschema besitzen.

Betrachten wir zunächst wieder einmal den oktaedrischen Fall. Die drei t_{2g}-Orbitale müssen zunächst einfach besetzt werden und erst beim vierten Elektron gibt es eine Wahlmöglichkeit. Diese Wahlmöglichkeit bleibt so lange erhalten, bis der ganze t_{2g}-Orbitalsatz doppelt und das e_g-Niveau einfach besetzt ist – d^8. Ab d^8 kann dann nur noch eine Möglichkeit realisiert werden.

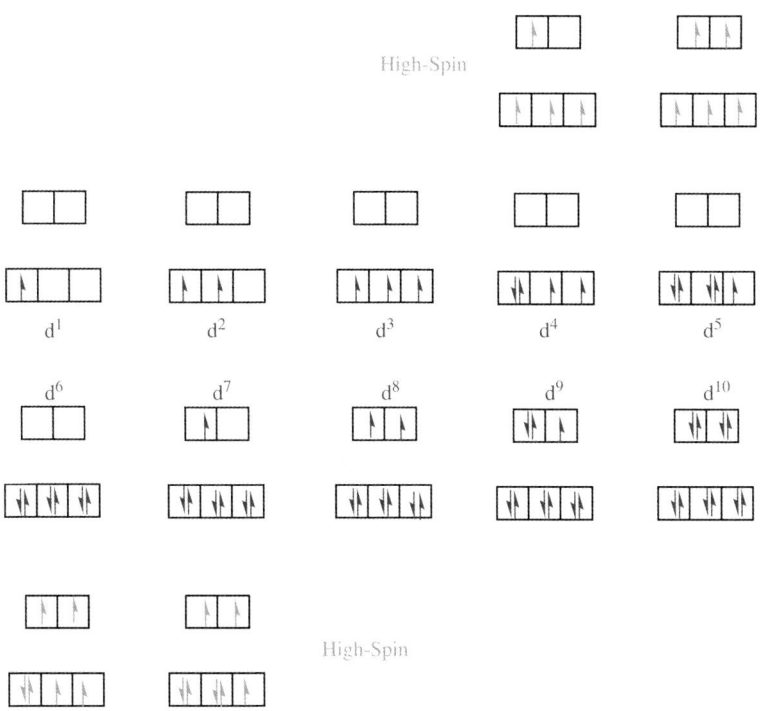

Abb. 6.5 Die Elektronenkonfigurationen von d^1- bis d^{10}-Komplexen mit den beiden Alternativen für d^4- bis d^7-Komplexe: High-Spin und Low-Spin.

Wichtig zu wissen
Ein High-Spin-Komplex ist immer dann möglich, wenn es im Low-Spin-Komplex noch ein leeres e_g-Orbital gibt.

Im tetraedrischen Komplex wäre eine High-Spin/Low-Spin-Aufspaltung bereits ab d^3 möglich. Da 10 Dq aber sehr klein ist, wurde bisher noch kein Low-Spin-Komplex experimentell beobachtet. Die Diskussion hätte daher keine praktische Bedeutung.

Beispiel
Die Größe 10 Dq oder Δ_o für oktaedrische Komplexe hängt aber nicht nur von der Geometrie, sondern auch vom Ligandenfeld ab. Unser Beispiel:

$$[Cu(H_2O)_4]^{2+} \rightarrow [Cu(NH_3)_4]^{2+} \rightarrow [Cu(CN)_4]^{3-}$$

ist ein quadratisch-planarer Komplex. Für oktaedrische und tetraedrische Komplexe lässt sich Ähnliches beobachten. Es zeigt uns, dass verschiedene Liganden verschieden stark an das Metall koordinieren. Es war uns möglich, den schwächeren Liganden durch den stärkeren zu verdrängen. Dabei kann man bei geeigneter Wahl des Zentralatoms im oktaedrischen Komplex auch eine Veränderung beim magnetischen Moment des Komplexes beobachten. Es kommt beim Austausch des Liganden zum Wechsel zwischen High-Spin-Komplex und Low-Spin-Komplex. Hierbei folgt die Feldstärke der Liganden der gleichen Reihung wie die Koordinationsstärke – der spektrochemischen Reihe.

Ein stark gebundener Ligand verursacht also auch einen großen 10 Dq-Wert. Dies kann nicht verwundern, da wir die Orbitalaufspaltung der d-Orbitale in einen t_{2g}- und einen e_g-Orbitalsatz mit der Wechselwirkung zwischen den Ligandenelektronen und den d-Elektronen des Zentralatoms begründet haben. Diese Wechselwirkung ist naturgemäß desto größer, je näher die Liganden am Zentralatom sind. Die Bindungslänge und damit der Abstand sind umso kleiner, desto stärker die Bindung ist.

Die spektrochemische Reihe listet die Schwachfeldliganden links und die Starkfeldliganden rechts:

Wichtig zu wissen
Spektrochemische Reihe Schwachfeld $I^- < Br^- < SCN^- < Cl^- < N_3^- < F^- <$ NCO$^-$ < OH$^-$ < NO$_2^-$ < C$_2$O$_4^{2-}$ < H$_2$O < NCS$^-$ < EDTA < Pyridin < NH$_3$ < en < CNO$^-$, H$^-$ < CN$^-$ < CO Starkfeld

Man kann in diese umfangreiche Liste leicht Ordnung hineinbringen, wenn man die Liganden gemäß dem koordinierenden Atom in Gruppen zusammenfasst. Dann liest sich die spektrochemische Reihe in etwa so:

Spektrochemische Reihe nach Ligandengruppen

Halogen < Sauerstoff < Stickstoff < Kohlenstoff

und damit in umgekehrter Richtung der Hauptgruppenabfolge.

6.3 Der quadratisch-planare Komplex

In quadratisch-planaren Komplexen liegen die energiereicheren d-Orbitale energetisch relativ weit auseinander. Daher kommt es generell nicht zur Ausbildung von High-Spin- und Low-Spin-Komplexen. Die Besonderheit der quadratisch-planaren Anordnung ist es vielmehr, dass das $d_{x^2-y^2}$-Orbital energetisch so weit oben liegt, dass es für gewöhnlich leer bleibt. In quadratisch-planaren Komplexen hat das Zentralatom daher nur 16 Valenzelektronen statt der üblichen 18. Das hat natürlich Auswirkungen auf Stöchiometrie, Bindungsstärke und Elektronendichteverteilung.

Zunächst ist es nicht verwunderlich, dass man quadratisch-planare Komplexe – aufgrund des formalen Elektronenunterschusses – nur bei den späten Übergangsmetallen, der IX. und X. sowie mit Cu(II) in der I. Nebengruppe, findet. Hier sind es vor allem Rh(I), Ir(I), Pd(II) und Pt(II) und weniger Ni(II) und Co(I), die diese Anordnung realisieren. Die Oxidationsstufen werden durch die Randbedingung einer d^8-Konfiguration (bei Cu(II) d^9, s. Jahn-Teller-Effekt, Abschnitt 6.4) quadratisch-planarer Komplexe festgelegt. Die schwereren Homologen Rh, Ir, Pd und Pt sind toleranter gegenüber einem formalen Elektronenunterschuss (wachsende Stabilität der höheren Oxidationsstufen) und weichen daher nicht in die alternative Geometrie, den Tetraeder, aus. Es besteht eher die Gefahr einer Oxidation M(I) → M(III) mit oktaedrischer Komplexgeometrie für Rhodium und Iridium.

> **Beispiel**
> Betrachtet man das Ni(II)-Ion, ein d^8-System, etwas näher, so sieht man, dass hier tetraedrische, quadratisch-planare und oktaedrische Anordnungen realisiert werden (Abbildung 6.6). In der anorganischen Chemie trifft man Ni(II)-Salze häufig als Hexaaquakomplexe an. Es liegt das charakteristisch grün gefärbte $[Ni(H_2O)_6]^{2+}$-Kation vor. Hierbei wird das Ni(II)-Ion quadratisch-planar von vier Wassermolekülen umgeben. Die beiden anderen Wasserliganden binden entlang der dritten Achse, senkrecht zu dieser Ebene. Das zentrale Nickelion hätte jetzt formal 20 Valenzelektronen (d^8 + 6 [Liganden] · 2 = 20) und damit zwei zuviel. Um einen Elektronenüberschuss am Zentralatom zu vermeiden, sind die beiden „zusätzlichen" Wasserliganden nur schwach gebunden, ihre Bindungslänge ist signifikant größer als die der vier Liganden in der quadratischen Ebene. Der Komplex hat daher das Aussehen eines gestreckten Oktaeders.

6 Ligandenfeldtheorie

Abb. 6.6 Tetraedrische, quadratisch-planare und gestreckt oktaedrische Komplexe von Ni²⁺.

Beispiel

Quadratisch-planare Ni(II)-Komplexe findet man vor allem im Bereich der metallorganischen Katalyse. Ein typischer Vertreter ist das rote [Ni(PMe$_3$)$_2$Cl$_2$] (Me steht für CH$_3$; Methyl). Das Phosphan PMe$_3$ ist ein exzellenter Donorligand und erhöht daher die Elektronendichte am Nickel viel stärker, als das Wassermolekül dies tut. Daher sind weniger Liganden notwendig, um die gleiche Elektronendichte am Zentralatom zu erzielen. Eine Koordinationserweiterung zum gestreckten Oktaeder ist also nicht nötig. Geht man vom kleinen PMe$_3$-Liganden zum deutlich größeren PPh$_3$ (Ph steht für C$_6$H$_5$; Phenyl), so ändert sich die Komplexgeometrie erneut, von quadratisch-planar (rot für Ni²⁺) nach tetraedrisch (dunkelgrün für Ni²⁺). Es liegt kein elektronischer Grund vor, sondern ein sterischer. In quadratisch-planaren Komplexen ist der Bindungswinkel L–Z–L 90°, während er in tetraedrischen Komplexen wegen der dreidimensionalen Raumerfüllung immerhin 109,5° beträgt (Abbildung 6.7). Sterisch anspruchsvolle Liganden können sich im Tetraeder also wesentlich besser aus dem Weg gehen als in der quadratisch-planaren Anordnung.

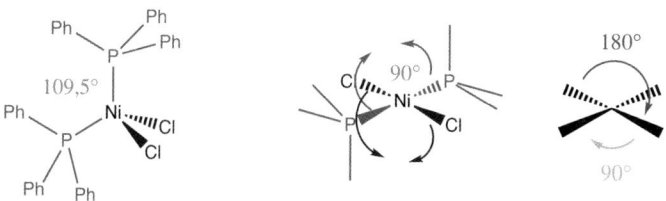

Abb. 6.7 Die Bindungswinkel in tetraedrischen und in quadratisch-planaren Komplexen von Ni(II). Die Pfeile im quadratisch-planaren Komplex zeigen den Übergang zum Tetraeder durch paarweises Abknicken der Liganden.

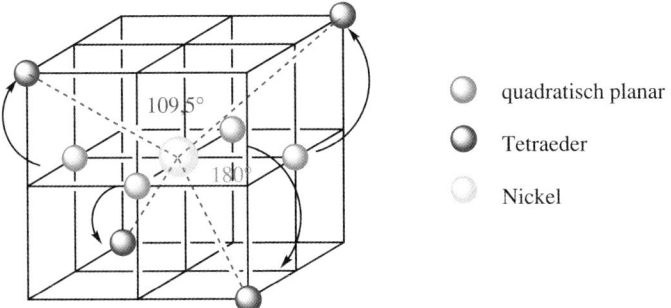

Abb. 6.8 Die räumliche Verwandtschaft tetraedrischer und quadratisch-planarer Ni(II)-Komplexe.

In unserer Würfeldarstellung lässt sich dieser Übergang von quadratisch-planarer zu tetraedrischer Anordnung vielleicht etwas besser sehen (Abbildung 6.8). Im Tetraeder können die Liganden den Raum über und unter der Ebene der quadratisch-planaren Anordnung besetzen. Es steht also mehr Platz für größere Liganden zur Verfügung.

Die Liganden der quadratisch-planaren Anordnung weichen paarweise nach oben oder unten aus. Dabei verringert sich ihr Winkel von 180° (*trans*) nach 109,5° (Tetraeder). Entscheidend ist jedoch, dass sich dadurch der *cis*-Winkel (90°) bis zum Tetraederwinkel von 109,5° aufweitet und so den Liganden mehr Platz zur Verfügung steht.

6.4 Der Jahn-Teller-Effekt

Der Jahn-Teller-Effekt tritt immer dann auf, wenn durch Aufhebung der Entartung in einem ungleich besetzten, entarteten HOMO ein Energiegewinn erzielt werden kann. Der bekannteste Fall ist das d^9-System und hier die Stabilität des Cu(II)-Ions. Eigentlich würde man erwarten, dass das d^{10}-Cu(I)-Ion wegen seines voll besetzten d-Niveaus kein Elektron mehr abgeben würde und somit das Cu(II) nur in Ausnahmefällen anzutreffen ist. Stattdessen ist Cu(II) die Regel und Cu(I) nur in seltenen Fällen stabil.

Schauen wir uns die Elektronenkonfigurationen von Cu(I) und Cu(II) einmal kurz an. Cu(I)-Komplexe sind bevorzugt tetraedrisch, während Cu(II)-Komplexe bevorzugt quadratisch-planare Geometrie aufweisen. Cu(I) ist isoelektronisch zu Ni(0), das ebenfalls tetraedrische Komplexe bevorzugt. Die tetraedrische Geometrie lässt sich durch vier Donorbindungen in sp^3-Hybridorbitale erklären. Wir betrachten daher die tetraedrische und oktaedrische Anordnung unabhängig von Kupfer. Wir haben einen e_g- und einen t_{2g}-Satz, die beide entartet sind (Abbildung 6.9).

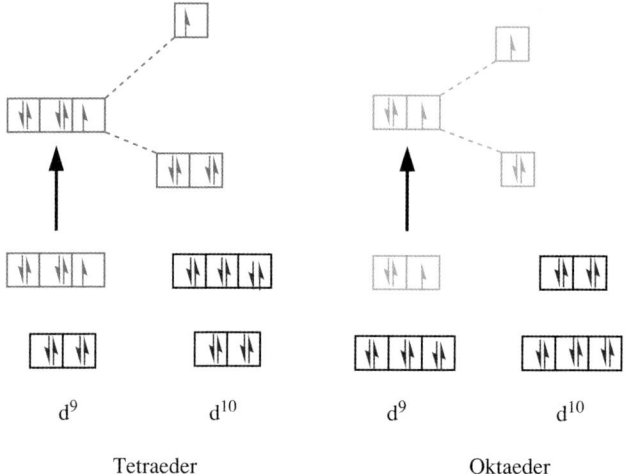

Abb. 6.9 Veranschaulichung des Jahn-Teller-Effektes in tetraedrischen und oktaedrischen d^9-Komplexen.

Wichtig zu wissen
Bei Aufhebung der Entartung wird ein Teil der Orbitale energetisch abgesenkt, während die anderen Orbitale energetisch angehoben werden. Da der Energiegewinn durch Orbitalabsenkung genauso groß ist wie der Energieverlust durch Orbitalanhebung, gewinnt das System Energie, wenn es das angehobene Orbital nur halb, aber die abgesenkten Orbitale voll besetzt.

Wir betrachten die Beispiele. Im Tetraeder ist der t_{2g}-Satz mit fünf Elektronen besetzt. Zwei der Orbitale werden um eine Energieeinheit abgesenkt, das dritte um zwei Energieeinheiten angehoben. Da sich in den abgesenkten Orbitalen insgesamt vier Elektronen befinden, gewinnt das Ion vier Energieeinheiten. Durch das eine Elektron im höchsten Orbital muss es aber auch zwei Energieeinheiten abgeben, Es verbleibt also ein Energiegewinn von zwei Energieeinheiten.

Im Oktaeder ist der e_g-Satz mit drei Elektronen besetzt. Durch Verzerrung wird ein Orbital um zwei Energieeinheiten abgesenkt, das andere aber um zwei Energieeinheiten angehoben. Die zwei Elektronen im abgesenkten Orbital bringen eine Ersparnis von vier Energieeinheiten, das eine Elektron im angehobenen Orbital einen Verlust von zwei Energieeinheiten. Es verbleibt also ein Energiegewinn von zwei Energieeinheiten. Ein Ausweichen in die quadratisch-planare Anordnung führt zu einem größeren Energiegewinn, da die Orbitalaufspaltung und somit die Energieeinheit größer sind als im Oktaeder oder im Tetraeder.

Der Jahn-Teller-Effekt tritt außer bei d^9 auch noch bei d^7 auf, allerdings ist hier der Energiegewinn deutlich kleiner als bei d^9.

Noch einmal in Kürze

Die Ligandenfeldtheorie beschreibt die elektronische Struktur des Komplexes in Abhängigkeit von der Ligandenstärke, der Komplexgeometrie und der Anzahl der d-Elektronen. In oktaedrischen und tetraedrischen Komplexen werden die d-Orbitale in zwei entartete Orbitalsätze aufgespalten (e_g und t_{2g}). Die Ligandenstärke bestimmt die Größe der Orbitalaufspaltung und damit die Ausbildung von High-Spin-Komplexen (kleine Aufspaltung; Spinpaarungsenergie größer als die Orbitalaufspaltung) oder Low-Spin-Komplexen (große Aufspaltung). Die Ligandenfeldtheorie kann auch die größere Stabilität quadratisch-planarer d^9-Komplexe des Cu(II) gegenüber tetraedrischen d^{10}-Komplexen des Cu(I) erklären.

Wissen testen

6.1 Sind die folgenden Komplexe High-Spin- oder Low-Spin-Komplexe?
   a) $Na_4[Fe(CN)_6]$
   b) $Na_3[FeF_6]$
   c) $[Fe(H_2O)_6](SO_4)$
   d) $[Co(NH_3)_6]Cl_3$

6.2 Welche Geometrien haben folgende Komplexe:
   a) $[Cu(CN)_4]^{3-}$
   b) $[Cu(NH_3)_4]^{2+}$
   c) $[Ni(CN)_4]^{2-}$
   d) $[NiCl_4]^{2-}$
   e) $[Ni(H_2O)_6]Cl_2$
   f) $[Fe(H_2O)_6]Cl_2$

6.3 Welches ist der stärkere Ligand?
   a) Cl^- oder H_2O;
   b) CH_3OCH_3 oder Pyridin;
   c) CH_3SCH_3 oder Kohlenmonoxid;
   d) Hydroxid oder Cyanid;
   e) Thiocyanat oder Hydrid.

6.4 Warum gibt es mit dem schwarzen und dem roten Kupferoxid zwei stabile Oxide des Kupfers und wie lauten die Summenformeln?

6.5 Sowohl $[Ni(NEt_3)_2Cl_2]$ als auch $Fe(CO)_5$ haben ein Zentralatom mit d^8-System. Warum entsteht im Falle des Nickels nicht die Verbindung $[Ni(NEt_3)_3Cl_2]$?

6.6 Warum haben $[Cu(CN)_4]^{3-}$ und $[Ni(CN)_4]^{2-}$ eine unterschiedliche Struktur?

6.7 Welche der folgenden Komplexe sind nicht High-Spin?
   a) $[FeF_6]^{3-}$
   b) $[SiF_6]^{2-}$
   c) WCl_6
   d) $[CoF_6]^{3-}$

e) $[SbF_6]^-$
f) SF_6
g) $[Fe(CN)_6]^{3-}$

6.8 Warum ist $[Co(H_2O)_6]^{2+}$ ein Co(II)-Komplex, $[Co(CN)_6]^{3-}$ aber ein Co(III)-Komplex?

Spezielle Koordinationschemie 7

In diesem Kapitel...
Von Koordinationsverbindungen und damit Koordinationschemie spricht man, wenn die Verbindung aus einem Zentralatom besteht, das ein oder mehrere durch Donorbindungen mit dem Zentralatom verbundene Liganden trägt. Dabei spielt es keine Rolle, ob das Zentralatom ein Hauptgruppen- oder ein Nebengruppenelement ist. Es spielt auch keine Rolle, ob das Zentralatom außer einem Donorliganden auch noch Substituenten hat, also durch kovalente Bindungen mit dem Zentralatom verbundene Gruppen.

Wir haben bereits in Kapitel 5 gesehen, dass Koordinationsverbindungen durch die Reaktion einer Lewis-Säure mit einer oder mehreren Lewis-Basen entstehen. Wir wissen ebenfalls, dass wir sie in allen Teilgebieten der Chemie antreffen können: der Anorganischen Chemie, der Organischen Chemie, der Metallorganik, der Supramolekularen Chemie und der Biochemie. Es ist also von Vorteil, sich mit den Grundlagen und Besonderheiten dieser Fachrichtung näher zu beschäftigen.

Schlüsselthemen
- Verständnis für die Stabilität von Koordinationsverbindungen
- Bedeutung des Chelateffekts
- Die Bedeutung von Koordinationsverbindungen für die homogene Katalyse und die Enzymkatalyse
- Die zentrale Bedeutung der Koordinationschemie des Protons für die Biochemie

7.1 Stabilität von Koordinationsverbindungen

Die wichtigsten Faktoren für die Stabilität sind:

- Stärke der Bindung zwischen Ligand und Zentralatom
- komplette Valenzschale
- vorteilhafte Geometrie des Komplexes
- Vorhandensein eines Chelateffektes

Allgemeine Chemie: für Lebenswissenschaftler, Mediziner, Pharmazeuten..., 1. Auflage.
Olaf Kühl © 2012 Wiley-VCH Verlag GmbH & Co. KGaA.
Published 2012 by Wiley-VCH Verlag GmbH & Co. KGaA.

Zu jedem dieser vier Teilpunkte gibt es für unterschiedliche Komplexe auch unterschiedliche Antworten. Daher wäre eine umfassende Behandlung der Frage sicher außerhalb des Rahmens dieses Buches. Wir beschränken uns darauf, die Grundlagen zu erörtern.

In Kapitel 6 haben wir erfahren, dass es unterschiedlich starke Liganden gibt. Ebenso gibt es Regeln wie das HSAB-Konzept (Abschnitt 5.3.4), mit denen man die Kompatibilität eines Liganden mit einem Zentralatom beschreiben kann. Im Allgemeinen gilt die Faustregel, dass aus stickstoffhaltigen Donorliganden stabile Komplexe entstehen. Daher sind viele Liganden aus Heteroaromaten (Pyridin, Imidazol, Bipyridin, Porphyrin), Schiffschen Basen (aromatische Imine), Aminen (TMEDA: Tetramethylethylendiamin; Piperidin) oder Nitrilen abgeleitet. Diese komplexieren besonders gerne frühe und mittlere Übergangsmetalle und Hauptgruppenkationen einschließlich den Kationen der I. und II. Nebengruppe. Phosphorhaltige Liganden (Phosphane) binden dagegen bevorzugt an späte Übergangsmetalle und hier besonders an die Katalysatormetalle (Rhodium, Iridium, Nickel, Palladium und Platin). Stickstoffliganden und die frühen Übergangsmetalle sind hart, Phosphane und die späten Übergangsmetalle hingegen weich.

Auch das Thema der vollen Valenzschale lässt sich nicht einfach mit der Erfüllung der 8-Elektronen-Regel für Hauptgruppenelemente bzw. der 18-Elektronen-Regel für Nebengruppenelemente erklären. Speziell für die Hauptgruppen kennen wir bereits genügend hypervalente Verbindungen, um da vorsichtig zu werden. Hier spielt Punkt 3, die Geometrie der Verbindung, offenbar eine große Rolle, und die strikte Einhaltung der 8-Elektronenregel wird häufig durch eine Elektronendichtebetrachtung ersetzt. Die Elektronegativitätsdifferenzen zwischen den Elementen des p-Blocks sind zu groß, als dass man die Chemie der Komplexverbindungen mit der formalen Zuordnung beider Bindungselektronen zum Zentralatom immer schlüssig erklären könnte.

Bei den Nebengruppen ist die Situation glücklicherweise einfacher. Hier strebt das zentrale Übergangsmetall in der Tat immer eine komplette 18-er Schale an – Ausnahme: quadratisch planare d^8-Systeme mit 16 Valenzelektronen VE und d^9-Systeme mit Jahn-Teller-Effekt (Abschnitt 6.4). Wenn sich dies nicht verwirklichen lässt, z. B. bei ungerader d^n-Elektronenzahl (z. B. Fe(III), Co(II), Cr(III)), kommt es entweder zu einer labilen Koordinationssphäre (dauernder Austausch von Liganden) oder einer Redoxreaktion zur dauerhaften Erzielung von 18 Valenzelektronen (Co(II) wird zu Co(III), oxidiert um stabile Hexamminkomplexe zu erzielen).

Beispiel

Eisen bildet mit Cyaniden zwei Komplexverbindungen, das rote Blutlaugensalz mit dem komplexen Anion $[Fe(CN)_6]^{3-}$ und das gelbe Blutlaugensalz mit dem komplexen Anion $[Fe(CN)_6]^{4-}$. Das rote Blutlaugensalz ist toxisch, das gelbe Blutlaugensalz aber nicht. Vielmehr wird es in der Lebensmittelchemie als Trennmittel für Speisesalz eingesetzt (E556). Das gelbe Blutlaugensalz enthält Fe(II), ein d^6-Ion, und ist ein 18-VE-Komplex mit stabiler Ligandensphäre. Es wird kein Cyanid freigesetzt, das eine toxische Wirkung entfalten könnte. Das rote Blutlaugensalz hingegen enthält Fe(III), ein d^5-

Co^{II} + 6 C_6H_5N (Pyridin) $\xrightarrow{[O_2]}$ $\left[\begin{array}{c} Py \\ Py_{\mathit{l\!l\!l\!l}} | \mathit{,\!,\!,\!,}Py \\ Co^{III} \\ Py\blacktriangleleft \ \ \blacktriangleright Py \\ Py \end{array}\right]^{3+}$ + $e^{\ominus}$

Abb. 7.1 Bildung eines stabilen Co(III)-Hexamminkomplexes durch Oxidation von Co(II) mit Luftsauerstoff.

Ion. Es hat daher nur 17 VE und ist bestrebt, noch ein Elektron aufzunehmen. Das gelänge durch Reduktion. Rotes Blutlaugensalz ist in der Tat ein Oxidationsmittel, das in der Lage ist, Bromid zu Brom zu oxidieren. Für die toxische Wirkung des roten Blutlaugensalzes ist aber etwas anderes viel wichtiger. Die VE-Zahl lässt sich auch durch Anlagerung eines weiteren Liganden erhöhen, allerdings nur um zwei und damit auf 19 VE, was ebenfalls instabil ist. Abgabe eines Liganden führt wieder zum 17-VE-Komplex. Es entsteht also ein steter Wechsel von 17/19 VE, wobei unweigerlich Liganden des ursprünglichen Komplexes freigesetzt werden. Im Falle des roten Blutlaugensalzes ist dies das hochgiftige Cyanid.

Beispiel
Böte man dem Co(II)-Ion, einem d^7-Ion, sechs Aminliganden an, so entstünde der 19-VE-Komplex $[CoL_6]^{2+}$ (L = Amin), der sich nicht zum 17-VE-Komplex $[CoL_5]^{2+}$ mit zudem ungünstiger Geometrie stabilisieren könnte. Stattdessen gibt er lieber ein Elektron ab (Oxidation), um zum 18-VE-Komplex $[CoL_6]^{3+}$ mit einem d^6-Co(III) Ion zu werden (Abbildung 7.1). Daher sind Hexammin-Cobalt(III)-Komplexe sehr stabil, und zwar unabhängig vom angebotenen Aminliganden.

Die Oxidation findet für gewöhnlich bereits durch Luftsauerstoff statt. Die entstehenden Co(III)-Komplexe sind farbig und kommen, in Abhängigkeit vom Liganden, in allen Farben des Regenbogens vor.

7.2 Der Chelateffekt

Die Stabilität eines Komplexes lässt sich erhöhen, wenn man die Liganden untereinander miteinander verbindet. Es entstehen dann Chelatliganden, d. h. Liganden, die mehr als ein Donoratom aufweisen.

Wichtig zu wissen
- **Chelateffekt:** Der Chelateffekt beruht auf der Tatsache, dass für die Loslösung eines Chelatliganden mehr als eine Donorbindung gleichzeitig gebrochen werden muss.

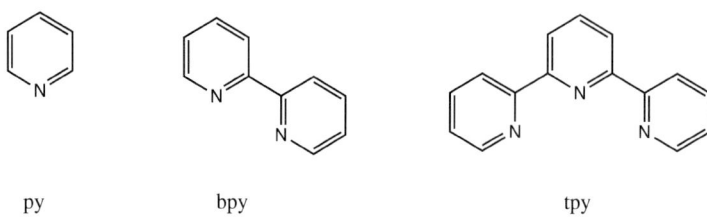

Abb. 7.2 Die Pyridinliganden Pyridin py, Bipyridin bpy und Terpyridin tpy.

- Nach dem Bruch einer Donorbindung muss noch mindestens eine zweite Donorbindung gebrochen werden. Aufgrund des dann am Zentralatom herrschenden Elektronenmangels ist dies aber schwerer als bei der ersten Donorbindung. Zudem kann in der Zwischenzeit die erste Donorbindung wieder neu geformt werden. Es wird dann der ursprüngliche Komplex zurückgebildet.

Beispiel
Pyridin ist ein typischer Vertreter der Sickstoffheterozyklen und ein beliebter Donorligand. Durch Hinzufügung von Pyridylgruppen zum ursprünglichen Pyridinring lassen sich leicht die Chelatliganden Bipyridin (zweizähnig) und Terpyridin (dreizähnig) gewinnen (Abbildung 7.2).

7.3 Katalyse

In der Katalyse kommt die Instabilität der Koordinationssphäre zur Anwendung. Ein homogen katalytisch wirksamer Komplex muss in seiner Ligandensphäre eine Reaktion durchführen, bei der die Produkte nicht dauerhaft gebunden werden dürfen und der katalytisch wirksame Komplex zurückgebildet werden muss.

Was auf den ersten Blick kompliziert aussieht, lässt sich in Wirklichkeit doch zumeist recht einfach bewerkstelligen. Man stellt einen stabilen Komplex her, der in einer vorgelagerten Reaktion zum katalytisch aktiven Komplex umgesetzt wird.

Beispiel
Bei der Hydroformylierung, dem industriell bedeutendsten Prozess der homogenen Katalyse, kann man von der Rhodium(I)-Verbindung [HRh(CO)(PPh$_3$)$_3$] ausgehen, die durch Abspaltung eines Phosphanliganden in die katalytisch aktive Spezies [HRh(CO)(PPh$_3$)$_2$] überführt wird. Diese führt dann die Hydroformylierung durch, wobei ein Olefin mit Wasserstoff und Kohlenmonoxid CO zum Aldehyd reagiert. Diese Aldehyde dienen dann als Edukte für viele Produkte, u. a. von Weichmachern.

Der katalytisch aktive Komplex [HRh(CO)(PPh$_3$)$_2$] ist eine quadratisch-planare Rh(I)-Verbindung mit 16 Valenzelektronen, die durch Koordinationsaufweitung zu einem

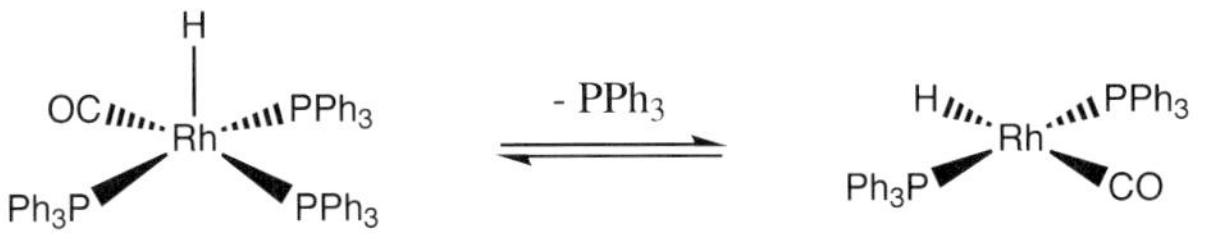

Abb. 7.3 Der Wechsel zwischen quadratisch-planarer und quadratisch-pyramidaler Geometrie bei Rh(I)-Komplexen.

quadratisch-pyramidalen oder trigonal-bipyramidalen Rh(I)-Komplex mit 18 VE wird (Abbildung 7.3). Selbst Oxidation zu einem oktaedrischen Rh(III)-Komplex mit 18 VE ist möglich und wird im Katalysezyklus der Hydroformylierung realisiert.

Wenn wir uns das obige Beispiel des [HRh(CO)(PPh$_3$)$_3$] anschauen, so erkennen wir, dass wir genauso gut den ebenfalls stabilen Komplex [HRh(CO)(PPh$_3$)$_2$] einsetzen können. In diesem gibt es zwei Zuschauerliganden (*spectator ligands*), die beiden Phosphane, die an der Reaktion nicht teilnehmen, aber dem Komplex die nötige Stabilität verleihen (vier Elektronen in Form von zwei Donorbindungen). Der CO-Ligand reagiert mit dem intermediär aus Olefin und gebundenem Hydrid gebildeten Alkylsubstituenten zum Aldehyd und wird durch zusätzliches externes CO ersetzt. Entsprechendes gilt auch für den Hydridliganden und externen Wasserstoff (Abbildung 7.4).

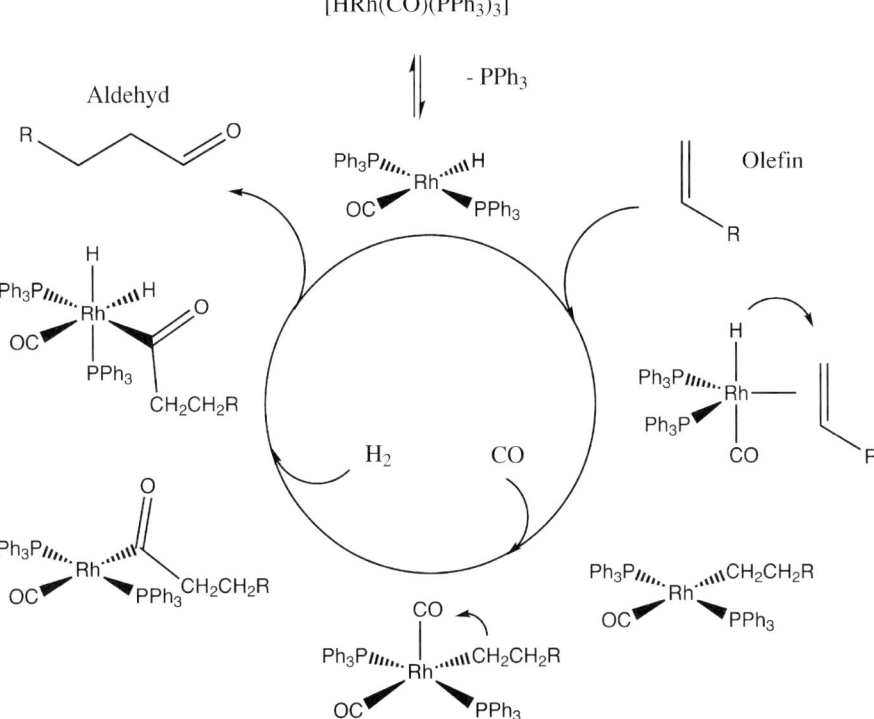

Abb. 7.4 Katalysezyklus der Hydroformylierung.

Die Zugabe der Reaktanden Olefin, CO und Wasserstoff setzt den katalytischen Prozess in Gang.

Beispiel

Der entsprechende biochemische Katalysator, ein Metalloenzym, funktioniert genau gleich. Nehmen wir unser bereits bekanntes Beispiel, das Enzym Peptid-Deformylase PDF (Abschnitt 5.3.3), so erkennen wir drei Zuschauerliganden, die Imidazolringe zweier Histidin-Seitenketten und das Thiolat eines Cysteins. Vervollständigt wird die Koordinationssphäre des Metalls durch koordiniertes Wasser.

Nachdem das Wasser durch einen Glutamatrest (E133) deprotoniert wurde, kann das koordinierte Hydroxidion den Carbonylkohlenstoff des Substrats angreifen und das Formiat abspalten. Das Formiat verbleibt zunächst am Metall, während das Methionin jetzt das Enzym verlassen kann. Protonierung des Formiats durch den Glutaminrest (E133) entlässt Ameisensäure aus der Ligandensphäre des Metalls und durch Koordination eines weiteren Wassermoleküls wird der Katalysator wieder zurückgebildet.

Die Aktivierung des Katalysators durch eine Brønsted-Säure oder, wie in diesem Falle, durch eine Brønsted-Base, ist vielen enzymatischen Reaktionen gemeinsam. Auch andere biochemische, anorganische und organische Prozesse beruhen auf der Lewis-Säureeigenschaft des freien und des gebundenen Protons.

Bevor wir uns der Koordinationschemie des Protons zuwenden, sollten wir ein weiteres Beispiel für biochemische Katalysatoren, Metalloenzyme, betrachten. Wir kennen ja bereits eine Oxidase aus Kapitel 4. Auch hier haben wir wieder drei Zuschauerliganden, dieses Mal drei Imidazolringe des Histidins an jedem Kupfer (Abbildung 7.5).

Im Laufe des Katalysezyklusses ändert sich die Oxidationsstufe des Kupfers (Cu(I)/Cu(II)), die Hydroxidbrücke zwischen den beiden Kupferatomen wird

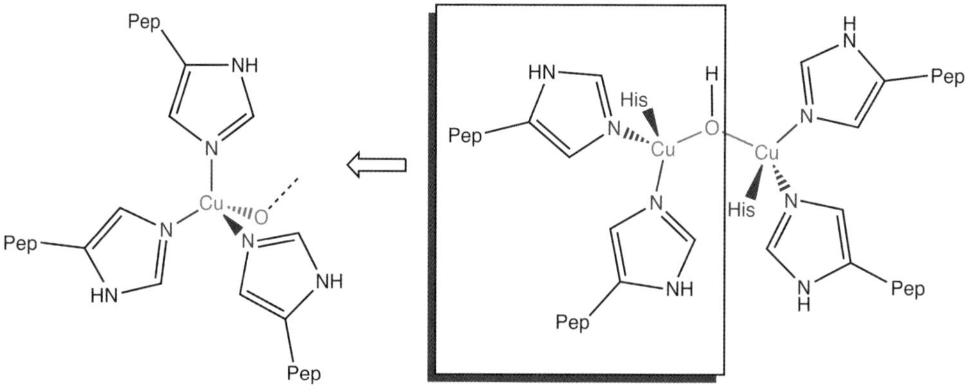

Abb. 7.5 Das aktive Zentrum einer kupferhaltigen Oxidase (Metalloenzym); Pep: Peptidkette.

gespalten, und es entsteht ein zentraler Cu$_2$O$_2$-Ring, doch die Koordination zu den drei Histidin-Seitenketten ändert sich nicht (Abbildung 4.10).

An dieser Stelle sollten wir uns daran erinnern, dass ein Enzym aus einer Hauptkette, durch Peptidbindungen (Carbonsäureamide) miteinander verbundene, proteinogene α-Aminosäuren besteht. Es ist also zunächst einmal ein Polyamid. Weil aber jedes Monomer (α-Aminosäure) eine andere Seitenkette trägt, ist es kein Polymer im eigentlichen Sinne. Die Seitenketten haben mannigfaltige Aufgaben. Eine davon ist es, funktionale Gruppen bereitzustellen, die in der Lage sind, Metallkationen zu komplexieren (binden). In unserem Falle sind das Imidazolringe der Aminosäure Histidin. Durch die Faltung des Enzyms kommen jeweils drei von ihnen in eine ideale Lage, um an ein und dasselbe Kupfer binden zu können. Erst dieser Chelateffekt macht eine effektive, dauerhafte Komplexierung des Kupfers möglich. Gleichzeitig verhindert er den Verlust des katalytisch aktiven Metallions während der Katalyse.

Die Aminosäuren innerhalb eines Peptids sind fortlaufend nummeriert, doch die Liganden des katalytisch aktiven Metallions tragen nicht unbedingt nahe beieinander liegende Nummern. Die Antwort darauf ist die Faltung des Enzyms. Doch warum ermöglicht diese Faltung eine Stabilität, die ausreicht, die Lage der Liganden durch einen komplexen Katalysezyklus hindurch zu garantieren? Eine Stabilität, die den Bruch und die Neuanordnung des Cu/O-Teils unserer Oxidase ermöglicht und überdauert, ohne die Lage der Histidinliganden unvorteilhaft zu verändern.

Die Antwort auf diese Fragen ist einerseits in der Koordinationschemie des Protons und andererseits in den hydrophoben Wechselwirkungen globulärer (kugelförmiger) Proteine zu suchen.

7.4 Die Koordinationschemie des Protons

Wichtig zu wissen
- Das Proton ist der Atomkern des Wasserstoffisotops ^{1}H.
- Das Proton ist von einem leeren Orbital, dem 1s-Orbital, umgeben.
- Das Proton ist eine Lewis-Säure.

Die Koordinationschemie des Protons gründet sich auf seine Lewis-Acidität. Die Brønsted-Definition sieht das Proton als Gegenstand des Transfers. Die Lewis-Definition rückt das Proton in das Zentrum der Betrachtung, indem sie das Proton als Elektronenpaarakzeptor, also als Lewis-Säure sieht. Als solche kann das Proton Lewis-Basen, die wir auch als Liganden bezeichnen, an sich binden. Da das Proton aber nur über ein Orbital, das 1s-Orbital, verfügt, sind seine Koordinationsmöglichkeiten naturgemäß begrenzt.

Im einfachsten Fall kann ein Hydroxidion an das Proton koordinieren. Es entsteht Wasser:

$$H^+ + OH^- \rightarrow H_2O$$

Das Wassermolekül verfügt selbst über zwei freie Elektronenpaare und kann daher als Lewis-Base an die Lewis-Säure Proton koordinieren. Es entsteht das allgemein bekannte Hydroxoniumion:

$$H_2O + H^+ \rightarrow H_3O^+$$

Wie wir wissen, ist diese Reaktion die Grundlage der Autoprotolyse des Wassers:

$$H_2O + H_2O \rightleftharpoons H_3O^+ + OH^-$$

Wie nun wandert das Proton von einem Wassermolekül zum anderen? Nun, die H–O-Bindung in H_2O ist eine polare kovalente Bindung, das Elektronenpaar dieser Bindung wird aufgrund der bekannten Elektronegativitätsdifferenz zwischen Wasserstoff und Sauerstoff von Sauerstoff viel stärker angezogen als von Wasserstoff. Die Elektronendichteverteilung im kugelförmigen 1s-Orbital des Wasserstoffes ist also höchst ungleichmäßig. Die Bindungselektronen befinden sich in Richtung des Sauerstoffs, die davon abgewandte Seite ist weitgehend leer und kann daher als Elektronenpaarakzeptor für eine zweite Lewis-Base wirken.

Wird das Proton aber nicht vollständig von einem Wassermolekül zum anderen übertragen, so koordiniert das Proton sowohl einen Hydroxidliganden als auch einen Wasserliganden. Da das Hydroxid negativ geladen ist, das Wassermolekül aber neutral ist, wird das Hydroxid vom positiv geladenen Proton stärker gebunden als das Wassermolekül. Dies wird von den H–O-Bindungslängen reflektiert. Die H–O-Bindung zum Hydroxid ist wesentlich kürzer als die H–O-Bindung zum Wasser. Daher ist in Abbildung 7.6 die H–O-Bindung zum Hydroxid durchgezogen, die zum Wasser aber gestrichelt gezeichnet.

Die koordinative Bindung (Donorbindung) des Wassermoleküls zum Proton wird als Wasserstoffbrücken-Bindung bezeichnet und kann auch zu anderen Elementen als Sauerstoff ausgebildet werden. Da es sich um eine Donorbindung handelt, können prinzipiell alle Lewis-Basen eine Wasserstoffbrücken-Bindung mit einem aciden Wasserstoff eingehen. Die Stärke dieser koordinativen Bindung hängt von der Lewis-Acidität des Protons und der Lewis-Basizität des Donorliganden ab.

Wichtig zu wissen
Wichtige Donoratome sind Sauerstoff, Stickstoff und Schwefel. Halogene bilden meist deutlich schwächere Wasserstoffbrücken-Bindungen aus.

Abb. 7.6 Das Proton als Lewis-Säure: die Wasserstoffbrücken-Bindung.

Wir haben bereits gesehen, dass Wasserstoffbrücken-Bindungen eine wesentliche Eigenschaft des Wassers sind. Tatsächlich bestimmen sie die physikalischen Eigenschaften des Wassers. Sie sind der Grund dafür, dass Wasser bei Standardbedingungen flüssig ist – das schwerere Homologe Schwefelwasserstoff H_2S ist ein Gas –, das erst bei 100 °C siedet.

Beispiel
Wasserstoffbrücken-Bindungen findet man aber nicht nur bei Wasser, sondern in den Strukturen vieler anderer chemischer Verbindungen. Ein prominentes Beispiel sind die Carbonsäuren – z. B. Essigsäure, Weinsäure, Zitronensäure –, die sich zu Ringen und Ketten verbinden, indem das Proton der OH-Gruppe den Carbonylsauerstoff eines zweiten Moleküls koordiniert. Wenn das paarweise geschieht, kommt es zur Ausbildung von Ringen, ansonsten entstehen Kettenstrukturen (Abbildung 7.7).

Auch die Phosphorsäure bildet eine ähnliche Struktur (Abbildung 7.8). Da sie eine stärkere Säure ist als z. B. die Essigsäure, liegt in Wasser eine Dimerstruktur des Dihydrogenphosphats vor, das in einem vorgelagerten Deprotonierungsschritt entsteht.

$$H_3PO_4 + H_2O \rightarrow H_2PO_4^- + H_3O^+$$

Da in der Dimerstruktur des Dihydrogenphosphats das Proton formal zwei PO-Gruppen koordiniert, sollte es sich um eine symmetrische Wasserstoffbrücken-Bindung handeln, d. h. beide H–O-Bindungen der Wasserstoffbrücken-Bindung sind gleich lang.

Was passiert nun, wenn das Proton in Konkurrenz zu einer anderen Lewis-Säure um die Koordination eines Hydroxids tritt? Betrachten wir einmal die Reaktion eines tertiären Alkohols mit einer Brønsted-Säure, also mit einem Proton (Abbildung 7.9).

tert-Butanol kann man auch als das Addukt der Lewis-Säure *tert*-Butylcarbeniumion und Hydroxid auffassen. Protoniert man *tert*-Butanol, so konkurrieren die

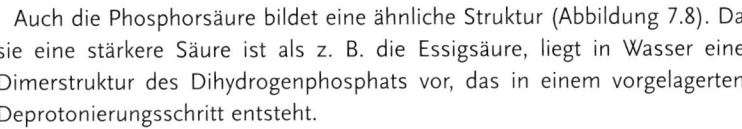

Ring; Dimer   Kette; Polymer

Abb. 7.7 Die Wasserstoffbrücken-Bindungen der Carbonsäuren.

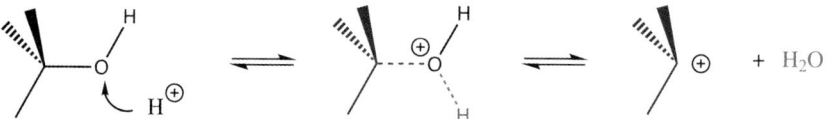

Abb. 7.8 Wasserstoffbrücken-Bindungen in der dimeren Struktur des Dihydrogenphosphats.

Abb. 7.9 Die Wasserabspaltung in tertiären Alkoholen durch vorgelagerte Protonierung.

Lewis-Säure Proton und die Lewis-Säure *tert*-Butylcarbeniumion um die Lewis-Base Hydroxidion. Gewinnt das Proton, so entstehen Wasser und das freie *tert*-Butylcarbeniumion. Dieses muss sich dann eine andere Lewis-Base suchen, um ein stabiles Addukt zu bilden. Es kommt zur chemischen Umsetzung. Der Reaktionstyp nennt sich S_{N1}-Reaktion (monomolekulare nukleophile Substitution) und ist in der Organischen Chemie weit verbreitet.

Beispiel
Ein weiteres Beispiel, bei dem die Koordination durch ein Proton eine chemische Reaktion einleitet, ist die sauer katalysierte Verseifung eines Esters (Abbildung 7.10). Durch die Protonierung des Carbonylsauerstoffatoms kommt es zu einer Polarisierung der C=O-Bindung hin zum Sauerstoff. Durch den Abzug an Elektronendichte vom Carbonylkohlenstoff wird dieser für einen nukleophilen Angriff empfänglicher. Der Angriff eines Wassermoleküls und Abspaltung des Alkohols führen zur freien Carbonsäure.

Genau dieses Prinzip, die Aktivierung einer Carbonylverbindung durch die Lewis-Säure Proton, haben wir auch beim Metalloenzym Zn-PDF gesehen. Dort ging es um die Verseifung eines Carbonsäureamids.

Beispiel
Aber die Fähigkeit des Protons, zwei Lewis-Basen gleichzeitig an sich zu binden, ist auch noch für andere biochemische Prozesse von essenzieller Bedeutung. Beispielsweise treten in der DNA und RNA die Nukleinbasen Guanin, Cytosin, Adenin und Thymin (in RNA: Uracil) auf. Die Replikation dieser Moleküle geschieht über Template, die eine Art Negativ des gewünschten Moleküls darstellen. Dabei erkennen sich die Nukleinbasen paarweise unter Ausbildung sogenannter Watson-Crick-Basenpaare (Abbildung 7.11). Die Erkennung geschieht über Wasserstoffbrücken-Bindungen, die eine Nukleinbase nur mit einer ganz bestimmten anderen Nukleinbase ausbildet.

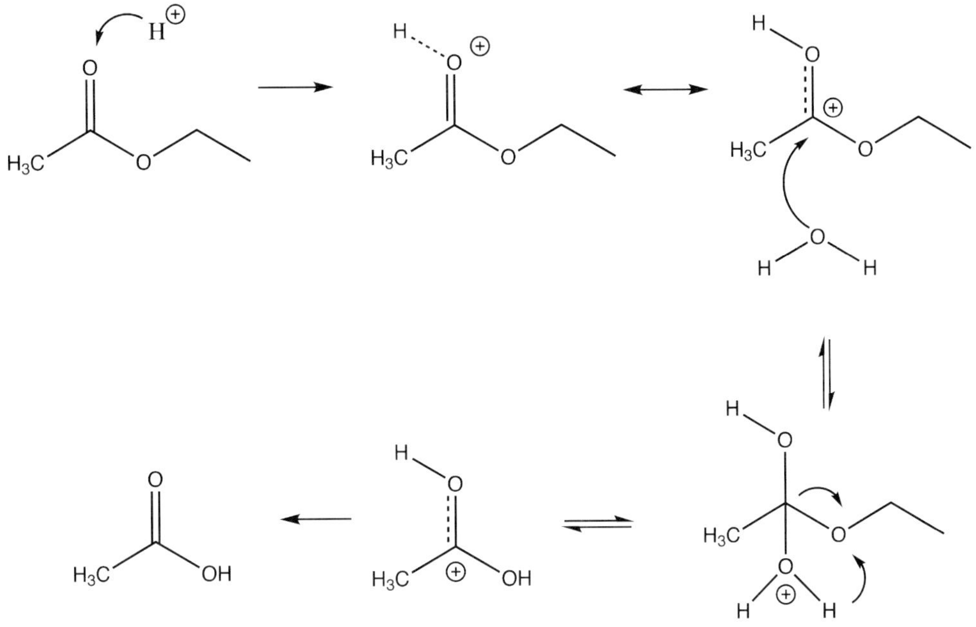

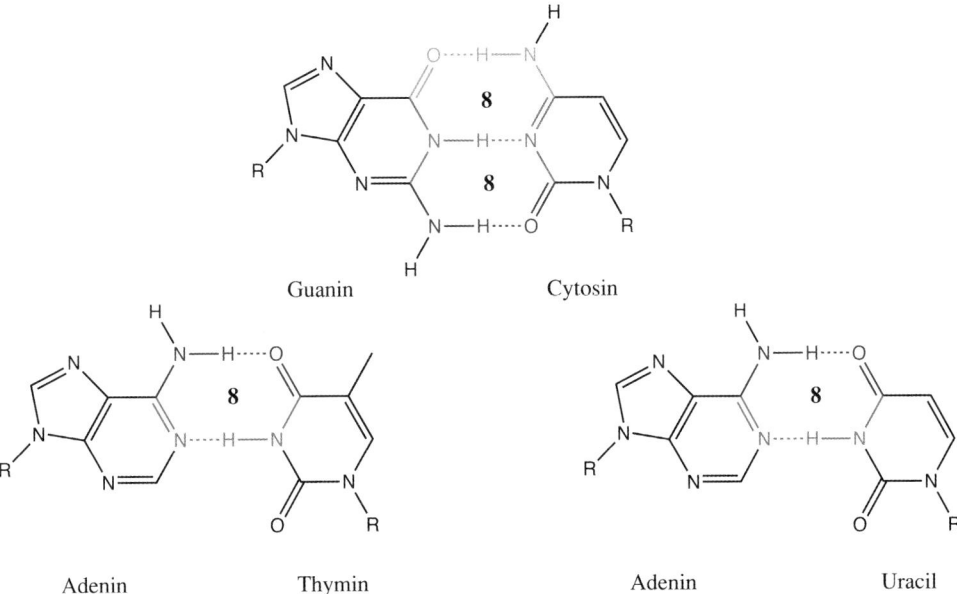

Abb. 7.10 Die Aktivierung von Carbonylverbindungen durch Protonierung des Sauerstoffs einer C=O-Gruppe: Hydrolyse eines Esters.

Abb. 7.11 Die Wasserstoffbrücken-Bindungen in Watson-Crick-Paaren.

In der Praxis bedeutet dies, dass das Templat ein Guanin an der Stelle aufweisen muss, an der in der fertigen DNA ein Cytosin sitzen soll. Umgekehrt wird ein Cytosin zu Guanin, ein Adenin zu Thymin (RNA: Uracil) und ein Thymin (RNA: Uracil) zu Adenin.

Immer zwei Wasserstoffbrücken-Bindungen bilden zusammen einen Achtring. Im Falle von Guanin/Cytosin gibt es sogar zwei dieser Achtringe, da die zentrale der insgesamt drei Wasserstoffbrücken-Bindungen zu beiden Achtringen gleichzeitig gehört.

Wichtig zu wissen
In DNA und RNA sind zwei unterschiedliche Wasserstoffbrücken-Bindungen zu beobachten: N–H···N- und N–H···O-Brücken.

Es ist auffällig, dass in drei unserer Beispiele, dem Carbonsäure-Dimer, dem Dihydrogenphosphat-Dimer und den Watson-Crick-Basenpaaren, ein Achtring entsteht (Abbildung 7.12), der aus jeweils zwei Wasserstoffbrücken-Donoren und zwei Wasserstoffbrücken-Akzeptoren gebildet wird. Offensichtlich ist diese Anordnung besonders stabil. Dies wirft auch die Frage nach der Stabilität von Wasserstoffbrücken-Bindungen im Allgemeinen auf.

Wichtig zu wissen
Drei starke Wasserstoffbrücken-Bindungen entsprechen in etwa einer kovalenten Bindung.

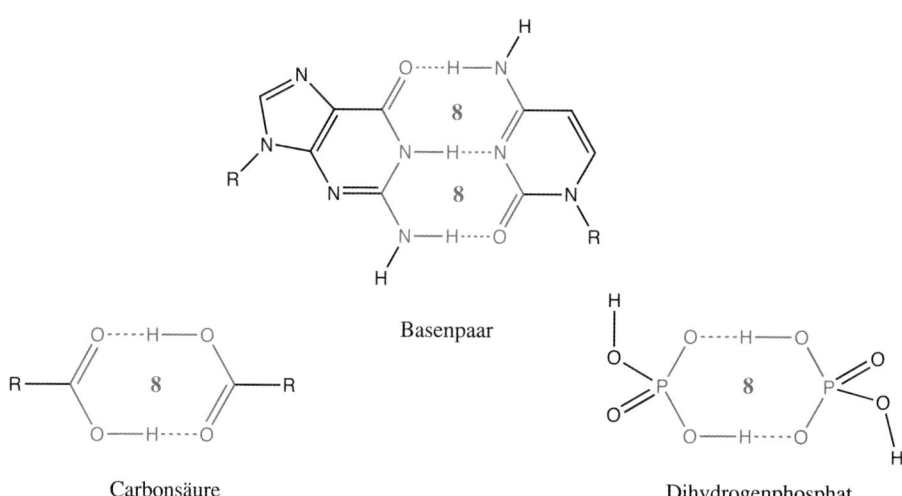

Abb. 7.12 Vergleich der Wasserstoffbrücken-Bindungen in Watson-Crick-Paaren, Carbonsäuren und Dihydrogenphosphat.

Da die Wasserstoffbrücken-Bindung nichts anderes ist als eine Donorbindung zwischen dem Wasserstoffbrücken-Akzeptor (der Lewis-Base) und dem Zentralatom (Lewis-Säure) Proton, ist sie auch umso stärker, je acider (Lewis sauer) das Proton ist und je stärker die Donorwirkung (Nukleophilie) der Lewis-Base ist.

Daraus folgt, dass das Proton möglichst an ein stark elektronegatives Atom (Sauerstoff, Stickstoff) gebunden sein sollte. Als Lewis-Basen kommen umgekehrt Amine, Ketone und Carboxylate in Frage.

Kohlenwasserstoffe, Halogene, Phosphane und Ether bilden zwar auch Wasserstoffbrücken-Bindungen aus, diese sind aber deutlich schwächer. Eine Ausnahme stellt das H2-Proton des Imidazoliumions dar, das die konjugierte Säure eines „stabilen" Carbens darstellt.

Beispiel
Außer dem Achtringmotiv mit seinen zwei Wasserstoffbrücken-Bindungen gibt es aber noch andere, sehr stabile Anordnungen des komplexierten Protons. Eine manifestiert sich auf eindrucksvolle Weise in den Sekundär- und Tertiärstrukturen der Proteine. Gemeint sind die -Faltblattstruktur (Abbildung 7.13) und die α-Helix (Abbildung 7.14). Beide basieren auf dem zentralen Motiv des Polyamids mit einer NH-Gruppe in 1,3-Stellung zu einer C=O-Gruppe. Damit werden sich wiederholende N–H···O-Wasserstoffbrücken-Bindungen möglich.

Von der β-Faltblattstruktur gibt es wiederum zwei Anordnungen. Laufen zwei Abschnitte des Proteinstranges parallel, so kommt es zu isolierten, gewinkelten Wasserstoffbrücken-Bindungen von geringerer Stabilität. Da sich das Motiv über die Länge des β-Faltblattes mehrfach wiederholt, kommt es in der Addition zu einer stabilen Anordnung. Dies gilt umso mehr, wenn das β-Faltblatt in der antiparallelen Anordnung angetroffen wird. Jetzt kommt es zur Ausbildung von stabilen 10-Ring-Einheiten, die genauso wie die Achtringe der dimeren Carbonsäurestrukturen jeweils zwei Wasserstoffbrücken-Bindungen aufweisen. Im Gegensatz zu den einfachen Carbonsäuren oder dem Dihydrogenphosphat wiederholt sich diese bereits stabile Struktureinheit über die Länge des β-Faltblatts noch mehrmals. Es entsteht ein sehr robustes Strukturelement.

Wichtig zu wissen
Durch Änderung des pH-Wertes in den stark basischen oder stark sauren Bereich werden die Wasserstoffbrücken-Bindungen in β-Faltblattstrukturen durch die überzähligen Protonen (stark sauer) oder Hydroxidionen (stark basisch) aufgebrochen und das β-Faltblatt löst sich auf.

Besteht ein Abschnitt aus geeigneten Aminosäuren, deren Seitenketten selbst keine stabilen Wasserstoffbrücken-Bindungen ausbilden können, so kann die Hauptkette, das Polyamid, eine Helix ausbilden, deren Struktur durch intrahelikale Wasserstoffbrücken-Bindungen geprägt ist. Bei der symmetrischsten Helix, der α-Helix, sind die einzelnen Wasserstoffbrücken-Bindungen Teil eines 13-gliedrigen Ringsystems. Jede

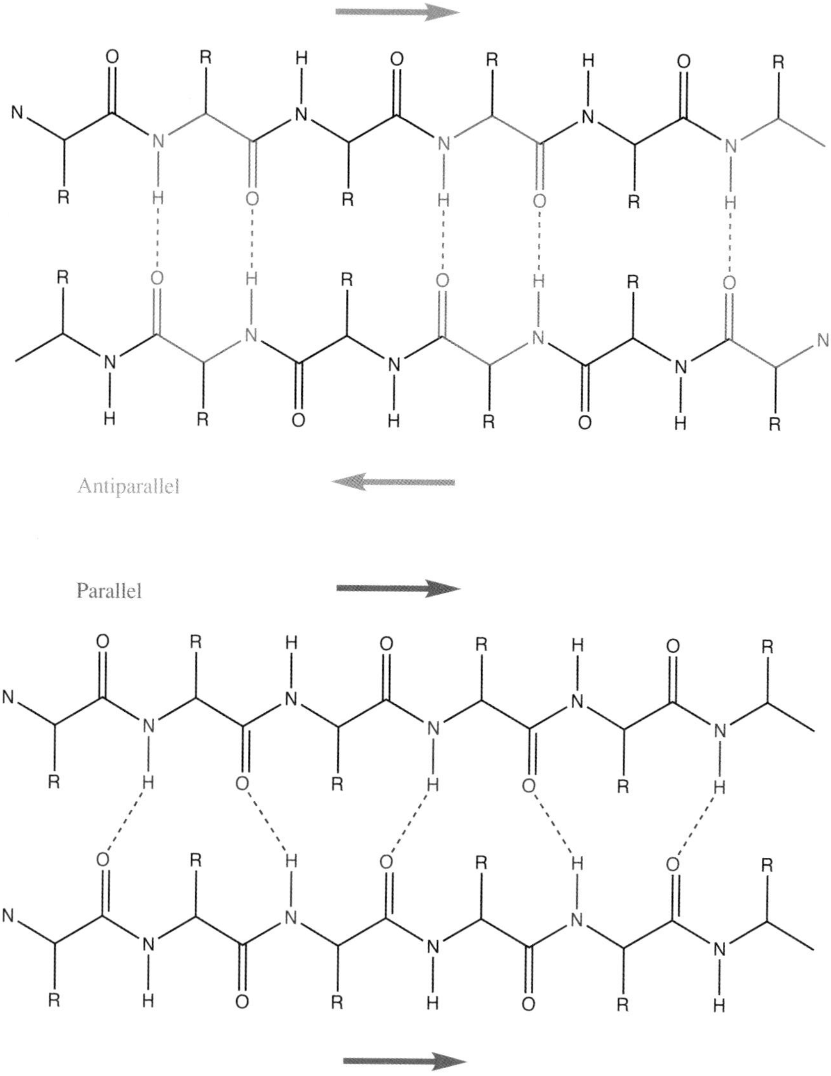

Antiparallel

Parallel

Abb. 7.13 Wasserstoffbrücken-Bindungen in den Sekundärstrukturen von Proteinen: β-Faltblatt.

NH-Gruppe und jede C=O-Gruppe sind Teil einer Wasserstoffbrücken-Bindung. In der Seitenansicht (Abbildung 7.14) sind nur zwei der sechs in dem Abschnitt sichtbaren N–H···O-Bindungen durch eine Verbindungslinie kenntlich gemacht.

Die helikale Anordnung richtet alle polaren Gruppen entlang der Hauptachse der Helix aus und erzeugt dadurch ein erhebliches Dipolmoment, das die elektronischen Eigenschaften des aktiven Zentrums des Enzyms maßgeblich beeinflussen kann, wenn eine oder mehrere dieser Helices direkt auf es zeigen.

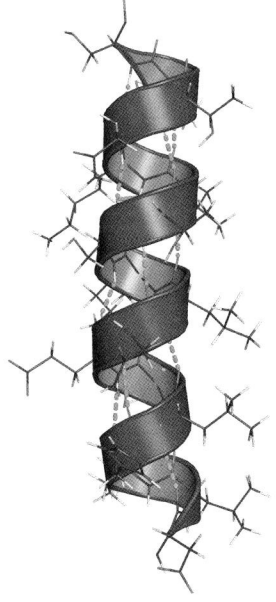

Abb. 7.14 Wasserstoffbrücken-Bindungen in den Sekundärstrukturen von Proteinen: α-Helix.

Wichtig zu wissen

Prolin kann eine α-Helix terminieren, da es selbst nicht über eine NH-Gruppe verfügt. Prolin ist ein sekundäres Amin, das seine einzige NH-Gruppe zur Bildung der Peptidbindung benötigt.

Methionin, Alanin, Leucin, Glutaminsäure und Lysin (MALEK in der Aminosäure Kurzform) bilden besonders gerne Helices.

Blickt man von oben in Richtung auf die Hauptachse auf eine α-Helix, so erkennt man sofort die perfekte Symmetrie und die rechtsdrehende Laufrichtung der L-Aminosäuren (Abbildung 7.15). Jede Aminosäure der α-Helix dreht die Helix um 100°. Es sind also 3,6 Aminosäuren notwendig, um eine Umdrehung auszuführen. Jede Umdrehung repräsentiert 540 pm der Helix entlang der Hauptachse. Da jede Aminosäure Teil von zwei Wasserstoffbrücken-Bindungen ist, werden von den Atomen einer Umdrehung insgesamt 3,6 Wasserstoffbrücken-Bindungen gebildet (für jede Bindung sind zwei Atome notwendig), was in etwa der Stärke von 1,2 kovalenten Bindungen entspricht.

Wichtig zu wissen

Die Komplexchemie des Protons basiert auf der Möglichkeit, mehr als eine Lewis-Base gleichzeitig zu komplexieren. Wird dies durch die äußeren Bedingungen verhindert, so brechen die Komplexe auseinander.

Eine Wasserstoffbrücken-Bindung benötigt einen Protonendonor und einen Protonenakzeptor. Sie ist daher abhängig vom pH-Wert.

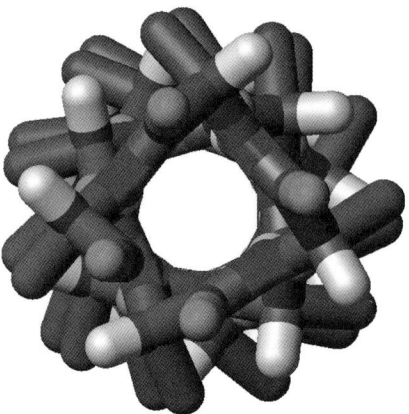

Abb. 7.15 Ansicht der α-Helix entlang der Hauptachse.

Werden alle Protonenakzeptoren (Lewis-Basen) protoniert – stark saures Milieu – bricht das Wasserstoffbrücken-Bindungsnetzwerk zusammen. Die aciden Protonen (Donoren) finden keine Bindungspartner mehr.

Werden alle Protonendonoren (Lewis-Säuren) deprotoniert – stark basisches Milieu – bricht das Wasserstoffbrücken-Bindungsnetzwerk zusammen. Die Protonenakzeptoren (Lewis-Basen) finden keine Bindungspartner mehr.

Die Strukturen der Proteine, Peptide und Enzyme sind nur im pH-Wert-Bereich von ca. 4–12 stabil. Außerhalb dieses Bereichs ist die Ausbildung von Helices und Faltblättern nicht mehr möglich.

Noch einmal in Kürze

Die Stabilität von Koordinationsverbindungen wird durch das Zusammenspiel von Zentralatom und Ligand bestimmt, die Stärke der Bindung zwischen Ligand und Zentralatom lässt sich über das HSAB-Konzept abschätzen. Die Stabilität lässt sich durch den Chelateffekt deutlich erhöhen. Anwendungsgebiete der Koordinationschemie umfassen die homogene Katalyse und die Metalloenzyme der Biochemie. Ein Spezialgebiet der Koordinationschemie ist die Koordinationschemie des Protons und hier besonders die Wasserstoffbrücken-Bindung. Sie ist das Ordnungsprinzip, das die Struktur und die Reaktivität der Proteine, Enzyme, RNA/DNA, Carbonsäuren und Kohlenhydrate bestimmt.

Wissen testen

7.1 Ordne die folgenden Komplexe nach *aufsteigender* Stabilität:
   a) $[Ru(py)_6]^{2+}$, $[Ru(tpy)_2]^{2+}$, $[Ru(bpy)_3]^{2+}$
   b) $[FeF_6]^{3-}$, $[Fe(SCN)(H_2O)_5]^{2+}$, $[Fe(H_2O)_6]^{2-}$
   c) $[Fe(CN)_6]^{3-}$, $[Fe(CN)_6]^{4-}$

7.2 Warum bildet die α-Aminosäure Prolin keine α-Helix aus?

7.3 Warum ist ein antiparalleles β-Faltblatt stabiler als ein paralleles β-Faltblatt?

7.4 Warum löst sich reine Phosphorsäure sehr leicht in reinem Wasser?

7.5 Wie sehen die folgenden Verbindungen, respektive Ionen, aus (dppe = Bisdiphenylphosphanylethan; PEt_3 = Trisethylphosphan; bpy = Bipyridyn; en = Ethylendiamin; PPh_3 = Triphenylphosphan)?
   a) $[Ni(dppe)Cl_2]$
   b) $[Ni(PEt_3)_2Cl_2]$
   c) $[Fe(bpy)_3]^{2+}$
   d) $[Ru(NH_3)_6]^{2+}$
   e) $[Co(en)_3]^{3+}$
   f) $[Pd(PPh_3)_4]$

7.6 Warum haben Carbonsäuren einen viel höheren Siedepunkt als die analogen Ketone oder Aldehyde? Gib Beispiele für die Strukturen.

7.7 a) Was ist die Ursache für die Entstehung der Watson-Crick-Paare?
   b) Welche Kombinationen gibt es und weshalb?

7.8 Protonen beschleunigen die Hydrolyse von Carbonsäureestern. Durch was können sie ersetzt werden?

7.9 a) Warum bilden Proteine in stark basischem und in stark saurem Milieu keine α-Helices aus?
   b) Was ist der Grund für die Entstehung einer α-Helix?

Chiralität 8

In diesem Kapitel...

> „I call any geometrical figure, or group of points, chiral, and say it has chirality, if its image in a plane mirror, ideally realised, cannot be brought to coincide with itself."
> (Lord Kelvin: Baltimore Lectures on Molecular Dynamics and the Wave Theory of Light, 1904)

Das klassische Beispiel einer Figur, deren Spiegelbild nicht mit sich selbst zur Deckung gebracht werden kann, ist die Hand. Wir haben alle eine rechte und eine linke Hand, und „rechts ist da, wo der Daumen links ist". Es ist also kein Wunder, das Chiralität vom griechischen Wort für Hand (*chiros*) abgeleitet wurde und am besten als Händigkeit übersetzt wird.

Ein anderes Beispiel ist ein Zweifamilienhaus. Es ist achiral. Jede der beiden Doppelhaushälften aber ist chiral (Abbildung 8.1). Genauso verhält es sich mit den meisten Lebewesen. Da sie spiegelsymmetrisch aufgebaut sind, sind sie selber achiral. Jede ihrer Hälften aber ist chiral. Da die Hand ein Teil dieser Hälfte ist, ist die Hand chiral. Das Spiegelbild der rechten Hand ist die linke Hand und umgekehrt.

In der belebten Welt gibt es viele Beispiele; das Schneckenhaus ist meistens rechtsdrehend (es gibt aber auch linksdrehende); der Stamm der Rosskastanie eignet sich nicht für die Möbelindustrie, da er drehwüchsig ist. Er hat die Form einer rechtsdrehenden Spirale, so wie auch das Horn des Narwals.

Auch wenn die Definition über das Spiegelbild (identisches Spiegelbild = achirales Molekül, und nicht identisches Spiegelbild = chirales Molekül) eine hinreichende Bedingung darstellt, lässt sich die Chiralität auch über die Symmetrie definieren. So ist ein Molekül immer dann chiral, wenn es keine Drehspiegelachse aufweist. Bei einer Drehspiegelachse wird das Molekül zunächst um $360/n°$ gedreht und dann an einer Ebene senkrecht zur Drehachse gespiegelt.

In der Praxis unterscheidet man gemäß des zugrunde liegenden chiralen Elementes: zentrale, axiale, planare und helikale Chiralität. Die zentrale Chiralität ist die bei Weitem häufigste, weshalb sich die Betrachtung der Chiralität

Allgemeine Chemie: für Lebenswissenschaftler, Mediziner, Pharmazeuten..., 1. Auflage.
Olaf Kühl © 2012 Wiley-VCH Verlag GmbH & Co. KGaA.
Published 2012 by Wiley-VCH Verlag GmbH & Co. KGaA.

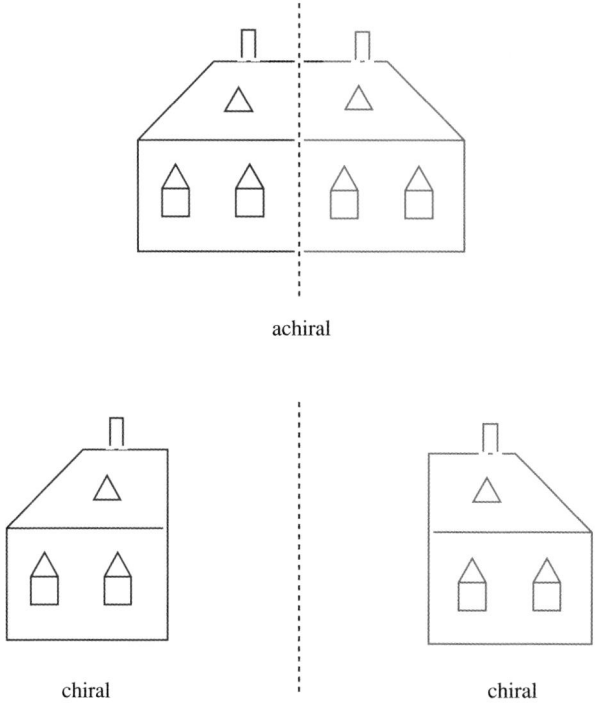

Abb. 8.1 Die Darstellung der Chiralität am Beispiel eines Zweifamilienhauses.

eines Moleküls häufig auf die zentrale Chiralität beschränkt. Allgemein reicht es nicht, ein Molekül als chiral zu erkennen, man muss die beiden unterschiedlichen Enantiomere (Enantiomere = Moleküle, die sich nur in ihrer Händigkeit unterscheiden) auch eindeutig bezeichnen können. Dafür haben sich mehrere Benennungsregeln etabliert, die wir im Einzelnen vorstellen werden.

Schlüsselthemen
- Das Wissen um Chiralität und ihre Bedeutung
- Die Beschreibung der Chiralität
- Die chemische Nomenklatur chiraler Verbindungen

8.1 Zentrale Chiralität

Bei der zentralen Chiralität ruht die chirale Information in einem Atom, dem chiralen Zentrum. Betrachtet man ein sp^3-hybridisiertes Kohlenstoffatom, so trägt dieses vier Substituenten, die in die Ecken eines Tetraeders zeigen. In dieser Geometrie entsteht Chiralität immer dann, wenn alle vier Substituenten unterschiedlich sind.

Zur Bezeichnung der beiden Enantiomere, die sich nur in der Stellung der Substituenten zueinander unterscheiden, gibt es mehrere Möglichkeiten. Da ursprünglich die absolute Konfiguration des chiralen Zentrums unbekannt war, beide Enantiomere aber durch die Drehung polarisierten Lichts unterscheidbar sind, hat sich die Einfügung von (+) oder (−) vor dem Verbindungsnamen durchgesetzt. Beide Enantiomere drehen polarisiertes Licht um den gleichen Betrag, (+) im Uhrzeigersinn und (−) entgegen dem Uhrzeigersinn.

Wichtig zu wissen
Aufgrund der Eigenschaft chiraler Moleküle, polarisiertes Licht zu drehen, bezeichnet man chirale Moleküle auch als optisch aktiv und die Chiralität als optische Aktivität.

Durch die Röntgenstrukturanalyse von enantiomerenreinen Einkristallen lässt sich die absolute Konfiguration eines Enantiomeren bestimmen. Mit dieser macht es dann auch Sinn, eine Bezeichnung zu entwickeln, die sich auf die Struktur des Enantiomers und nicht auf eine Eigenschaft bezieht, die mit der Struktur nicht allgemeingültig korreliert werden kann. Zu diesem Zweck haben Cahn, Ingold und Prelog das CIP-System entwickelt. Demnach wird das chirale Zentrum so gedreht, dass der Substituent geringster Priorität nach hinten zeigt. Die drei verbliebenen Substituenten können nun entweder im Uhrzeigersinn oder gegen den Uhrzeigersinn nach fallender Priorität geordnet sein. Man spricht dann von (R)-Enantiomeren bzw. (S)-Enantiomeren.

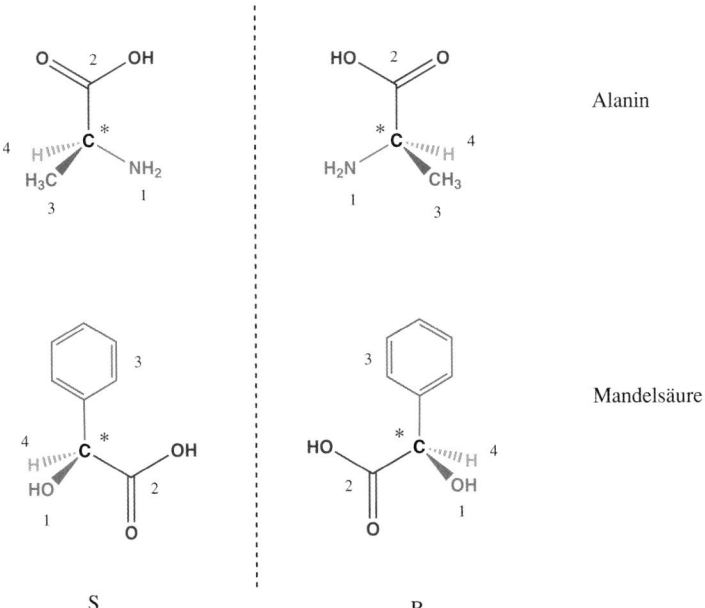

Abb. 8.2 Die Enantiomerenbenennung bei Alanin und Mandelsäure nach dem CIP-System.

Zur Bestimmung der Prioritäten werden die Ordnungszahlen der Atome herangezogen, mit denen die Substituenten am chiralen Zentrum gebunden sind. Sind diese für zwei oder mehr Atome gleich, so nimmt man die Summe der Ordnungszahlen ihrer Substituenten. Bei Doppelbindungen wird die Ordnungszahl verdoppelt (Abbildung 8.2).

Beispiel

Alanin: HC*(CH$_3$)(NH$_2$)COOH. Das asymmetrische C-Atom hat als Substituenten –H, eine Methyl-, eine Amino- und eine Carbonsäuregruppe und erfüllt somit die Bedingung von vier unterschiedlichen Substituenten. Die Ordnungszahlen sind: 1 (–H), 6 (–CH$_3$), 6 (–COOH) und 7 (–NH$_2$). Somit muss für –CH$_3$ und –COOH die zweite Priorität bestimmt werden. Es sind dies 3 (–CH$_3$) und 24 (–COOH). Bei –COOH werden drei Sauerstoffatome gezählt, da die C=O-Gruppe wegen der Doppelbindung doppelt zählt.

Nach Cahn, Ingold, Prelog werden den Substituenten also folgende Prioritäten zugeordnet: 1: –NH$_2$; 2: –COOH; 3: –CH$_3$; 4: –H.

Beispiel

Mandelsäure: HC*Ph(OH)COOH. Die Prioritäten sind: 1 (–H), 6 (–Ph; C$_6$H$_5$), 6 (–COOH) und 8 (–OH). Für die Phenylgruppe und –COOH ergeben sich des Weiteren 18 (–Ph) und 24 (–COOH), da drei C-Atome bzw. 3 O-Atome aufgrund von Doppelbindungen berücksichtigt werden müssen.

Nach CIP ergibt sich folgende Reihe der Prioritäten: 1: –OH; 2: –COOH; 3: –C$_6$H$_5$ und 4: –H.

Beispiel

C*HDBrI: Die Ordnungszahlen lauten: 1 (–H), 1 (–D), 35 (–Br) und 53 (–I). Zur Unterscheidung von ^{1}H (–H) und ^{2}H (–D) müssen die Atommassen herangezogen werden. ^{2}H (–D) hat dabei die höhere Priorität.

Nach CIP ergibt sich also die Reihenfolge: 1: –I; 2: –Br; 3: –D und 4: –H.

Wichtig zu wissen

Das chirale Zentrum – auch asymmetrisches (Kohlenstoff-)Atom genannt – wird mit einem Stern * gekennzeichnet.

Beispiel

Das Molekül 1,1-Dichlorethan CH$_3$C*HCl$_2$ ist aufgrund der Isotopenregel chiral. Die beiden Chlorisotope ^{35}Cl und ^{37}Cl haben eine natürliche Häufigkeit von 2:1. Daher treten in CH$_3$CHCl$_2$ die achiralen Moleküle CH$_3$CH^{35}Cl$_2$ und CH$_3$CH^{37}Cl$_2$ neben dem chiralen Molekül CH$_3$CH^{35}Cl^{37}Cl auf. Praktisch hat das aber kaum Einfluss auf die Eigenschaften des Lösungsmittels, weswegen man die Chiralität in einem solchen Fall getrost vernachlässigen kann.

Außer der (+/−) Nomenklatur, die phänomenologisch auf der Drehung polarisierten Lichtes beruht, und der (R/S)-Nomenklatur nach CIP, die auf einem allgemein gültigen Ordnungsprinzip beruht, gibt es auch noch die D/L-Nomenklatur.

> **Wichtig zu wissen**
> Die (+/−) Nomenklatur gilt für jede Art der Chiralität gleichermaßen, da sie nichts über die absolute Konfiguration aussagt.

Während in der (R/S)-Nomenklatur jedes asymmetrische Atom eine Konfigurationszuordnung erhält, wird in der älteren D/L-Nomenklatur nur dem Gesamtmolekül ein Stereoisomer zugeordnet (Abbildung 8.3). Hat das Molekül mehr als ein Stereozentrum, so muss es eine Konvention bezüglich des asymmetrischen Atoms geben, das gemeint ist, um Missverständnisse zu vermeiden. Daher ist die D/L-Nomenklatur nur noch bei Aminosäuren und Kohlenhydraten üblich. Die in Enzymen vorkommenden Aminosäuren haben nur ein Stereozentrum und sind daher unproblematisch, und bei den Kohlenhydraten hat jedes Enantiomerenpaar einen eigenen Trivialnamen. Es muss also nur diesem Trivialnamen ein D- oder L- vorangestellt werden, um eine eindeutige Zuordnung zu gewährleisten.

Zur Ermittlung der D/L-Konfiguration schreibt man die Hauptkette des Moleküls untereinander und projiziert die Substituenten links und rechts von der Hauptkette in die Papierebene. Das Ende höherer Priorität steht oben. Für die Ermittlung des Enantiomers wird nun das unterste asymmetrische Atom der Hauptkette betrachtet. Steht der Substituent höherer Priorität rechts, so ist es das D-Enantiomer. Steht der Substituent höherer Priorität links, ist es das L-Enantiomer.

Die beiden Enantiomerenpaare sind durch die gestrichelte Spiegelebene gekennzeichnet. Der Spiegel wirkt selbstverständlich auf alle Stereozentren gleichermaßen. Es wird Zeit, ein paar Bezeichnungen zu definieren, um eine eindeutige Beschreibung der vier Stereoisomere zu ermöglichen.

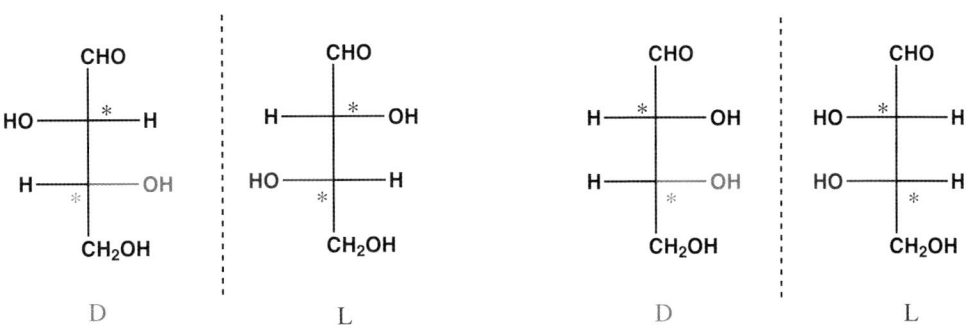

Abb. 8.3 Die Benennung von D- und L-Enantiomeren bei Kohlenhydraten.

Wichtig zu wissen
- **Enantiomere:** Enantiomere sind Stereoisomere einer Verbindung, die sich in der Konfiguration genau eines Stereozentrums unterscheiden.
- **Diastereomere:** Diastereomere sind alle Stereoisomere einer Verbindung, sofern sie keine Enantiomere sind.

Wie viele Stereoisomere gibt es aber von einer Verbindung? Dies hängt natürlich von der Anzahl der *unabhängigen* Stereozentren ab. Wir wissen bereits, dass ein asymmetrisches Atom zwei Enantiomere bedingt. Wir wissen auch, dass zwei asymmetrische Atome zwei Enantiomerenpaare bedingen. Das sind schon vier Stereoisomere. Um jetzt zu entscheiden, ob drei Stereozentren sechs ($2 \cdot n$) oder acht (2^n) Stereoisomere bedingen, müssen wir uns die mathematische Reihe näher betrachten. Jedes zusätzliche Stereozentrum verdoppelt die Anzahl der bereits bestehenden Stereoisomere – einmal die Anzahl der bestehenden Stereoisomere für das neue D-Isomer und zudem die gleiche Anzahl für das neue L-Isomer. Mathematisch bedeutet das 2^n Stereoisomere, wobei n die Anzahl der Stereozentren (asymmetrische Atome) ist.

Gibt es mehrere Stereozentren in einem Molekül, so kann es zu Symmetriebeziehungen zwischen ihnen kommen. In diesem Falle werden mehrere Stereoisomere identisch, und die Zahl der möglichen Stereoisomere nimmt entsprechend ab. Das klassische Beispiel ist die Weinsäure. Sie hat zwei Stereozentren mit jeweils den gleichen Substituenten (Abbildung 8.4). Dadurch entsteht in der Mitte des Moleküls ein Inversionszentrum. Die obere Molekülhälfte wird also auf die untere Molekülhälfte abgebildet, wobei sich lediglich die Stereokonfiguration ändert. Es finden sich jetzt also zwei identische Stereoisomere. Diese beiden Stereoisomere werden *meso*-Form genannt.

Wichtig zu wissen
Eine meso-Form hat ein internes Inversionszentrum. Sie unterscheidet sich aber weiterhin von allen anderen Stereoisomeren der Verbindung. Sie ist also ein eigenständiges Diastereomer. Sie ist aber selbst kein Enantiomer, da die meso-Form kein chirales Molekül ist; ihr Spiegelbild ist mit sich selbst identisch.

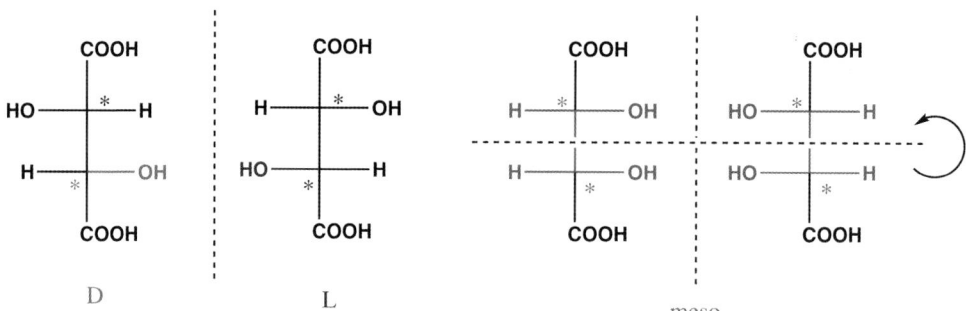

Abb. 8.4 Die Stereoisomere der Weinsäure.

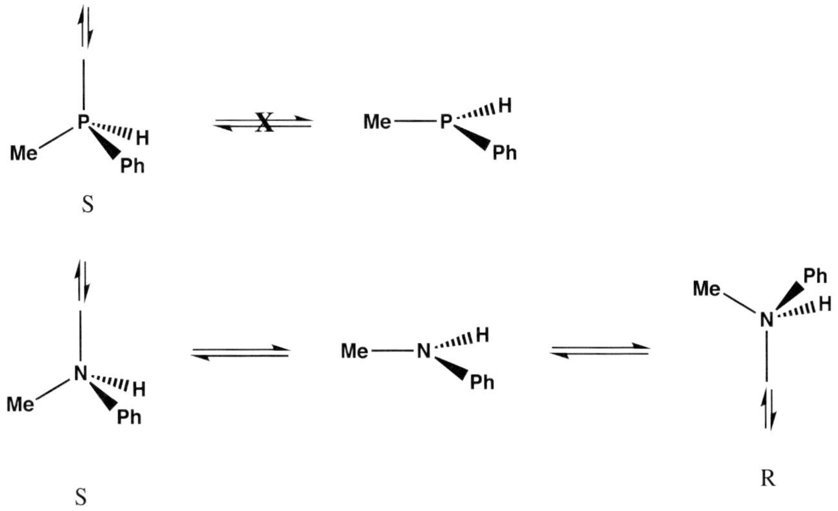

Abb. 8.5 Grafische Darstellung der Stereoaktivität des freien Elektronenpaares in Phosphan.

Außer dem Kohlenstoffatom gibt es noch eine große Anzahl anderer Elemente, die asymmetrische Atome in einem Molekül stellen können. Einzige Bedingung hierfür ist es, genau vier unterschiedliche Substituenten in einer stabilen tetraedrischen Geometrie tragen zu können. Das bekannteste Beispiel hierfür ist Phosphor.

Phosphor hat sowohl in der Oxidationsstufe +V als auch in der Oxidationsstufe +III für gewöhnlich eine tetraedrische Geometrie in seinen Verbindungen. Die beiden Oxidationsstufen unterscheiden sich nur darin, dass die P=O-Einheit des P(V) in P(III) durch ein stereoaktives freies Elektronenpaar ersetzt ist. Das bedeutet, dass das freie Elektronenpaar seine Position beibehält und nicht wie das freie Elektronenpaar im homologen Stickstoffatom unter Inversion der Konfiguration durchschwingt (Abbildung 8.5).

Obwohl die Oxidation des freien Elektronenpaars in P(III) zu P(V) an der Stellung der drei Substituenten nichts ändert, kann es formal zur Konfigurationsumkehr kommen, da sich die Prioritäten und die Aufstellung definitionsgemäß ändern können (Abbildung 8.6).

> **Wichtig zu wissen**
> Das freie Elektronenpaar hat, in Ermangelung eines Protons, bei der Prioritätsermittlung den Wert 0 und damit eine niedrigere Priorität als Wasserstoff.

Dasselbe, und aus den gleichen Gründen, passiert bei der Koordination des Phosphans P(III) an einen Metallkomplex. Da Sulfoxide $S(O)R^1R^2$ isoelektronisch zu Phosphanen sind, lassen sich die bei Phosphor gewonnenen Erkenntnisse auf diese Substanzklasse übertragen. Die S=O-Gruppe des Sulfoxids ist dabei der notwendige dritte ungleiche Substituent.

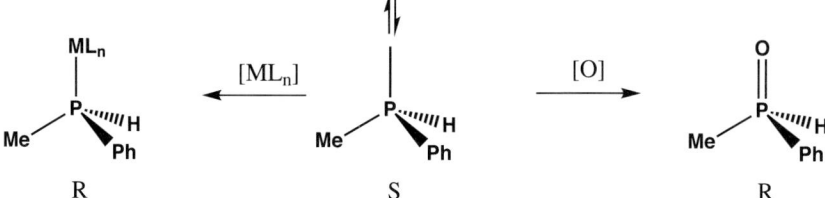

Abb. 8.6 Änderung der Stereokonfiguration am Phosphoratom durch Koordination an Metall oder Oxidation zu Phosphanoxid.

Wichtig zu wissen
- Oxidiert man das freie Elektronenpaar des Sulfoxids zu einer S=O-Gruppe, so geht die Chiralität des Moleküls zwangsläufig verloren, da ja bereits in Sulfoxid selbst eine S=O-Gruppe vorhanden ist.
- Sulfoxide sind gute Komplexliganden. Mit chiralen Sulfoxiden lassen sich daher auf einfachem Wege chirale Metallkomplexe synthetisieren.

Eine weitere Möglichkeit chiraler tetraedrischer Moleküle ist durch die Variante *chiral-at-metal* gegeben (Abbildung 8.7). Hierbei wird ein Metallkomplex mit (pseudo-)tetraedrischer Geometrie und vier ungleichen Liganden (Substituenten) synthetisiert.

Die praktische Nutzbarkeit dieser *Chiral-at-metal*-Komplexe ist nur begrenzt, da Übergangsmetalle leicht ihre Koordinationszahl ändern oder (reversibel) Liganden austauschen können. Dadurch kommt es zu einer Racemisierung der Verbindung und den Verlust chiraler Information. Aufgrund mangelnder Anwendungsmöglichkeiten ist es zudem kein populäres Forschungsgebiet.

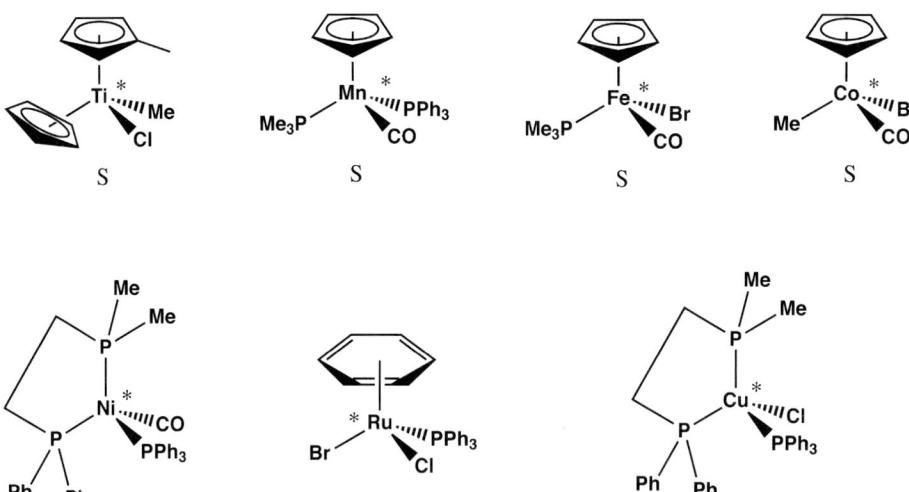

Abb. 8.7 Beispiele von Komplexen mit asymmetrischem Metallatom: *chiral-at-metal*.

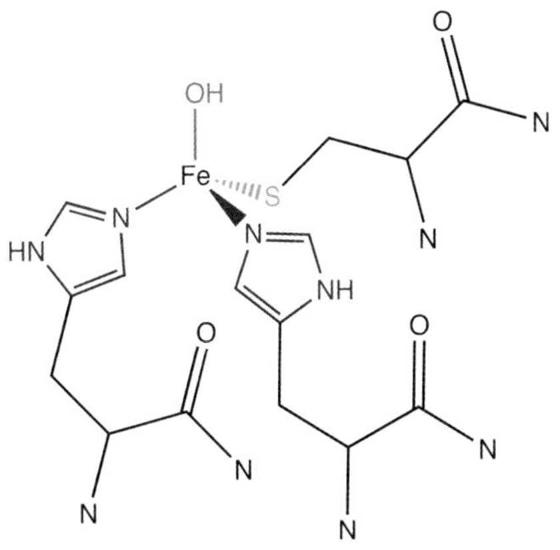

Abb. 8.8 Die achirale Koordinationssphäre im aktiven Zentrum des Metalloenzyms Fe-PDF (Peptid-Deformylase).

Wichtig zu wissen
Viele Metalloenzyme haben im aktiven Zentrum ein tetraedrisch koordiniertes Metallatom. Zur Vermeidung unerwünschter und evtl. veränderlicher Chiralität wird das Metallatom für gewöhnlich nicht durch drei unterschiedliche Aminosäurereste koordiniert. Beispiel: Peptid-Deformylase PDF, deren aktives Zentrum von zwei Histidin- und einem Cysteinrest koordiniert wird. Die vierte Koordinationsstelle wird durch Wasser besetzt (Abbildung 8.8).

Die Darstellung unterschiedlicher Enantiomere lässt sich im Tetraeder leicht verwirklichen. Man braucht lediglich zwei Substituenten miteinander zu vertauschen. Tauscht man in L-Alanin die Methylgruppe mit der Aminogruppe, so erhält man D-Alanin (Abbildung 8.9). Das gleiche Enantiomer erhält man, wenn in L-Alanin die Carbonsäuregruppe mit dem Wasserstoffatom vertauscht wird.

Führt man diese Operation (Vertauschen eines Paars Substituenten) zweimal hintereinander durch, so erhält man wieder das ursprüngliche Enantiomer zurück. In Abbildung 8.9 sind die beiden hellgrau dargestellten Moleküle L-Alanin, die beiden schwarzen Moleküle jedoch D-Alanin.

Wichtig zu wissen
Legt man eine Ebene durch einen Tetraeder, sodass eine Kante und sein Zentrum in dieser Ebene liegen, so durchtrennt diese Ebene die gegenüberliegende Kante genau in der Mitte. Eine Spiegelung an dieser Ebene vertauscht also die beiden Ecken der zweiten Kante und lässt die anderen beiden Ecken und das Zentrum an ihren Plätzen. Wir haben den Tetraeder gespiegelt, indem wir ein paar Ecken vertauscht haben.

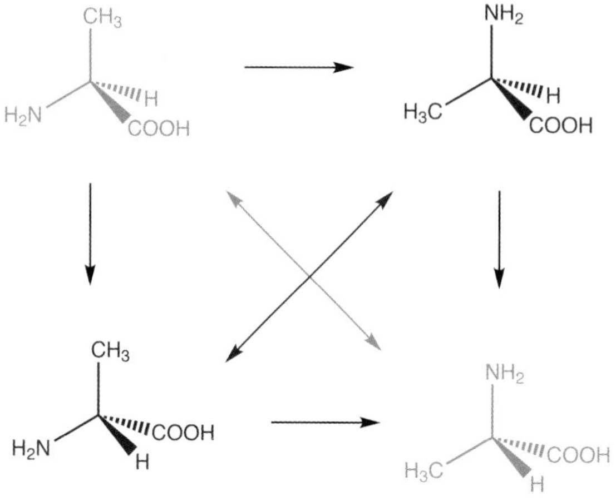

Abb. 8.9 Formale Umwandlung der Enantiomere von Alanin.

8.2 Axiale Chiralität

Wichtig zu wissen
Bei der axialen Chiralität konzentriert sich die chirale Information nicht mehr in einem Punkt, dem asymmetrischen Atom, sondern entlang einer Geraden, der chiralen Achse. Im günstigsten Fall wird diese Achse durch zwei Atome repräsentiert.

In Allen führen die kumulierten Doppelbindungen dazu, dass sich an jedem Ende der C=C=C-Achse ein Paar Substituenten befindet. Die beiden Paare stehen senkrecht aufeinander. Obwohl der Winkel (120°) sich vom Tetraederwinkel (109,5°) unterscheidet, ist die prinzipielle räumliche Situation die gleiche (Abbildung 8.10). Daher ist ein Allen chiral, wenn es vier unterschiedliche endständige Substituenten aufweist.

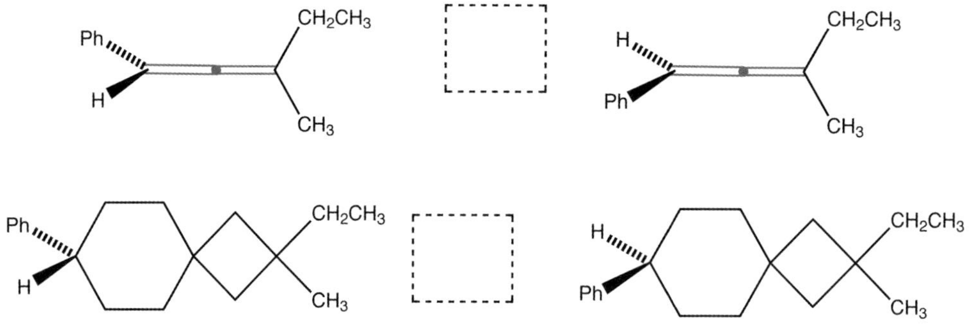

Abb. 8.10 Axiale Chiralität der Allene und einiger Spiroverbindungen.

Genau das Gleiche gilt für gewisse Spiroverbindungen, bei denen jede Doppelbindung des Allens durch ein Paar symmetrische Alkylbrücken ersetzt wurde. Die Längen können zufällig gleich sein.

Eine weitere Form der axialen Chiralität betrifft die freie Rotation um eine Einfachbindung. Die freie Rotation kann durch große Substituenten so weit eingeschränkt werden, dass bei Raumtemperatur keine Rotation mehr stattfindet. Wenn dies geschieht, können die beiden Enantiomere nicht mehr durch Rotation um diese Einfachbindung racemisieren. Das Molekül wird dadurch chiral. Die entsprechenden Enantiomere werden auch Rotamere genannt, da sie durch die Verhinderung einer freien Rotation um eine Einfachbindung entstanden sind.

> **Wichtig zu wissen**
> **Atropisomerie:** Bei der Atropisomerie entstehen Isomere durch sterische Beschränkungen, wie z. B. die Verhinderung einer Rotation.

Ein sehr wichtiges Beispiel für atropisomere Chiralität ist das Binaphthylgerüst (Abbildung 8.11). Hier können in *ortho*-Stellung zur Naphthyl–Naphthyl-Bindung sterisch anspruchsvolle Substituenten eingeführt werden, die eine Rotation um die Aryl–Aryl-Bindung verhindern und so eine Chiralität des Moleküls verursachen.

Man nutzt dies in der homogenen Katalyse aus. Dazu wird das Binaphthylgerüst zu einem chiralen Chelatliganden entwickelt, indem man als Reste R Donorliganden wie z. B. PTol$_2$ oder ein *N*-heterocyclisches Carben NHC einführt. Der Metallkomplex ist in jedem Falle chiral, da die Koordination an das Metal die Rotation verhindert. Der Metallkomplex wird aber als Racemat entstehen, da bei seiner Entstehung keine chirale Induktion wirksam ist. Nützlich ist dies daher nur, wenn der freie Ligand selber in seine Enantiomere getrennt werden kann.

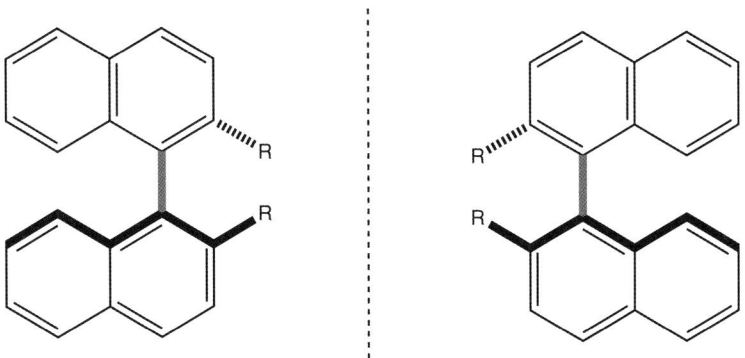

Abb. 8.11 Atropisomerie (axiale Chiralität) anhand des Binaphthylsystems.

8.3 Planare Chiralität

Wichtig zu wissen
Bei der planaren Chiralität ist der Informationsträger eine Ebene. Das Molekül muss ähnlich wie bei der axialen Chiralität so beschaffen sein, dass es Molekülteile außerhalb dieser Ebene gibt, die das Molekül unsymmetrisch machen.

Mehrfach substituierte Benzolringe genügen dieser Definition nur dann, wenn die Substituenten nicht frei rotierbar sind und wenigstens zum Teil außerhalb der Ebene liegen. Daher ist 1-Propyl-2-ethyl-4-methylbenzol achiral. Das in Abbildung 8.12 gezeigte Cyclophan ist hingegen chiral, da die beiden Alkylreste in *para*-Stellung miteinander verbunden sind und sich diese Brücke somit außerhalb der Chiralitätsebene befindet. Man könnte den schwarz gefärbten Phenylring auch durch eine (kurze) Alkylkette ersetzen. Das Molekül wäre dann zwar kein Cyclophan mehr, seiner Chiralität täte das aber keinen Abbruch. Der Rest R ist dagegen essenziell.

Beispiel
Planare Chiralität hat in der metallorganischen Chemie und dort insbesondere in der homogenen Katalyse eine große Bedeutung, da man sogenannte Metall-Aryl-π-Komplexe recht einfach in planar-chirale Komplexe oder, wie im Falle des Ferrocens, in planar-chirale Zuschauerliganden (*spectator ligands*) verwandeln kann (Abbildung 8.13). Man nutzt dabei aus, dass sich auf der einen Seite des planaren Aromaten ein Metallatom befindet, das für die planare Chiralität sorgt. Man braucht nur noch zwei unterschiedliche Substituenten am Aromaten, um die Chiralität einzuführen. Im Falle des Phosphan-substituierten Ferrocens hat man so einen planar-chiralen Liganden gewonnen, der seine Chiralität bei der Koordination an ein Metall beibehält.

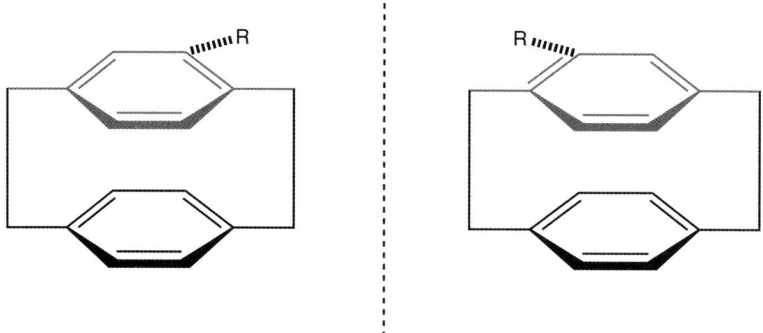

Abb. 8.12 Planare Chiralität am Beispiel des Cyclophans.

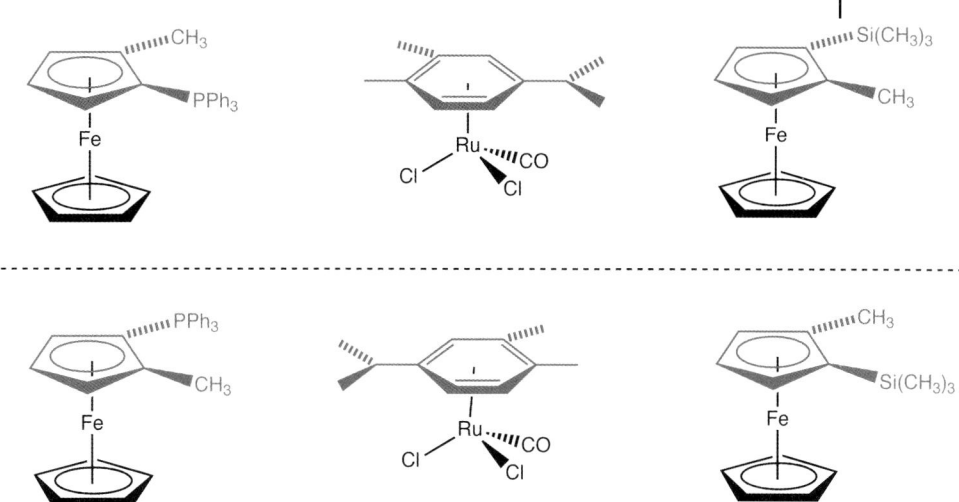

Abb. 8.13 Planare Chiralität am Beispiel substituierter Metall-Aryl-Komplexe.

Planare Chiralität ist in der Natur nahezu unbekannt. Eines der wenigen Beispiele ist das Molekül Cavicularin, ein gespannter phenolischer Makrozyklus, der aus *Cavicularia densa* isoliert wurde.

8.4 Helikale Chiralität

Helikale Chiralität ist in der Natur weit verbreitet. Man denke nur an das Horn des Widders, das Schneckenhaus, das Horn des Narwals, den Nautilus, etliche Muschelarten. Richtig universell wird die Verbreitung helikaler Chiralität aber im molekularen Bereich. Man denke an die Doppelhelixstruktur der DNA oder die helikalen Abschnitte in vielen Proteinen und Enzymen. Im Vergleich zur Häufigkeit und Vielfalt biologischer und biochemischer helikal-chiraler Strukturen sind die Beispiele für helikale Chiralität in rein chemischen Verbindungen sehr überschaubar. Für gewöhnlich beschränkt man sich auf die Nennung des Helicens.

Helicene sind multi-annelierte Aromaten. Aufgrund der geometrischen Gegebenheiten würden sechs annelierte Benzoleinheiten einen ungespannten Polyzyklus ergeben. Allerdings wird eine planare Anordnung durch die Wasserstoffatome verhindert. Die Wasserstoffatome lenken den Phenylring nach oben ab. Es kommt zu einer aufsteigenden Helix (Abbildung 8.14).

Im Bild sieht man eine rechtsgängige Helix. Genauso wahrscheinlich ist allerdings eine linksgängige Helix. In der Praxis käme es zu einem Racemat, also linksgängige und rechtsgängige Helix im Verhältnis 1:1.

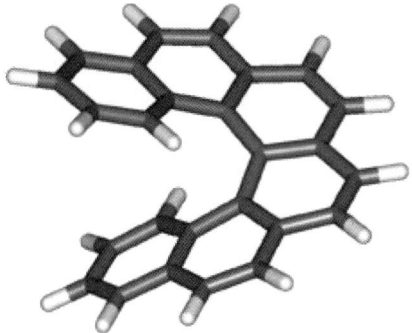

Abb. 8.14 Helikale Chiralität am Beispiel des Helicens, eines multi-annelierten Aromaten.

Beispiel

In der DNA (und analog in der RNA) sind die Nukleinbasen in polymeren Strängen angeordnet. Die einzelnen Nukleinbasen werden durch Wasserstoffbrücken-Bindungen zu designierten Basenpaaren – Watson-Crick Paaren – und die Stränge somit zu Doppelsträngen. Diese Doppelstränge haben helikale Struktur; sie bilden eine Doppelhelix (Abbildung 8.15). Die eigentliche Helix wird von den chiralen Kohlenhydraten gebildet, die Nukleinbasen verbinden zwei gegenläufige Helices zu einer Doppelhelix.

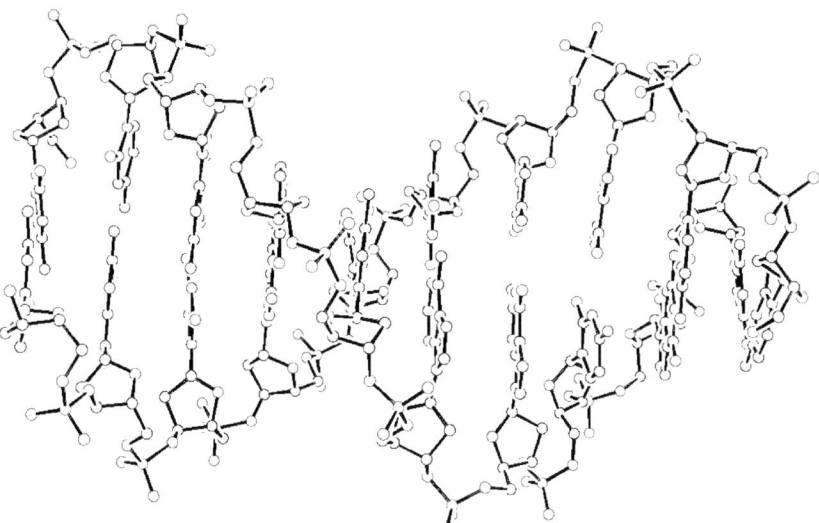

Abb. 8.15 Helikale Chiralität am Beispiel der DNA. Gezeigt sind zwei dekamere Helices aus der Struktur 1dcv (Nummerierung der Proteindatenbank, www.rcsb.org/pdb/).

8.4 Helikale Chiralität | 161

Wichtig zu wissen
- Die gewöhnliche DNA, die B-DNA, ist eine rechtsläufige Doppelhelix.
- Die Doppelhelix der DNA wird durch Stapelwechselwirkungen, π-stacking interactions, in ihrer helikalen Form gehalten. Diese π-stacking interactions werden durch die waagerecht liegenden Basenpaare gebildet.
- Wasserstoffbrücken-Bindungen bestehen nur zwischen den Basenpaaren A–T sowie C–G. Sie sorgen für die Verdoppelung des Stranges zur Doppelhelix.

Eine helikale Struktur wird auch bei der eng verwandten RNA beobachtet.

Beispiel
Eine weitere helikale Strukturform wird in vielen Proteinen und Enzymen beobachtet. Die aus Aminosäuren aufgebaute α-Helix ist ebenfalls rechtsläufig (Abbildung 8.16). Die Rechtsläufigkeit dieser α-Helix wird durch die Chiralität der sie aufbauenden L-Aminosäuren vorgegeben. Die tetraedrisch koordinierten Einzelatome der Proteinhauptkette ordnen sich bereits bevorzugt rechtsgängig an. Die Seitenketten zeigen nach außen. Stabilisiert wird diese Anordnung durch Wasserstoffbrücken-Bindungen zwischen den N–H-Protonen und den C=O-Sauerstoffatomen.

Im Gegensatz zur Chiralität der Doppelhelix der DNA (rechtsgängig) und der α-Helix der Proteine (rechtsgängig) sind andere in der Natur vorkommende Helices häufig nicht enantiomerenrein. So sind die Hörner des Widders racemisch, ein linksdrehendes und ein rechtsdrehendes Horn bilden ein Paar. Schneckenhäuser sind zumeist rechtsgängig, aber linksläufige treten bei nahezu jeder Spezies zu einem

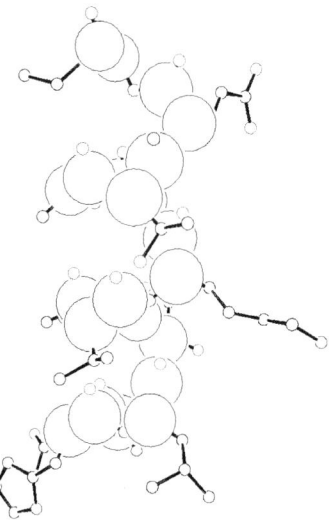

Abb. 8.16 Helikale Chiralität am Beispiel der α-Helix in Proteinen. Gezeigt ist ein Ausschnitt aus der Proteinstruktur 1qmh (Nummerierung der Proteindatenbank, www.rcsb.org/pdb/).

162 | 8 Chiralität

kleinen Prozentsatz auf. Das kann nicht wirklich überraschen, denn der Drehsinn eines Schneckenhauses ist sicher nicht essenziell für das Überleben der Art.

Auch in der Architektur gibt es chirale Helices. Das bekannteste Beispiel ist die Wendeltreppe. Als dekorative Freitreppe häufig als Racemat realisiert, ist die typische Wendeltreppe z. B. in einem Burgturm rechtsläufig. Dies hat einen praktischen Hintergrund. In der rechtsläufigen Wendeltreppe kann der oben stehende Verteidiger seinen Schwertarm, den rechten, uneingeschränkt nutzen, während der unten stehende Verteidiger mit seinem rechten Arm durch die Rechtsläufigkeit der Wendeltreppe behindert wird.

8.5 Prochirale Verbindungen

Eine prochirale Verbindung ist eine Verbindung, die mithilfe einer einzigen Reaktion in ein chirales Molekül überführt werden kann. Basiert die Chiralität dieses Moleküls auf einem asymmetrischen Atom (einem stereogenen Zentrum), so kann die prochirale Verbindung entweder ein Olefin (mit zwei unterschiedlichen Resten R^1 und R^2 am selben Kohlenstoffatom der C=C-Bindung) oder ein gesättigtes Kohlenstoffatom mit drei unterschiedlichen Substituenten sein.

Wichtig zu wissen
In prochiralen Verbindungen haben wir ein Kohlenstoffatom mit drei unterschiedlichen Substituenten.

Bei einem Olefin können wir den vierten Substituenten durch Hydrierung einführen. Beim gesättigten Kohlenstoffatom erfolgt die Einführung der Chiralität durch Substitution des doppelten Substituenten. Bei der Hydrierung des Olefins kann

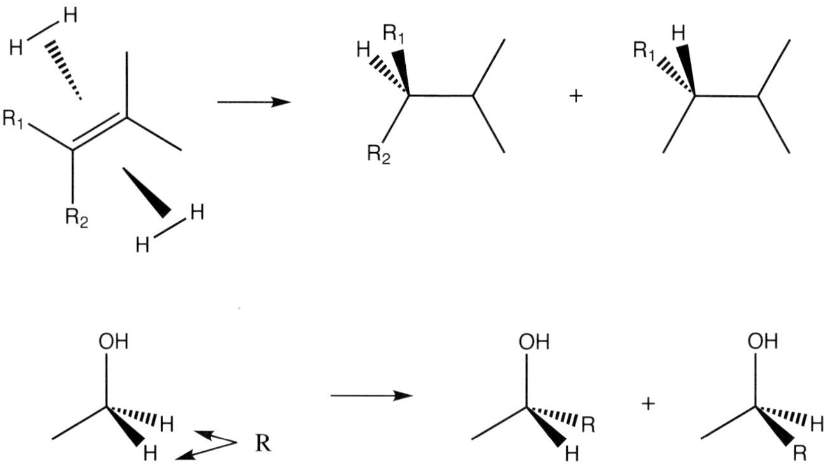

Abb. 8.17 Reaktionen ausgesuchter prochiraler Verbindungen.

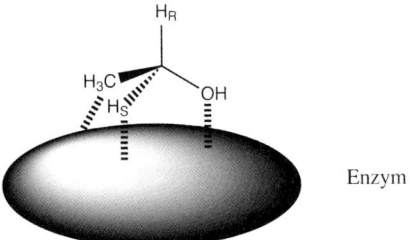

Abb. 8.18 Nachweis der Prochiralität von Ethanol.

das Wasserstoffatom entweder von der einen Seite der Doppelbindung – (R)-Konfiguration – oder von der anderen Seite – (S)-Konfiguration – angreifen. Es entsteht also das Racemat. Auch die Substitution am gesättigten Kohlenstoffatom liefert gewöhnlich ein Racemat, da jeder der beiden gleichen Substituenten mit gleicher Wahrscheinlichkeit substituiert wird (Abbildung 8.17).

In beiden Fällen wird ein chiraler Katalysator benötigt, um die Entstehung eines der beiden Enantiomeren gegenüber dem anderen zu begünstigen. Bei der Hydrierung wird deshalb ein chiraler metallorganischer Katalysator verwendet, der sich aus sterischen Gründen nur an einer Seite des Olefins bindet. Dadurch wird das Wasserstoffatom gezwungen, sich einem bestimmten Kohlenstoffatom der Doppelbindung aus einer bestimmten Richtung zu nähern. Es wird nur ein Enantiomer gebildet. Die Prochiralität des Ethanols lässt sich gut zeigen, wenn das Enzym Alkohol-Dehydrogenase der Hefe verwendet wird. Es katalysiert die Hin- und Rückreaktion der Oxidation von Ethanol zu Acetaldehyd (Abbildung 8.18). Der Redoxpartner ist das Nicotinamid-adenin-dinukleotid (NAD$^+$). Betrachten wir die Reduktion des Acetaldehyds zu Ethanol mit deuteriertem NADH, erhalten wir ein chirales Ethanol, das (R)-CH$_3$CHDOH.

Diese erstaunliche Stereoselektivität hat ihre Ursache in der spezifischen Bindung des Ethanols respektive des Acetaldehyds auf der Oberfläche des Enzyms. Ethanol bindet mit den drei Substituenten CH$_3$, OH und H$_{proS}$. Nur H$_{proR}$ kann während der enzymatischen Reaktion entfernt werden. Im Falle des Acetaldehyds binden CH$_3$, =O und H$_{proS}$ auf der Enzymoberfläche und das Deuterid von NADH wird in die H$_{proR}$-Position transferiert.

8.6 Die Bedeutung der Chiralität

In der Chemie ist die Chiralität nur insoweit von Bedeutung, wie sie die Eigenschaften von Stoffen verändert. Da die Enantiomere chiraler Moleküle deutlich unterschiedliche Eigenschaften haben können, ist es von großer Bedeutung, chirale Verbindungen enantiomerenrein synthetisieren zu können. Als Beispiel sei der Wirkstoff Thalidomid (des Medikaments Contergan) genannt, das als Beruhigungsmittel Anwendung fand. Allerdings ist nur ein Enantiomer ein Beruhigungsmittel, das andere greift in den Blutkreislauf ein und führt zu Missbildungen bei Neugeborenen, wenn es im ersten Drittel der Schwangerschaft eingenommen wird.

Seit Anfang der 1960er Jahre, dem Bekanntwerden der fruchtschädigenden Wirkung racemischen Thalidomids, sind wir uns der großen Bedeutung enantioselektiver Synthesen nachdrücklich bewusst. Es gibt zwei prinzipielle Strategien, dieser Herausforderung zu begegnen, die asymmetrische homogene Katalyse und die Biokatalyse. In der asymmetrischen homogenen Katalyse werden vom Chemiker erdachte und künstlich hergestellte chirale Katalysatoren verwendet, während man in der Biokatalyse in der Natur vorhandene Enzyme (chirale Biokatalysatoren) für die gewünschte Synthese modifiziert.

Beide Systeme sind bezüglich ihrer Chiralität gänzlich unterschiedlich aufgebaut. Während der chirale Katalysator die Chiralität möglichst nahe am aktiven Zentrum (einem Metallatom) aufweist, um die chirale Information direkt auf das Substrat übertragen zu können, befinden sich im Enzym die chiralen Zentren räumlich getrennt vom aktiven Zentrum der Reaktivität (den Seitenketten bestimmter Aminosäuren bzw. einem an diesen koordinierten Metallatom).

Der chirale Katalysator der homogenen Katalyse ist ein kleines Molekül, das lediglich aus dem katalytisch aktiven Metallatom und seinen Liganden besteht. Er muss sowohl die Reaktivität als auch die zu übertragende Chiralität auf engstem Raum zur Verfügung stellen. Die chirale Information der Liganden muss am koordinierten Substrat wirksam sein. Dafür muss die Chiralität die Koordinationssphäre des Metalls definieren. Sie muss sich also möglichst nahe am Metall befinden.

Im Biokatalysator, einem Enzym, befindet sich die chirale Information in der Hauptkette (an den Kohlenstoffatomen der Aminosäuren). Die Reaktivität des Enzyms ist davon räumlich getrennt, an den funktionalen Gruppen der Seitenketten. Um die chirale Information auf das Substrat übertragen zu können, darf das reaktive Zentrum selber nicht chiral sein. Die chirale Information wird durch die Orientierung des Substrats auf dem Weg zum aktiven Zentrum übertragen.

Noch einmal in Kürze

Die Chiralität ist eine Eigenschaft der räumlichen Struktur. Ein Stoff ist immer dann chiral, wenn er sich von seinem Spiegelbild unterscheidet. Es hat sich eingebürgert, die Chiralität eines Körpers nach der Dimension seines chiralen Elementes zu beschreiben. So gibt es zentrale Chiralität (ein Atom mit vier unterschiedlichen Substituenten), axiale (durch gehinderte Rotation entlang dieser Achse), planare und helikale (spirale) Chiralität.

Die Bedeutung der Chiralität beruht auf dem Schlüssel-Schloss-Prinzip vieler biologischer und biochemischer Prozesse. Dadurch zeigt nur ein Enantiomeres die gewünschte Reaktion in diesen Prozessen, das andere Enantiomer reagiert nicht, blockiert das Enzym oder ist für den Organismus schädlich.

Wissen testen

8.1 Was ist die besondere Eigenschaft einer chiralen Verbindung?
8.2 Nenne vier Arten von Chiralität und gebe jeweils ein Beispiel.
8.3 Was ist der Unterschied zwischen einem Enantiomer und einem Diastereomer?
8.4 Handelt es sich um Diastereomere oder um Enantiomere?
   a) D- und L-Glucose;
   b) α-D- und β-D-Glucose;
   c) D-Glucose und D-Mannose;
   d) (R,R)- und (S,S)-Weinsäure;
   e) L-Ribose und D-Desoxyribose;
   f) Cellulose und Amylose.
8.5 Welche der folgenden Verbindungen sind prochiral?

8.6 Gebe fünf Beispiele für in der Natur vorkommende helikale Chiralität.

Kurz erklärt

A

Absolute Konfiguration	Nach der Entdeckung chiraler Moleküle hat man die Enantiomere dadurch unterschieden, wie sie polarisiertes Licht drehen. Bei Drehung im Uhrzeigersinn sprach man vom (+)-Enantiomeren, bei Drehung entgegen dem Uhrzeigersinn vom (–)-Enantiomeren. Erst mit Entwicklung der Röntgenstrukturanalyse (ab etwa der Mitte des 20. Jh.) gelingt die Bestimmung der Lage der Substituenten und mit den Prioritätsregeln von Cahn, Ingold, Prelog (CIP) die eindeutige Beschreibung der absoluten Konfiguration auf Grundlage der Lage der Atome.
8-Elektronen-Regel	Basiert auf der Beobachtung, dass Hauptgruppenelemente den Besitz von acht Valenzelektronen anstreben, um so die Vollbesetzung der s- und p-Orbitale ihrer äußeren Schale zu verwirklichen. Hierbei können sie durch Elektronenabgabe ihre Valenzschale völlig entleeren und damit zur Vollbesetzung der vorletzten Schale gelangen, die dann die neue „Valenzschale" ist. Siehe auch Oktettregel.
18-Elektronen-Regel	Die Erweiterung der 8-Elektronen-Regel auf die Elemente der Nebengruppen. Da diese zusätzlich über fünf d-Orbitale verfügen, haben sie in ihrer Valenzschale Platz für zehn weitere Elektronen. Da 8 + 10 = 18, wird aus der Oktettregel der Hauptgruppen die 18-Elektronen-Regel der Nebengruppen.
Achiral	Eine Verbindung ohne chirale Elemente zeigt keine Chiralität. Sie ist achiral.
Addukt	Ein Komplex zwischen einem Liganden (Lewis-Base) und einem Metallatom (Lewis-Säure).

Allgemeine Gasgleichung	Beschreibt das Verhalten eines idealen Gases in Abhängigkeit von Druck, Temperatur und Volumen. $$p \cdot V = n \cdot R \cdot T$$
Ampholyt	Eine Verbindung, die sowohl als Base als auch als Säure wirken kann.
Amphoter	Die Eigenschaft, sowohl als Säure als auch als Base wirken zu können.
Anion	Ein negativ geladenes Ion.
Anionengitter	Das Teilgitter einer Festkörperstruktur, das nur Anionen enthält.
Anomer	Viele Kohlenhydrate wie Glucose (Aldose) oder Fructose (Ketose) existieren im Gleichgewicht zwischen einer offenkettigen und einer Ringform. Die Ringform ist das zyklische Halbacetal der offenkettigen Form. Beim Ringschluss entsteht ein neues chirales Zentrum am betroffenen Kohlenstoffatom. Halbacetale von Zuckern, die sich lediglich in der Konfiguration an diesem Kohlenstoffatom unterscheiden, heißen Anomere. Anomere sind Diastereomere, da sich noch andere chirale Zentren im Molekül befinden.

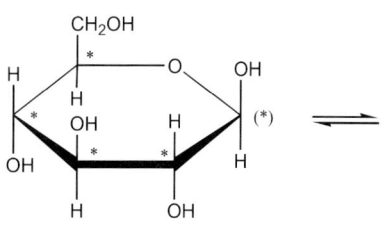

D-Glucose

Äquivalenzpunkt	Der Äquivalenzpunkt ist der Wendepunkt einer Titrationskurve. Bei der Titration einer starken Säure mit einer starken Base fällt er mit dem Neutralisationspunkt zusammen, ansonsten entspricht er dem pK_a-Wert (pK_b-Wert) der schwachen Säure (schwachen Base).
Asymmetrisch	Ein anderes Wort für chiral. Man kennt asymmetrische (stereogene) Zentren, asymmetrische Atome und asymmetrische Moleküle. Hier ist das jeweilige Atom bzw. Molekül chiral. Bei der asymmetrischen Katalyse wird ein Enantiomer im Überschuss synthetisiert. Um von einer asymmetrischen Katalyse sprechen zu kön-

	nen, genügt es also nicht, chirale Moleküle als Racemat herzustellen. Es muss tatsächlich bevorzugt eines der beiden Enantiomere entstehen.
Atom	Das kleinste Teilchen, das noch die Eigenschaften eines Elementes in sich vereinigt. Diese Definition ist eine unzulässige Näherung. In Wirklichkeit haben oligoatomare Nanoteilchen andere Eigenschaften als größere Atomverbände des gleichen Elementes. Das Atom (griech.: *atomos*, das Unteilbare) besteht aus Elektronen, Protonen und Neutronen sowie verschiedenen anderen subatomaren Teilchen, die eher für den Physiker interessant sind.
Atombau	Für den Chemiker interessant sind der Aufbau der Elektronenhülle mit Schalen, Unterschalen und Orbitalen sowie der Atomkern. Den Atomkern betrachtet der Chemiker allerdings nur sehr oberflächlich und ist mit den Protonen und Neutronen bereits zufrieden.
Atomkern	Besteht aus Protonen und Neutronen.
Atomorbitale	Die Orbitale eines Atoms im Grundzustand, im Gegensatz zu Hybridorbitalen (angeregter Zustand) und Molekülorbitalen. Atomorbitale werden durch die Schrödinger-Gleichung beschrieben.
Atomradius	Der Radius eines Atoms. Da die Ausdehnung der Orbitale und damit der Radius der Elektronenhülle des Atoms nur unzureichend definiert sind, ist die Bestimmung des Atomradius nicht einfach. Man bestimmt ihn daher aus den Röntgenstrukturdaten der festen, kristallinen Elemente. Für Metalle liefert das sehr gute Werte. Bei Nichtmetallen ist dies schwieriger, da sie im Festkörper über gerichtete, kovalente Bindungen verfügen, die die betroffenen Atome aufeinander zu rücken lassen.
Atropisomerie	Die Atropisomerie ist ein Spezialfall der axialen Chiralität. Die Chiralität wird dabei durch eine sterische Hinderung der freien Rotation um eine Einfachbindung erzeugt. Atropisomere sind also Rotamere. Das bekannteste Beispiel sind *ortho*-substituierte Binaphthylsysteme.
Aufbauprinzip	Legt die Reihenfolge fest, in der die Orbitale im Atom mit Elektronen aufgefüllt werden. Dabei werden die Orbitale nach steigendem Energieinhalt aufgefüllt. Die Reihenfolge folgt dabei nicht strikt den Hauptschalen oder Perioden des Periodensystems. Vielmehr wird das folgende s-Orbital vor dem d-Niveau befüllt. Ebenso

	wird das f-Niveau erst nach Anbruch des nachfolgenden d-Niveaus befüllt. Es resultiert die bekannte Langform des Periodensystems der Elemente.
Autoprotolyse	Beschreibt die Protonierung einer Verbindung durch sich selbst in einer Gleichgewichtsreaktion. Hierbei liegt das Gleichgewicht immer auf der Seite der Verbindung selbst und nicht auf der Seite seiner Autoprotolyseprodukte. **Beispiele:** Wasser, Ammoniak. $H_2O + H_2O \rightleftharpoons H_3O^+ + OH^-$ $NH_3 + NH_3 \rightleftharpoons NH_4^+ + NH_2^-$
Base	Gemäß der Definition von Brønsted ein Protonenakzeptor; gemäß der Definition nach Lewis ein Elektronenpaardonor. Im Falle der Base schließt die Definition nach Lewis diejenige nach Brønsted mit ein.
Basenpaar	eigentlich Watson-Crick-Basenpaar. Es handelt sich um die über Wasserstoffbrücken-Bindungen vermittelte komplementäre Ordnung der vier Nukleinbasen in zwei spezifische Basenpaare: Adenin – Thymin (Uracil) und Guanin – Cytosin.
Binäre Verbindung	Eine Verbindung, die aus zwei Elementen besteht.
Bindung	Eine Bindung ist eine feste Wechselwirkung zwischen zwei oder mehr Atomen, die so stark ist, dass sie äußeren Einwirkungen bis zu einem gewissen Grade widerstehen kann. **Donorbindung:** Eine Donorbindung kommt zustande, wenn eine Lewis-Base mit ihrem freien Elektronenpaar eine Bindung mit dem leeren Orbital einer Lewis-Säure eingeht. Es entsteht eine Bindung, die sich von einer kovalenten Bindung nur durch die Herkunft der Elektronen unterscheidet. Bei der Donorbindung stammen beide Bindungselektronen vom selben Bindungspartner. **Ionische Bindung:** Es herrschen rein elektrostatische Anziehungskräfte zwischen dem negativen Anion und dem positiven Kation. Die ionische Bindung ist ungerichtet. Sie setzt den vollständigen Transfer mindestens eines Elektrons voraus und kann daher nur eingegangen werden, wenn zwischen den beteiligten Atomen eine große Elektronegativitätsdifferenz herrscht. **Kovalente Bindung:** Bei einer kovalenten Bindung tragen beide Bindungspartner jeweils ein Orbital und ein

Elektron bei. Das Bindungselektronenpaar gehört beiden Bindungspartnern gemeinsam. Die kovalente Bindung ist gerichtet, sie verläuft entlang der Kernverbindungslinie der beiden Bindungspartner. Da kein vollständiger Transfer von Elektronen stattfindet, weisen die beteiligten Atome eine geringe Elektronegativitätsdifferenz auf. Bei einer Elektronegativitätsdifferenz nahe null spricht man von einer rein kovalenten Bindung, sonst aber von einer polaren kovalenten Bindung. Im Falle von Mehrfachbindungen steuert jeder Bindungspartner pro Bindung ein Orbital und ein Elektron bei.

Metallische Bindung: Bei einer metallischen Bindung gibt jedes Metallatom seine überzähligen Valenzelektronen ins Leitungsband ab. Die metallische Bindung ist daher ebenfalls ungerichtet, aber im Gegensatz zur ionischen Bindung auch ohne Ortsbezug. Man stellt sich ein Metall aus positiven Atomrümpfen bestehend vor, deren überzählige Valenzelektronen in einem Elektronengas über den gesamten Kristall verteilt sind. Einzelne Elektronen lassen sich also nicht lokalisieren.

Bindungselektronen	Die Elektronen einer (polaren) kovalenten Bindung. Diese können entweder von einem Bindungspartner stammen (Donorbindung) oder zu gleichen Teilen von beiden Bindungspartnern. Ausnahmen gibt es bei Mehrzentrenbindungen.
Bindungskonzept	Siehe MO-Theorie und VB-Theorie.
Bindungsordnung	Die Anzahl der Bindungen zwischen zwei benachbarten Atomen. Die Bindungsordnung kann zwischen 0 (ionische Bindung) und 4 (bei ausgesuchten Übergangsmetallverbindungen) liegen. Eine Bindungsordnung von 5 wurde in der Literatur beschrieben, allerdings ist sie bindungstheoretisch nicht gesichert.
Bindungsstärke	Die Stärke einer Bindung ist gleichbedeutend mit der Energie, die aufgewendet werden muss, um sie zu brechen. Die Bindungsstärke kann qualitativ aus mehreren Parametern abgeschätzt werden: der Bindungslänge, dem Bindungstyp (einfach, doppelt, dreifach, aromatisch) und den beteiligten Atomen.
Bindungstheorie	Siehe MO-Theorie und VB-Theorie.
Bindungswinkel	Der Bindungswinkel ist der Winkel, der zwischen zwei Substituenten und dem Zentralatom liegt. Der Bindungswinkel in Methan CH_4 ist daher der Winkel H–C–H, also der Winkel, der zwei C–H-Bindungen

	als Schenkel hat. Hat ein Zentralatom mehrere unterschiedliche Substituenten, so gibt es auch unterschiedliche Bindungswinkel. So gibt es z. B. in Dichlormethan CH_2Cl_2 die Bindungswinkel H–C–Cl, H–C–H und Cl–C–Cl.
Biokatalyse	Die Biokatalyse bedient sich nicht chemischer Katalysatoren, sondern greift auf Enzyme als Katalysatoren zurück, die gegebenenfalls über Punktmutationen verbessert werden.
Blutpuffer	Ein Gemisch von Puffersystemen im Blut, das den pH-Wert des Blutes im lebenswichtigen Bereich von 7,35–7,45 hält. Die Besonderheit des Blutpuffers ist seine pH-Wert-Konstanz trotz radikaler Änderung seiner Zusammensetzung beim Wechsel von venösem zu arteriellem Blut in der Lunge und in den Muskeln.
	Im venösen Blut ist der Hauptbestandteil des Blutpuffers ein Carbonatpuffer. Dagegen ist der Hauptbestandteil des Blutpuffers im arteriellen Blut der sogenannte Proteinpuffer, der auf das Säure/Base-Gleichgewicht des Sauerstoff-Häm-Komplexes zurückgeht. Im Muskel wird Sauerstoff O_2 zu Kohlendioxid CO_2 verbrannt. Es kommt zum graduellen Umschalten von Protein- zu Carbonatpuffer. In der Lunge hingegen wird CO_2 in kurzer Zeit komplett gegen O_2 getauscht. Vor diesem Hintergrund wird es verständlich, dass beim Atmen der Sauerstoffgehalt der Atemluft nur wenig von 20 % (Einatmen) auf 16 % (Ausatmen) abnimmt.
Brønsted-Base	Ein Protonenakzeptor.
Brønsted-Säure	Ein Protonendonor.
Carbokation	Ein Kation, dessen positive Ladung an einem Kohlenstoffatom lokalisiert ist.
Carbonatpuffer	Basiert auf dem Hydrogencarbonat HCO_3^-. Im Menschen bildet das beim Glucoseabbau gebildete CO_2 zusammen mit Hydrogencarbonat ein Puffersystem, das speziell den pH-Wert des Blutes und hier des venösen Blutes regelt. Der Carbonatpuffer des Blutes kollabiert in der Lunge (s. Blutpuffer), da das CO_2 ausgeatmet wird.
Cavicularin	Der erste isolierte Naturstoff mit planarer Chiralität (er hat außerdem noch axiale Chiralität). Die planare Chiralität wird über ein unsymmetrisches Cyclophan erzeugt. Cyclophane bestehen aus zwei übereinander liegenden Benzolringen, die über zwei Linkereinheiten in dieser Position gehalten werden.

Cyclophan   Cavicularin

Chelateffekt	Der Chelateffekt beschreibt die Tatsache, dass für die vollständige Dissoziation eines Chelatliganden alle Donorbindungen (zwei oder mehr) gebrochen werden müssen. Es ist also deutlich schwieriger, einen Chelatliganden abzuspalten, als dies für einen einzähnigen Liganden der Fall ist, selbst wenn die Gesamtbindungsenergie gleich ist.
Chelatligand	Chelatliganden sind Liganden, die mit mindestens zwei Donoratomen an ein und dasselbe Zentralatom (bzw. eine Zentraleinheit) binden.
Chiral	Siehe Chiralität.
Chiral-at-metal	Chirales Molekül, bei dem das asymmetrische Zentrum ein Metallatom ist.
Chirales Zentrum	Ein Atom mit vier und nur vier unterschiedlichen Substituenten, wobei bei Atomen ab der dritten Periode ein freies Elektronenpaar als ein solcher Substituent gilt, bei Atomen der zweiten Periode aber nicht.
Chiralität	„I call any geometrical figure, or group of points, chiral, and say it has chirality, if its image in a plane mirror, ideally realised, cannot be brought to coincide with itself." (Lord Kelvin: Baltimore Lectures on Molecular Dynamics and the Wave Theory of Light, 1904). Chiralität tritt immer dann auf, wenn das Spiegelbild eines Gegenstandes nicht mit dem Bild des Gegenstandes identisch ist. Es gibt zentrale (Punkt oder Atom: 0-dimensional), axiale (Gerade, linear: 1-dimensional), planare (Ebene: 2-dimensional) und helikale (Schraube: 3-dimensional) Chiralitätselemente, die für die Chiralität eines Moleküls verantwortlich sind.
Chiralitätsebene	Das chirale Element eines planar-chiralen Moleküls.
Chromophor	Ein Farbträger. Damit wird in der Farbstoffchemie eine funktionelle Gruppe bezeichnet, die eine Mehrfachbindung enthält und somit in der Lage ist, Licht zu absorbieren. Die Verbindung wird aber erst dann farbig, wenn sie zwei oder mehr konjugierte Chromophore enthält.

Coulomb-Kraft	Die Anziehungskraft, die zwischen zwei ungleichnamigen Ladungen besteht. Sie wirkt entlang einer Verbindungslinie und ist proportional dem Produkt der beiden Ladungen, umgekehrt proportional dem Quadrat des Abstandes. Punktladungen (Ionen) üben ungerichtete Kräfte aus. Die Richtung ergibt sich erst, wenn eine zweite Punktladung hinzukommt. Im Übrigen wirkt die Coulomb-Kraft auch als Abstoßungskraft zwischen zwei gleichnamigen Punktladungen.
Diastereomer	Während Enantiomere sich wie Bild und Spiegelbild verhalten, sind Diastereomere zwar optische Isomere, aber eben nicht die Spiegelbilder. Dazu muss das Molekül mehr als ein chirales Element besitzen und in mindestens einem chiralen Element eine identische Anordnung mit seinem Diastereomer haben. Nehmen wir eine Verbindung mit zwei asymmetrischen Kohlenstoffatomen. Dann gibt es für die beiden chiralen Zentren die folgenden vier Kombinationen: (R,R), (R,S), (S,R) und (S,S). (R,R) ist das Enantiomer von (S,S) und (R,S) das Enantiomer von (S,R). (R,R) und (R,S) aber sind Diastereomere.
Dichteste Kugelpackung	Damit wird die am besten raumerfüllende und daher dichteste Anordnung der Metalle im Festkörper bezeichnet. Es gibt zwei dichteste Kugelpackungen – kubisch und hexagonal – die sich nur in der Schichtfolge unterscheiden.
Dipolmoment	In einer polaren kovalenten Bindung ziehen die beiden Bindungspartner sich unterschiedlich stark an. Die Elektronendichte ist zum elektronegativeren Atom hin verschoben. Das führt zur Ausbildung von positiven und negativen Partialladungen und mithin zu einem permanenten Dipolmoment:

$$\mu = \delta \cdot l$$

(δ: Partialladung; l: Abstand der Ladungsschwerpunkte)

Disproportionierung	Von einer Disproportionierung spricht man, wenn in einer Redoxreaktion ein Atom in mittlerer Reaktionsstufe sowohl oxidiert als auch reduziert wird. Es gibt dann zwei Produkte; in dem einen hat das betreffende Atom nunmehr eine höhere, in dem anderen aber eine niedrigere Oxidationsstufe. Ein Beispiel ist die Einleitung von Chlor in Natronlauge:

$$Cl_2 + 2\ NaOH \rightarrow NaCl + NaOCl + H_2O$$

Donoratom	Ein Donoratom ist das Atom innerhalb eines Donorliganden, das an das Zentralatom bindet. Typische Donoratome sind P, N, O, S. (s. auch Ligand).
Donorbindung	Eine kovalente Bindung, bei der beide Bindungselektronen von ein und demselben Atom stammen.
Doppelbindungsregel	Es gibt in der VB-Theorie zwei Doppelbindungsregeln: Doppelbindungen zwischen zwei Atomen des gleichen Elementes werden nur in der zweiten Periode verwirklicht. Diese Regel gilt heute nicht mehr strikt, da diese „verbotenen" Doppelbindungen sterisch geschützt werden können. In einem Tetraeder sind nur zwei Doppelbindungen möglich. Diese Regel zielt auf die Beteiligung von d-Orbitalen ab, um eine Erweiterung der Oktettregel zu erklären. Es gibt im Tetraeder nur zwei d-Orbitale, die auf die Liganden zeigen. Die Regel ist obsolet, da eine Beteiligung von d-Orbitalen heute generell ausgeschlossen wird.
Dotand	Ein für die Dotierung benutztes Atom oder Molekül.
Dotierung	Zur Verbesserung der elektrischen Leitfähigkeit werden Halbleiter mit Atomen oder Molekülen (den Dotanden) versetzt (dotiert). Dabei haben die Dotanden entweder weniger (p-Dotanden, Oxidationsmittel) oder mehr (n-Dotanden, Reduktionsmittel) Elektronen als das Halbleitermaterial. Im Falle der p-Dotierung spricht man auch von Lochleitung, da hier eine positive Ladung durch den Halbleiter zu wandern scheint.
Dreizentrenbindung	In Elektronenmangelverbindungen ist es nicht möglich, für alle Atome eine volle Valenzschale zu formulieren, wenn nur auf gewöhnliche Einfachbindungen zurückgegriffen wird. In diesen Fällen werden schwächere Bindungen ausgebildet, bei denen sich drei Atome eine Bindung mit zwei Elektronen teilen. Diese Bindungen heißen Zwei-Elektronen-Dreizentren-Bindungen. Es gibt außerdem noch Vier-Elektronen-Dreizentren-Bindungen in Elektronenüberschussverbindungen.
Edukt	Eine Ausgangsverbindung.
Elektron	Ein subatomares Teilchen mit negativer Elementarladung und einer Masse, die 1836-mal kleiner ist als die von Proton oder Neutron.
Elektronegativität	Die Kraft, mit der ein Atom die äußersten Elektronen anzieht.

Elektronenaffinität	Diejenige Energie, die frei wird (negatives Vorzeichen), wenn ein Atom ein Elektron aufnimmt.
Elektronendichte	Die Anzahl negativer Elementarladungen in einem bestimmten Volumensegment. Man möchte hiermit den Einfluss polarer Bindungen auf die elektronische Struktur der Atome eines Moleküls beschreiben, da in der Realität nur sehr selten beide Bindungselektronen einer Bindung vollständig und ausschließlich zu einem Atom gehören.
Elektronenhülle	Der Raum des Atoms, in dem sich die Elektronen aufhalten. Dieser ist nach dem Bohrschen Atommodell in Schalen und Orbitale unterteilt.
Elektronenkonfiguration	Anordnung der Elektronen im Atom bzw. Ion.
Elektronenlücke	Ein leeres Orbital, notwendige Bedingung für eine Lewis-Säure.
Elektronenpaarakzeptor	Anderer Name für Lewis-Säure.
Elektronenpaardonor	Anderer Name für Lewis-Base.
Elektronenspin	Eine quantenmechanische Eigenschaft des Elektrons, die seine Rotation beschreibt. Sie hat die Einheit eines Drehimpulses und kann nur zwei diskrete Werte annehmen, die mit + und − bezeichnet werden.
Elektronentransfer	Der Übergang eines oder mehrerer Elektronen von einem Molekül (Atom) zu einem anderen. Meistens wird ein Elektron pro Oxidationsschritt transferiert, seltener zwei.
Elektronenwolke	Auch Elektronengas. Betrachtet man die metallische Leitfähigkeit nicht nach dem Bändermodell, so kann man in einer simplen Betrachtungsweise die Struktur der Metalle als Kugelpackungen von Metallkationen annehmen. Die Valenzelektronen können sich im Raum zwischen diesen Kationen (Atomrümpfen) frei bewegen. Sie verhalten sich dann wie ein Gas aus Elektronen. Daher der Name Elektronengas oder Elektronenwolke.
Elektroneutralitätsbedingung	Oder Elektroneutralitätsgebot. Es besagt, dass eine jede Verbindung nach außen hin neutral sein muss. Ein Kation tritt also immer in Begleitung seines Anions auf. Am augenfälligsten ist dies bei Zwitterionen. In der Biochemie und hier insbesondere bei den Proteinen wird häufig auf das Elektroneutralitätsgebot keine Rücksicht genommen, da davon ausgegangen wird, dass das umgebende Medium Wasser alle Ladungen ausgleicht.

Elektroneutralitätsgebot	siehe Elektroneutralitätsbedingung
Elektrophil	Ein Teilchen, das sich zu einer negativen Partialladung hingezogen fühlt. Meistens handelt es sich selbst um ein positiv geladenes Teilchen oder um ein Atom mit Elektronendefizit.
Elektrovalenz	Die Anzahl der Elektronen, die von einem Atom aufgenommen oder abgegeben werden müssen, um Edelgaskonfiguration zu erhalten.
Element	Alle Atome mit der gleichen Anzahl Protonen im Kern gehören zum gleichen Element.
Elementarladung	Die von Mulliken bestimmte Ladung des Protons (positive Elementarladung) und des Elektrons (negative Elementarladung). Sie beträgt: $$e = 1{,}602176487 \cdot 10^{-19}\ \text{C}$$
Elementarteilchen	Subatomare Teilchen, wie das Proton, Neutron, Elektron und Positron.
Elementsymbol	Das offizielle Akronym für ein Element. Es besteht aus einem Großbuchstaben und evtl. einem zusätzlichen Kleinbuchstaben. Beispiele: N (Stickstoff); Au (Gold); U (Uran). Sie sind im Periodensystem der Elemente zu finden.
Enantiomer	Eines von zwei Stereoisomeren, von denen eines das Spiegelbild des anderen ist.
Enantiomerenpaar	Die Gesamtheit der beiden Enantiomere, die sich wie Bild und Spiegelbild verhalten.
Energieerhaltungssatz	Weder kann man Energie aus dem Nichts erzeugen noch kann man Energie vernichten. Dieser Sachverhalt ist besonders wichtig bei der Entstehung von Molekülorbitalen und der Aufhebung von Entartung bei entarteten Orbitalsätzen.
Entartung	Beschreibt das Vorhandensein von zwei oder mehr Orbitalen gleicher Energie. Beispiele sind die drei p-Orbitale (p_x, p_y, p_z), die fünf d-Orbitale (d_{xy}, d_{xz}, d_{yz}, $d_{x^2-y^2}$, d_{z^2}) im feldfreien Fall, die drei t_{2g}-Orbitale (d_{xy}, d_{xz}, d_{yz}) und die zwei e_g-Orbitale ($d_{x^2-y^2}$, d_{z^2}) im Ligandenfeld.
Epimer	Kohlenhydrate, die sich nur in der Stereoanordnung am C2-Atom unterscheiden, heißen Epimere. Epimere sind Diastereomere und nicht Enantiomere. Beispielsweise ist die D-Glucose das Epimere der D-Arabinose.
Freies Elektronenpaar	Ein Elektronenpaar, das nur einem Atom gehört. Das Gegenteil ist das Elektronenpaar einer Bindung, das beiden Bindungsatomen gemeinsam gehört.

Gesetz der Erhaltung der Masse	Während einer chemischen Reaktion bleibt die Gesamtmasse konstant.
Gesetz der konstanten Proportionen	Jede Verbindung besteht aus bestimmten Elementen in einem unveränderlichen Massenverhältnis (Proust 1799).
Gesetz der multiplen Proportionen	Gibt es mehr als eine Verbindung aus denselben Elementen, so stehen alle Massen immer in einem ganzzahligen Verhältnis zueinander (Dalton).
Gleichgewicht	Eine Reaktion befindet sich im Gleichgewicht, wenn die Geschwindigkeit der Hinreaktion gleich der Geschwindigkeit der Rückreaktion ist. Die Lage des Gleichgewichts lässt sich durch äußere Bedingungen wie Druck und Temperatur beeinflussen. Weitere Einflussmöglichkeiten sind der Entzug eines Produktes oder die Hinzufügung weiteren Eduktes. In beiden Fällen wird die Hinreaktion begünstigt.
Gruppentheorie	Ein Begriff aus der Mathematik. Vereinfacht gesagt lassen sich in der Chemie Phänomene immer dann gruppentheoretisch behandeln, wenn sie mit der Symmetrie zusammenhängen. Das gilt für die Berechnung von Molekülorbitalen ebenso wie für Kristallstrukturen oder die Anzahl der (Carbonyl-)Schwingungen in einem IR-Spektrum.
Halbleiter	Eine Verbindung, deren Leitfähigkeit zwischen der eines Isolators und eines Leiters liegt. Seine Leitfähigkeit nimmt mit steigender Temperatur zu und lässt sich durch Dotierung mit einer Elektronenüberschussverbindung (n-Dotand) oder einer Elektronenunterschussverbindung (p-Dotand) deutlich erhöhen.
Hauptgruppe	Die Elemente des s- und des p-Blockes im Periodensystem der Elemente. Es sind dies die Gruppen 1, 2 und 13–18. In der alten Nomenklatur die I. bis VIII. Hauptgruppe.
Heissenberg'sche Unschärferelation	Der Umstand, dass zwei Messgrößen nicht immer unabhängig voneinander bestimmt werden können, und zwar unabhängig von der Messanordnung. Beispiel: Ort und Impuls eines Teilchens sind nicht gleichzeitig bestimmbar: $$\Delta p \cdot \Delta q \sim h$$
High-Spin	Ionen und Atome von Übergangsmetallen, die eine Elektronenkonfigurationen von d^4 bis d^7 aufweisen, können entweder eine maximale Anzahl gepaarter Elektronen (Low-Spin) oder eine maximale Anzahl ungepaarter Elektronen (High-Spin) aufweisen.

HOMO	Von engl. *highest occupied molecular orbital*, das höchste besetzte Molekülorbital.
Homologe	Homologe sind Elemente derselben Gruppe des Periodensystems.
HSAB-Konzept	Von engl. *hard and soft acids and bases*. Das HSAB-Konzept geht davon aus, dass man Lewis-Säuren und Lewis-Basen je nach ihren elektronischen Eigenschaften in harte oder weiche Säuren oder Basen einteilen kann. Dabei sind harte Säuren/Basen klein und hoch geladen, während weiche Säuren/Basen groß und eher niedrig geladen sind. Es ist möglich, dies durch Berechnung des Absoluten Härtefaktors zu quantifizieren. Harte Säuren gehen starke Wechselwirkungen mit harten Basen ein, mit weichen Basen aber nur schwache Wechselwirkungen. Für weiche Säuren gilt analog: Sie gehen starke Wechselwirkungen mit weichen Basen ein, aber nur schwache Wechselwirkungen mit harten Basen.
Hund'sche Regel	Entartete Orbitale werden zunächst alle einfach und erst dann doppelt mit Elektronen besetzt.
Hybridisierung	Bezeichnet innerhalb der VB-Theorie die Mischung der Valenzorbitale, um Orbitale mit den räumlichen Eigenschaften zu erhalten, die notwendig sind, um die Struktur des Atoms (Moleküls) zu erklären. Es gibt sp- (Dreifachbindung), sp^2- (Doppelbindung) und sp^3- (reine Einfachbindungen) Hybridorbitale. Die nicht hybridisierten p-Orbitale stehen senkrecht zu den Hybridorbitalen und ermöglichen so die π-Bindungen.
Hybridisierungsgrad	Der Quotient aus Hybridorbitalen und Valenzorbitalen für ein gegebenes Atom. Der Hybridisierungsgrad der sp^2-Hybridisierung beträgt 0,75.
Hybridorbital	Orbital, das durch Linearkombination von Atomorbitalen desselben Atoms entstanden ist.
Hypervalente Verbindung	Eine Verbindung, bei der mindestens ein Atom mehr Bindungen und freie Elektronenpaare aufweist, als es gemäß seiner Stellung im Periodensystem Valenzorbitale besitzt. Beispiel: $[BiI_4]^-$ hat als Element der V. Hauptgruppe vier Valenzorbitale, bildet aber vier Bindungen zu den vier Iodatomen und besitzt zusätzlich noch ein freies Elektronenpaar. Die Nomenklatur für eine hypervalente Bindung ist x-E-y (X: Zahl der Bindungen; E: Elementsymbol des hypervalenten Atoms; y: Zahl der Valenzelektronen); in unserem Beispiel 4-Bi-10.

Impuls	Der Impuls ist das Produkt aus der Masse und der Geschwindigkeit eines Teilchens. Die Ableitung des Impulses nach der Zeit ist die Kraft.
Indikator	Anzeiger. Ein Indikator zeigt den Endpunkt einer Reaktion an. Es gibt für die unterschiedlichen Reaktionstypen auch unterschiedliche Indikatoren, z. B. Redox- oder Säure/Base-Indikatoren. Ein Säure/Base-Indikator ist selbst eine Säure oder die dazu konjugierte Base. Als solche wird der Indikator selbst protoniert oder deprotoniert. Hierbei wechselt der Indikator die Farbe. Seine notwendigen Eigenschaften sind also hohe Farbintensität bei geringer Konzentration, um das Messergebnis nicht zu verfälschen, und ein Umschlagspunkt genau am Endpunkt der anzuzeigenden Reaktion.
Inert-s-Pair-Effekt	Die Tatsache, dass Elektronen im s-Orbital der Valenzschale bei Hauptgruppenelementen höherer Perioden durch die d- und oder f-Orbitale tiefer liegender Schalen abgeschirmt werden und so nicht mehr für eine Oxidation zur Verfügung stehen. Die maximale stabile Oxidationszahl des betreffenden Elements ist dann um zwei kleiner als seine Gruppennummer. Ohne Inert-s-Pair-Effekt wäre die höchste Oxidationszahl bei steigender Ordnungszahl auch die stabilste des Elements.
Inversionszentrum	Ein Symmetrieelement: „Spiegelung" an einem Punkt, d. h. aufeinanderfolgende Spiegelung an zwei senkrecht zueinander stehenden Spiegelebenen. Praktisch durchführbar, indem man den Ursprung eines kartesischen Koordinatensystems in das Inversionszentrum legt.
Ion	Ein geladenes Atom oder Molekül. Ionische Bindung: siehe Bindung; ionisch.
Ionenradius	Der Radius eines Ions. Er hängt sowohl von der Koordinationszahl im Ionengitter als auch vom jeweiligen Gegenion ab. Kationenradien sind kleiner als die entsprechenden Atomradien und Anionenradien entsprechend größer. Ionenradien lassen sich aus Röntgenstrukturdaten bestimmen.
Ionisierungsenergie	Andere Bezeichnung für Ionisierungspotenzial.
Ionisierungspotenzial	Die Energie, die benötigt wird, um das äußerste Elektron eines Atoms oder Ions zu entfernen.
Isoelektronisch	Zwei Atome, Ionen oder Moleküle sind isoelektronisch, wenn sie die gleiche Anzahl Valenzelektronen aufweisen.
Isolator	Ein Nichtleiter. Es gibt sowohl hinsichtlich der Wärmeleitfähigkeit als auch der elektrischen Leitfähigkeit Isolatoren.

Isomer	Isomere sind zwei Moleküle, die die gleiche Summenformel, aber eine andere Struktur haben.
Isoster	Zwei Verbindungen sind isoster, wenn sie die gleiche Struktur haben. Nicht zu verwechseln mit isomorph. Isomorphe Verbindungen haben die gleiche regelmäßige Anordnung im Festkörper, ohne dass die einzelnen Moleküle zwingend isoster sein müssen.
Isotop	Atome mit gleicher Protonenzahl (Ordnungszahl), aber unterschiedlicher Anzahl von Neutronen sind Isotope eines Elements.
IUPAC	International Union of Pure and Applied Chemistry.
Jahn-Teller-Effekt	Besagt, dass ein unvollständig besetztes, entartetes elektronisches System unter Aufhebung der Entartung seine Symmetrie erniedrigt, wenn der Energiegewinn durch Aufhebung der Entartung größer ist als der Energieaufwand durch die Symmetrieerniedrigung. Der bekannteste Fall ist die quadratisch-planare Koordination des Cu(II)-Ions mit d^9-Konfiguration.
Kanalstrahlen	Bezeichnung für eine Kationenstrahlung. Eine historische Bezeichnung, da der Kationenstrahl über eine Lochblende fokussiert wurde. Die Kationen traten durch das Loch (den Kanal) aus.
Katalysator	Ein Stoff, der den Ablauf einer Reaktion durch Herabsetzung der Aktivierungsenergie begünstigt, ohne dabei selbst verändert zu werden. Dies ist so zu verstehen, dass der Katalysator am Anfang und am Ende jeden Katalysezyklusses unverändert vorliegt. Während des Katalysezyklusses unterliegt er aber im Allgemeinen mehreren Veränderungen. Der Begriff Katalysator wird auch, vor allem in der organischen Chemie, für Stoffe verwendet, die während der Reaktion verbraucht werden, also in stöchiometrischen Mengen zugesetzt werden müssen. Diese Stoffe, z. B. $AlCl_3$ in der Friedel-Crafts-Reaktion, sind streng genommen keine Katalysatoren, sondern Reaktanten.
Katalyse	Reaktion, bei der ein Katalysator zum Einsatz kommt. Man unterscheidet die homogene und die heterogene Katalyse. Bei der homogenen Katalyse befinden sich Reaktanten und Katalysator in der gleichen Phase, bei der heterogenen Katalyse in unterschiedlichen Phasen.
Katalysezyklus	Gemäß der Definition von Ostwald wird der Katalysator im Laufe der Katalyse zurückgebildet, auch wenn er sich während der katalytischen Reaktion verändert. Katalytische Reaktionen werden daher häufig so dar-

	gestellt, dass man die Veränderungen in der Koordinationssphäre des Katalysators verfolgt. Es entsteht das Bild eines Kreisprozesses (Zyklus), an dessen Anfang und Ende der Katalysator steht. Die Edukte treten in diesen Kreis hinein, die Produkte aus ihm heraus.
Kation	Ion mit positiver Ladung.
Kationengitter	Das Teilgitter einer Festkörperstruktur, das nur Kationen enthält.
Kernkraft	Siehe: starke Kernkraft.
Komplex	Ein Verbund von Teilchen, der zusammen eine Einheit bildet, ohne ein eigenständiges Molekül sein zu müssen. Neutrale Komplexe bestehen aus einem Zentralatom und durch Donorbindungen gebundene Liganden.
	Ein kompliziertes Ion, das aus einem Zentralatom mit mehreren Substituenten besteht.
Komproportionierung	Ein anderer Name für Synproportionierung.
Konjugiert	Das Anion einer schwachen Säure wird die dazu konjugierte Base genannt. Analog auch für die protonierte Form einer schwachen Base (konjugierte Säure).
	Zwei Doppelbindungen, die durch exakt eine Einfachbindung getrennt sind, werden konjugierte Doppelbindungen genannt.
Koordinationschemie	Die Chemie der Koordinationsverbindungen. Koordinationsverbindungen bestehen aus Zentralatomen (-ionen) und an diese gebundene Donorliganden.
Koordinationsgeometrie	Die Geometrie eines Koordinationspolyeders.
Koordinationsgitter	Ein etwas irreführender Begriff, da er die Festkörperstruktur einer ionisch aufgebauten Koordinationsverbindung beschreibt. Es handelt sich also um ein Kristallgitter einer ionisch aufgebauten Koordinationsverbindung wie z. B. $K_4[Fe(CN)_6]$, das man sich auch aus 4 K^+-, 6 CN^-- und 1 Fe^{2+}-Ion aufgebaut denken kann.
Koordinationspolyeder	Bezeichnet den euklidschen Körper, den die Liganden und Substituenten eines Zentralatoms bilden. Die sechs Liganden des Fe(II) in $K_4[Fe(CN)_6]$ bilden z. B. einen Oktaeder.
Koordinationssphäre	Die Gesamtheit der Liganden und Substituenten eines Zentralatoms in einer Koordinationsverbindung.
Koordinationsstelle	Ein leeres Orbital an einem Zentralatom, in das ein Donorligand binden kann. Bezeichnet auch unbesetzte Ecken in einem Koordinationspolyeder.
Koordinationsverbindung	Koordinationsverbindungen bestehen aus Zentralatomen (-ionen) und an diese gebundenen Donorliganden.

Koordinationszahl	Die Anzahl der Atome, mit denen das Zentralatom einer Koordinationsverbindung verbunden ist.
Kovalente Bindung	Siehe: Bindung, kovalent.
Leiter	Eine elektrisch (thermisch) leitende Verbindung.
Leitungsband	Das Energieniveau der Elektronen im Festkörper, das für die elektrische Leitfähigkeit verantwortlich ist. Bei partieller Besetzung handelt es sich bei dem Festkörper um einen Leiter. Ist es leer, kann der Festkörper ein Halbleiter sein, wenn das Leitungsband nur knapp über dem Valenzband liegt. Dann können Elektronen aufgrund der thermischen Anregung vom Valenz- ins Leitungsband wechseln.
Leukoverbindung	In der Farbstoffchemie wird eine farblose Vorstufe des Farbstoffes als Leukoverbindung bezeichnet. Besonders interessant sind Leukoverbindungen, die reversibel zum Farbstoff umgesetzt werden können, da sie als Indikatoren Verwendung finden können.
Lewis-Base	Ein Elektronenpaardonor, also eine Verbindung mit einem freien Elektronenpaar.
Lewis-Säure	Ein Elektronenpaarakzeptor, also eine Verbindung mit Elektronenlücke.
Ligand	Eine Lewis-Base, die mit einer Donorbindung an ein Zentralatom gebunden ist, im Gegensatz zum Substituenten, der durch eine kovalente Bindung gebunden ist.
Ligandenfeld	Das Kraftfeld, das durch die Gesamtheit der Liganden aufgespannt wird.
Ligandenfeldtheorie	Beschreibt die Wechselwirkung der d-Elektronen des Zentralatoms mit seinen Liganden. Die Ligandensphäre besitzt ein Kraftfeld, das die Elektronenkonfiguration des Zentralatoms beeinflusst und so die Eigenschaften (Geometrie, Magnetismus) des Komplexes festlegt.
Ligandensphäre	Die Gesamtheit der Liganden einer Koordinationsverbindung.
Ligandenstärke	Die Stärke der Bindung zwischen Ligand und Zentralatom, bezogen auf den Liganden.
Low-Spin	Ionen und Atome von Übergangsmetallen, die eine Elektronenkonfigurationen von d^4 bis d^7 aufweisen, können entweder eine maximale Anzahl gepaarter Elektronen (Low-Spin) oder eine maximale Anzahl ungepaarter Elektronen (High-Spin) aufweisen.
LUMO	Von engl. *lowest unoccupied molecular orbital*, das niedrigste unbesetzte Molekülorbital.

Maskierung	Vorgang, bei dem ein Metallatom durch Zusatz eines Liganden zu einem meist farblosen Komplex umgesetzt wird, um seine Nachweisreaktion zu unterbinden. Dadurch wird der Nachweis eines anderen Elementes in seiner Anwesenheit möglich.
Massenwirkungsgesetz	Mathematische Beschreibung einer Reaktion im thermodynamischen Gleichgewicht. Hierbei ist das Verhältnis des Produktes der Produktkonzentrationen zum Produkt der Eduktkonzentrationen immer konstant. Die stöchiometrischen Faktoren gehen als Exponenten der entsprechenden Faktoren in die Gleichung ein.

$$CH_3COOH + H_2O \rightleftharpoons CH_3COO^- + H_3O^+$$

Massenwirkungsgesetz

$$\frac{[CH_3COO^-][H_3O^+]}{[CH_3COOH][H_2O]} = K$$

Mehrfachbindung	Eine Bindung, bei der zwei Atome mehr als eine kovalente Bindung miteinander eingehen.
Mesoform	Dasjenige Stereoisomer einer Verbindung mit mehr als einem chiralen Zentrum, dessen Spiegelbild durch Symmetrie identisch zu sich selbst ist. Die Mesoform hat ein Inversionszentrum.
Metall	Ein Element, das sich im festen Aggregatzustand durch gute elektrische und Wärmeleitfähigkeit sowie einen ganz besonderen Glanz auszeichnet.
Metalloenzym	Ein Enzym, das im aktiven Zentrum ein Metallatom als notwendigen Bestandteil aufweist. Das Metallatom ist dabei definitionsgemäß nicht Bestandteil des Enzyms, sondern wird als Coenzym bezeichnet.
Metallstruktur	Die Struktur der Metalle wird lediglich durch die kugelförmige Natur der Atome und eine möglichst raumerfüllende Anordnung derselben bestimmt. Es gibt daher außer den beiden dichtesten Kugelpackungen (kubisch und hexagonal) im Wesentlichen nur noch die kubisch raumzentrierte Anordnung (W-Typ). Darüber hinaus gibt es nur wenige Ausnahmen.
Mischungsgleichung	Eine Gleichung zur Bestimmung der Konzentration einer Mischung aus zwei Lösungen unterschiedlicher Konzentration.

$$C_M = \frac{C_1 m_1 + C_2 m_2 + C_n m_n}{m_1 + m_2 + m_n}$$

C_M: Konzentration der Mischung (%);
C_1, C_2, C_n: Konzentrationen der Lösungen (%);
m_1, m_2, m_n: Massen der Lösungen

Mischungskreuz — Gleichungssystem zur Berechnung der benötigten Mengen an Lösungen unterschiedlicher Konzentration, um eine Lösung bestimmter Konzentration herzustellen.

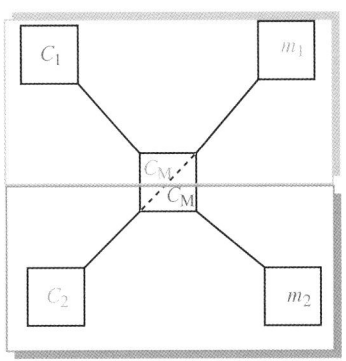
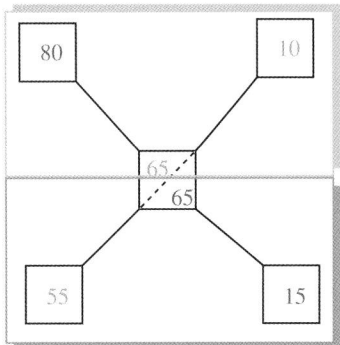

C_M: Konzentration der Mischung (%); C_1, C_2: Konzentrationen der Lösungen (%);
m_1, m_2: Massen der Lösungen

Modifikation — Die Ausführungsform eines Elementes. Modifikationen eines Elementes unterscheiden sich in der Verknüpfung der Atome eines Elementes untereinander. Modifikationen unterscheiden sich in ihren chemischen und physikalischen Eigenschaften, insbesondere in ihren Reaktivitäten.
Beispiele: Sauerstoff: Es gibt normales, diatomares O_2 und das reaktivere triatomare Ozon O_3.
Kohlenstoff: Es gibt den tetraedrisch verknüpften Diamanten, die hexagonalen-planaren Schichten von Graphit und die kugelförmigen C_{60}- und C_{70}-Einheiten der Fullerene.
Phosphor: Weiße P_4-Tetraeder, rote unregelmäßige Ring- und Kettenstrukturen, violette (schwarze) Käfigstrukturen.

MO-Theorie — Ein 1927–1929 – also parallel zur VB-Theorie – von Hund, Mulliken, Lennard-Jones und Hückel entwickeltes quantenmechanisches Näherungsverfahren zur Beschreibung der elektronischen Struktur von Molekülen. Die Molekülorbitale MO erstrecken sich über das gesamte Molekül und werden durch Linearkombination

	der einzelnen Atomorbitale berechnet. Anders als bei der VB-Theorie ist es nicht möglich, das Molekül durch eine Serie von Zwei-Elektronen-Zweizentren-Bindungen hinreichend zu beschreiben. Die MO-theoretische Beschreibung eines Moleküls ist daher wenig anschaulich, aber viel aussagefähiger in Detailfragen. Da für eine MO-theoretische Betrachtung eines Moleküls, und mehr noch einer Reaktion, eine sehr große Rechenleistung notwendig ist, hat sich die MO-Theorie erst mit den jüngsten Fortschritten der Computertechnik allgemein durchsetzen können.
Mol	Die Anzahl Atome, die sich in genau 12 g des Kohlenstoffisotops ^{12}C befinden. Ein Mol sind $6{,}022 \cdot 10^{23}$ Teilchen.
Molalität	Die Konzentration einer Lösung in mol gelöstem Stoff pro kg Lösung.
Molarität	Die Konzentration einer Lösung in mol gelöstem Stoff pro l Lösung.
Molekül	Eine Verbindung, die aus mehreren Atomen besteht.
Molekulargewicht	Das Gewicht eines Moleküls, respektive einer Formeleinheit.
Molekülorbital	Ein Molekülorbital entsteht durch die Linearkombination der Atomorbitale des Moleküls. Es entstehen so viele Molekülorbitale, wie es Atomorbitale der beteiligten Atome gibt. Entsprechend ihrem Energieinhalt, ihrer Symmetrie und ihrer Herkunft bezeichnet man sie unterschiedlich.
	Im einfachsten Fall entstehen zwei Molekülorbitale MO aus zwei Atomorbitalen AO, wobei ein MO eine niedrigere Energie aufweist als die zugrundeliegenden AO. Dafür hat das zweite MO eine um denselben Betrag höhere Energie. Es gilt der Energieerhaltungssatz.
	Antibindendes Molekülorbital
	Ein antibindendes MO ist ein MO mit höherem Energiegehalt als die ihm zugrunde liegenden AO. Seine Besetzung ist daher ungünstig und führt zu einer Erniedrigung der Bindungsordnung.
	Bindendes Molekülorbital
	Ein bindendes MO ist ein MO mit niedrigerem Energiegehalt als die ihm zugrunde liegenden AO. Seine Besetzung ist daher günstig und führt zu einer Erhöhung der Bindungsordnung.

Nichtbindendes Molekülorbital
Ein nichtbindendes MO hat eine ähnliche Energie und Symmetrie wie das ihm zugrunde liegende AO und wird daher auch als Ligandorbital (wenn das entsprechende AO vom Liganden stammt) oder aber als Orbital des Zentralatoms bezeichnet.

Nascierender Wasserstoff | Von lat. *in statu nascendi*: in der Entstehung befindlich. Reduziert man Protonen zu elementarem Wasserstoff, so entsteht zuerst atomarer Wasserstoff, der erst nach einer kurzen Weile zu molekularem Wasserstoff H_2 kombiniert. Dieser atomare, nascierende Wasserstoff ist reaktiver als der gewöhnliche molekulare Wasserstoff.

Nebengruppe | Die Elemente des d-Blocks des Periodensystems. Es sind dies die Gruppen 3–12 nach heutiger Zählweise. In der traditionellen Zählweise sind es die III. bis II. Nebengruppe, da das erste d-Element Scandium Sc unmittelbar auf den s-Block als drittes Element der vierten Periode folgt.

Neutralisation | Die Reaktion einer Säure mit einer Base, bei vollständiger Umsetzung. In der Brønsted-Theorie ist das Produkt der Neutralisation Wasser:

$$HCl + NaOH \rightarrow H_2O + NaCl$$

Neutralpunkt | Bei einer Neutralisation reagiert eine Säure mit einer Base zu Salz und Wasser. Am Neutralpunkt gibt es weder einen Überschuss an Säure noch einen Überschuss an Base.

Neutron | Das ungeladene Elementarteilchen des Atomkerns.

Nichtmetall | Metalle werden durch ihren charakteristischen, metallischen Glanz und ausgezeichnete Strom- und Wärmeleitfähigkeit definiert. Elemente mit ähnlichen Eigenschaften wie Metalle heißen Halbmetalle, und Elemente, denen diese Eigenschaften fehlen, heißen Nichtmetalle. Nichtmetalle finden sich in den Gruppen 14–18 des Periodensystems. In alter Zählweise die IV. bis VIII. Hauptgruppe.

Nitriersäure | Ein Gemisch aus konzentrierter Schwefelsäure und konzentrierter Salpetersäure, die zur Nitrierung aromatischer Verbindungen verwendet wird. Daher auch ihr Name.

Normalität | Die auf eine Stoffeigenschaft normierte Molarität. Demnach bereitet man eine 1 N (normale) Schwefelsäure, indem man eine 1 M (molare) Schwefelsäure auf

Nukleinbase	das doppelte Volumen verdünnt. Schwefelsäure ist eine zweiprotonige Säure. Eines von jeweils vier (insgesamt fünf) basischen Molekülen, die Hauptbestandteile der DNA und der RNA sind. Sie basieren auf den organischen Heterozyklen Purin und Pyrimidin: DNA: Guanin (Pyrimidin), Cytosin (Purin), Adenin (Pyrimidin) und Thymin (Purin). RNA: Guanin (Pyrimidin), Cytosin (Purin), Adenin (Pyrimidin) und Uracil (Purin).

Guanin — Cytosin

Adenin — Thymin

Adenin — Uracil

Nukleon	Elementarteilchen des Atomkerns. Ein Nukleon kann entweder ein Proton oder ein Neutron sein.
Nukleophil	Nukleophile sind Verbindungen, die positive Ladungen lieben. Dem Wesen nach ist ein Nukleophil also eine (schwache) Lewis-Base.
Oktaederlücke	In der dichtesten Kugelpackung entstehen aufgrund der kugelförmigen Gestalt der Atome Hohlräume. Dort eingelagerte kleinere Atome (Ionen) haben entweder eine tetraedrische oder eine oktaedrische Umgebung, je nachdem, ob diese Lücke von vier Atomen (Tetraederlücke) oder von sechs Atomen (Oktaederlücke) gebildet wird.
Oktettregel	Eine andere Bezeichnung für die 8-Elektronen-Regel, nach der alle Hauptgruppenelemente bestrebt sind,

	eine volle Valenzschale mit acht Valenzelektronen zu erhalten.
Bei den Nebengruppen wird die Regel auf 18 Valenzelektronen erweitert, da die fünf d-Orbitale zehn Elektronen zusätzlich aufnehmen können.
Orbital	Der Raum, in dem sich ein von einem Atom gebundenes Elektron mit 90 %iger Wahrscheinlichkeit aufhält.
Orbitalerhaltungssatz	Es ist nicht möglich, ein zusätzliches Orbital zu erzeugen oder ein vermeintlich überflüssiges Orbital zu vernichten. Bei der Hybridisierung betrachtet man nur die Valenzorbitale des Zentralatoms (bei Hauptgruppenelementen vier). In der MO-Theorie kommt noch die gleiche Anzahl von Ligandenorbitalen hinzu. Daher benötigt die MO-Theorie bindende, antibindende und nichtbindende Molekülorbitale.
Orbitalsatz	Die Gesamtheit der Orbitale eines Atoms. Häufig auch für die Gesamtheit der Orbitale einer Schale verwendet.
Ordnungszahl	Die Anzahl der Protonen im Atomkern. Die Ordnungszahl bestimmt die Identität des Atoms und seine Stellung im Periodensystem der Elemente.
Oxidation	Eine chemische Reaktion, bei der Elektronen abgegeben werden.
Oxidationsmittel	Eine chemische Verbindung, die eine andere chemische Verbindung oxidiert. Das Oxidationsmittel wird selbst reduziert.
Oxidationsstufe	Andere Bezeichnung für Oxidationszahl.
Oxidationszahl	Der Unterschied zwischen der Gruppennummer eines Atoms im Periodensystem und den ihm in einer Verbindung formal zuzuordnenden Elektronen. Bei der formalen Zuordnung werden dem elektronegativeren Element alle Bindungselektronen zugerechnet.
Beispiel K_2SO_4: K +I, S +VI, O –II
Oxidationszahlen werden in römischen Zahlen angegeben.
Periodensystem	Das Periodensystem der Elemente ordnet die chemischen Elemente entsprechend ihrer periodisch wiederkehrenden elektronischen Eigenschaften. Diese elektronischen Eigenschaften bestimmen zu einem guten Teil auch die chemischen Eigenschaften der Elemente. Aus der Stellung eines Elementes im Periodensystem können also verlässliche Aussagen bezüglich der Reaktivität des betreffenden Elements abgeleitet werden.

pH-Wert	Der negative dekadische Logarithmus der Protonenkonzentration in einem Lösungsmittel (meist Wasser).
Phosphatpuffer	Ein Puffergemisch, bestehend aus Hydrogenphosphat und Dihydrogenphosphat, mit dem ein pH-Wert nahe am Neutralitätspunkt eingestellt wird.
pK_a-Wert	Maß für die Säurestärke einer Brønsted-Säure. Gibt den pH-Wert an, der beim Dissoziationsgleichgewicht der Säure herrscht.
Polarisiertes Licht	Licht mit nur einer ausgezeichneten Schwingungsebene. Gewöhnliches Licht hat dagegen in Blickrichtung des Lichtstrahls unendlich viele Schwingungsebenen, die zusammen einen Kreis senkrecht zum Lichtstrahl bilden.

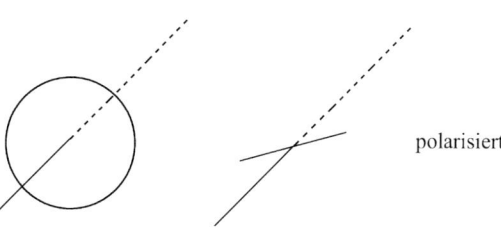

unpolarisiert — polarisiert

Polarität	Die Anordnung zweier Pole im Raum. In der Chemie wird damit eine Bindung beschrieben, bei der ein Bindungspartner elektronegativer als der andere ist. Es entsteht eine polare Bindung, die Verbindung ist polar und hat (meistens) ein Dipolmoment. Das elektronegativere Atom stellt den Minuspol. Verbindungen mit polaren Bindungen, aber ohne Dipolmoment: O=C=O (Kohlendioxid, linear); CCl_4 (Tetrachlormethan, tetraedrisch): Es gibt mehr als eine polare Bindung, der Schwerpunkt der positiven Ladung fällt mit dem Schwerpunkt der negativen Ladung zusammen.
Positron	Ein Elementarteilchen, das bei der Umwandlung eines Protons in ein Neutron entsteht. Das Positron trägt die positive Elementarladung, hat aber nur die Masse eines Elektrons.
Prochiral	Eine achirale Verbindung, aus der in einem Reaktionsschritt (meistens einer Substitution) ein chirales Molekül synthetisiert werden kann.
Produkt	Eine Verbindung, die bei einer chemischen Reaktion erhalten wird.
Proton	Das positiv geladene Elementarteilchen im Atomkern.

Puffer	Ein Gemisch aus einer schwachen Säure und ihrer konjugierten Base.
Pufferkapazität	Die Menge starker Säure bzw. starker Base, die man einem Puffer zufügen kann, ohne dass sich sein pH-Wert merklich ändert.
Quantentheorie	Eine mathematische Beschreibung atomarer und subatomarer Vorgänge, die darauf beruht, dass Elementarteilchen gleichzeitig als Teilchen oder als Welle (Schwingung) beschrieben werden können. Die Fundamentalgleichung der Quantentheorie ist die Schrödinger-Gleichung, mit der man die Wellennatur der Elementarteilchen beschreiben kann. Während die klassische Physik die Eigenschaften großer Teilchenmengen als Kontinuum beschreibt, werden in der Quantentheorie einzelne Teilchen beschrieben. Diese ändern ihre Eigenschaften nicht kontinuierlich, sondern in diskreten Stufen (Quanten), daher auch der Name der Theorie.
Quantenzahl	Quantenzahlen beschreiben ein bestimmtes Elektron in einem Atom (Ion) eindeutig und vollständig. Es gibt vier Quantenzahlen: die Hauptquantenzahl (gibt die Schale an), Nebenquantenzahl (gibt die Art des Orbitals an), Magnetquantenzahl (gibt die räumliche Ausrichtung des Orbitals an) und die Spinquantenzahl (gibt den Drehsinn des Elektrons an).

Hauptquantenzahl:	n	kann ganzzahlige Werte annehmen, $n = 1, 2, 3, ...$ beschreibt die Schale
Nebenquantenzahl:	l	kann die Werte $l \leq n-1$ annehmen beschreibt die Unterschale bzw. die Art des Orbitals
Magnetquantenzahl:	m	kann die Werte $l \leq m \leq -l$ annehmen beschreibt die räumliche Orientierung der Unterschale (Orbital)
Spinquantenzahl:	s	kann die Werte $+\frac{1}{2}$ oder $-\frac{1}{2}$ annehmen beschreibt den Drehsinn des Elektronenspins

Racemat	Ein Gemisch, das zu gleichen Teilen aus den beiden möglichen Enantiomeren einer chiralen Verbindung besteht.
Racemisierung	Der Vorgang, durch den ein Enantiomer in ein Racemat übergeführt wird.

Radikal	Ein Hauptgruppenelement oder seine Verbindung, mit einem ungepaarten Elektron.
Radioaktivität	Basiert auf der Eigenschaft instabiler Atomkerne, sich unter Energieabgabe in ein anderes Element umzuwandeln. Dabei wird die Anzahl der Protonen im Kern verändert. α-Strahlung: Abgabe von zwei Protonen und zwei Neutronen (He^{2+}) $β^-$-Strahlung: Abgabe eines Elektrons, das aus der Umwandlung eines Neutrons in ein Proton stammt. $β^+$-Strahlung: Abgabe eines Positrons, das aus der Umwandlung eines Protons in ein Neutron stammt. γ-Strahlung: keine Kernumwandlung, sondern Energieabgabe in Form von Strahlung nach einem α- oder β-Zerfall.
Raney-Nickel	Poröses, elementares Nickel, das durch Reaktion mit NaOH aus einer Nickel-Aluminium-Legierung gewonnen wird. Aufgrund seiner sehr großen Oberfläche eignet sich Raney-Nickel ausgezeichnet als Katalysator für die Hydrierung.
Reaktionsgleichung	Die Reaktionsgleichung beschreibt die Umwandlung der Edukte durch eine chemische Reaktion in die Produkte. Es werden die allgemeingültigen chemischen Formeln verwendet. Bis auf die Vorzeichenkonvention bei Redoxprozessen ist sie international einheitlich.
Redoxäquivalent	Das Redoxäquivalent ist ein Stoff, der in einem Redoxprozess entweder ein Elektron aufnimmt oder ein Elektron abgibt. Die Natur dieses Stoffes ist dabei von untergeordnetem Interesse.
Redoxreaktion	Eine Reaktion, bei der Elektronen von einem Reaktanten zum anderen übertragen werden. Der Name gibt der Tatsache Ausdruck, dass eine Reduktion nur gleichzeitig mit einer Oxidation stattfinden kann.
Reduktion	Eine chemische Reaktion, bei der Elektronen abgegeben werden.
Reduktionsmittel	Eine chemische Verbindung, die eine andere chemische Verbindung reduziert. Das Reduktionsmittel wird selbst oxidiert.
Reinelement	Ein Element mit nur einem natürlich vorkommenden Isotop.
Rotamere	Isomere eines Moleküls, die durch Rotation um eine Bindung innerhalb dieses Moleküls ineinander überführt werden können. Chemisch interessant sind nur solche Rotamere, bei denen diese Rotation sterisch

	oder elektronisch gehindert ist und daher unter normalen Umständen nicht stattfindet. Die Rotamere werden dann unterscheidbar und isolierbar.
Rückbindung	Donorbindung des Zentralatoms zum Liganden. Sie wird Rückbindung genannt, da sie erst ausgebildet werden kann, nachdem der Ligand die Donorbindung zum Zentralatom gebildet hat.
Säure	Protonendonor (Definition nach Brønsted). Elektronenpaarakzeptor (Definition nach Lewis).
Säurehärte	Maß für die Polarisierbarkeit einer Lewis-Säure (bzw. Lewis-Base). Hierbei sind harte Säuren möglichst klein und hoch geladen.
Säurestärke	Gibt den Protolysegrad einer Säure in einem bestimmten Medium wieder. Für gewöhnlich ist dieses Medium Wasser. Dann gibt die Säurestärke an, wie gut die Säure Wasser protonieren kann. In wässrigem Medium bestimmt sich die Säurestärke über den pK_a-Wert.
Spectator ligand	Siehe: Zuschauerligand.
Spiroverbindung	Spiroverbindungen sind organische Verbindungen mit mindestens zwei Ringen, die jeweils genau ein Kohlenstoffatom gemeinsam haben.
Spektrochemische Reihe	In der Ligandenfeldtheorie eine Aufreihung der Liganden gemäß ihrer Ligandenstärke. Schwachfeldliganden stehen links von Starkfeldliganden.
Spin	Der Drehsinn eines Elektrons.
Spinpaarungsenergie	Die Energie, die aufgewendet werden muss, um ein zweites Elektron mit umgekehrtem Spin in dasselbe Orbital zu bringen.
Standardbedingungen	Von der IUPAC 1982 festgelegte Werte für physikalische Parameter wie Druck und Temperatur. Dabei ist der Standarddruck p = 100 000 Pa = 1 bar und die Standardtemperatur T = 273,15 K = 0 °C.
Starke Kernkraft	Die Kraft, die zwischen Nukleonen wirkt und die Teilchen des Atomkerns zusammenhält. Sie hat eine kurze Reichweite, wirkt nicht auf Elektronen und ist stärker als die Abstoßungskräfte, die zwischen gleich geladenen Protonen wirken.
Stereoaktivität	eines freien Elektronenpaars: Ab der 3. Periode besitzen die Atome freie Elektronenpaare, die die Konfiguration des Atoms nicht beeinflussen. Sie sind stereoaktiv.
Stereoisomere	Isomere, die auf der Chiralität des Moleküls beruhen.
Stereokonfiguration	Die Anordnung der vier unterschiedlichen Substituenten eines asymmetrischen (Kohlenstoff-)Atoms.

Stereozentrum	Siehe: chirales Zentrum.
Stöchiometrie	Lehre von der mengenmäßigen Zusammensetzung chemischer Verbindungen sowie den Mengenverhältnissen der beteiligten Stoffe bei chemischen Reaktionen.
Stöchiometrischer Koeffizient	Der Vorfaktor vor einem Edukt oder Produkt in einer Reaktionsgleichung.
Strukturformel	Geht über die reine Summenformel hinaus, indem sie durch die Anordnung der Atome zueinander die Struktur der Verbindung zu beschreiben sucht. Beispiel: Propionsäuremethylester Summenformel: $C_4H_8O_2$ Strukturformel: $CH_3CH_2C(O)OCH_3$
Substituent	Ein durch eine kovalente Bindung an das Zentralatom gebundener Molekülteil. Eine durch eine kovalente Bindung an den zentralen Molekülteil gebundene Gruppe.
Summenformel	Die Formel einer chemischen Verbindung, sofern sie sich auf die Anzahl und die Art der beteiligten Atome beschränkt. Die Art der Atome wird in der Reihenfolge CHE (E = Element in alphabetischer Reihenfolge) angegeben und die Anzahl der betreffenden Atome als Subskript hinter das Elementsymbol geschrieben. Beispiel: $C_{10}H_{10}Cl_2Ti$ ist die Summenformel des Titanocendichlorids Cp_2TiCl_2 (Strukturformel). Die Summenformel unterscheidet sich von der Strukturformel durch das Fehlen jeglicher Strukturinformationen.
Synproportionierung	Die Synproportionierung ist die Umkehrreaktion der Disproportionierung. Es liegt also eine Atomsorte in unterschiedlichen Oxidationsstufen vor, die durch eine Redoxreaktion in eine mittlere Oxidationsstufe überführt werden. Beispiel: Ansäuern von Chlorwasser.

$$NaOCl + NaCl + 2\,H^+ \rightarrow Cl_2 + H_2O + 2\,Na^+$$

Ternäre Verbindung	Eine Verbindung aus drei unterschiedlichen Elementen.
Tetraederlücke	In der dichtesten Kugelpackung entstehen aufgrund der kugelförmigen Gestalt der Atome Hohlräume. Dort eingelagerte kleinere Atome (Ionen) haben entweder eine tetraedrische oder eine oktaedrische Umgebung, je nachdem ob diese Lücke von vier Atomen (Tetraederlücke) oder von sechs Atomen (Oktaederlücke) gebildet wird.
Titration	Ein Vorgang, bei der eine Lösung tropfenweise zu einer anderen Lösung zugegeben wird, während man den Reaktionsverlauf kontinuierlich oder aber bis zu einer

	plötzlichen Änderung verfolgt. Diese plötzliche Änderung ist für gewöhnlich der Umschlagspunkt eines zugesetzten Indikators.
Übergangsmetall	Andere Bezeichnung für die Nebengruppenelemente.
Umschlagspunkt	Der Punkt, an dem ein Indikator sein Signal gibt. Er zeigt den Äquivalenzpunkt an, ist aber mit diesem nicht identisch. Beispielsweise hat Phenolphthalein einen Umschlagspunkt von etwa pH = 8, der angezeigte Äquivalenzpunkt liegt aber bei pH = 7.
Valenzband	Das energetisch tiefer liegende, voll besetzte Band. Durch Abgabe von Elektronen aus dem Valenzband in das energetisch höher liegende Leitungsband entsteht elektrische Leitfähigkeit. Bei elektrischen Leitern überlappen Valenz- und Leitungsband. Bei Halbleitern kann die Lücke zwischen den beiden Bändern durch thermische Anregung überwunden werden, bei Isolatoren ist die Lücke dafür zu groß.
Valenzelektron	Valenzelektronen sind die Elektronen in der äußersten Schale des betreffenden Elementes (Atomes, Iones). Bei den Nebengruppen kommt das d-Niveau der nächstunteren Schale hinzu.
	Demzufolge kann ein Hauptgruppenelement maximal acht Valenzelektronen VE aufweisen (zwei Elektronen im s-Orbital und sechs Elektronen in den drei p-Orbitalen der äußersten Schale). Ein Nebengruppenelement kann maximal 18 Valenzelektronen aufweisen (zu den acht VE der Hauptgruppen kommen noch zehn VE für das d-Niveau der nächstunteren Schale hinzu).
Valenzorbital	Ein Orbital der äußersten Schale eines Atoms.
Valenzschale	Die äußerste Schale eines Atoms oder Ions.
VB-Theorie	Eine 1927–1931 – also parallel zur MO-Theorie – von Heitler, Slater, London und Pauling entwickeltes quantenmechanisches Näherungsverfahren zur Beschreibung der elektronischen Struktur von Molekülen. Im Unterschied zur MO-Theorie bleiben die Atomorbitale weitgehend erhalten. In der VB-Theorie lassen sich die Moleküle durch eine Serie von mesomeren Grenzstrukturen beschreiben. Jede dieser Grenzstrukturen kann man durch Zwei-Elektronen-Zweizentren-Bindungen ausdrücken. Daher lässt sich sehr einfach und anschaulich bereits mit einfachsten Hilfsmitteln eine qualitative Aussage über die elektronische Struktur von Molekülen treffen. In Fällen, in denen mehr als eine Grenzstruktur von großer Bedeutung für die Gesamt-

	struktur ist (z. B. die beiden Kekulé-Formeln des Benzols), muss man die Struktur durch beide Grenzstrukturen ausdrücken (bei Aromaten hat man zur Vereinfachung den Kringel im Ring als Symbol für die beobachtete Mesomerie eingeführt).
Verbrennung	Die vollständige Reaktion einer Verbindung mit Sauerstoff.
Vier-Elektronen-drei-Zentren-Bindung	Das Gegenstück zur Zwei-Elektronen-drei-Zentren-Bindung. Sie lässt sich auch als zwei entartete Zwei-Elektronen-Zweizentren-Bindungen beschreiben (VB-Theorie; kumuliert).
VSEPR-Theorie	Von engl. *valence shell electron pair repulsion*, Elektronenpaarabstoßung in der Valenzschale. Eine Theorie, die es ermöglicht, die molekulare Struktur von Hauptgruppen–Elementverbindungen zuverlässig vorherzusagen.
W-Typ	Ein Strukturtyp der Metalle, benannt nach dem Wolfram, das im W-Typ kristallisiert. Im W-Typ bilden die Metallatome ein kubisch raumzentriertes Gitter.
Wasserstoffbrücken-Bindung	Die Wasserstoffbrücken-Bindung ist eine Donorbindung einer Lewis-Base (eine funktionale Gruppe, die ein N, O, S Atom enthält) mit dem Wasserstoffatom einer polaren E–H-Bindung. Die Lewis-Base heißt hier Wasserstoffbrücken-Akzeptor (A) und die polare E–H-Gruppe (OH, NH) heißt Wasserstoffbrücken-Donor (D). Wasserstoffbrücken-Bindungen sind umso stabiler, je polarer die E–H-Bindung und je elektronenreicher die Lewis-Base ist.

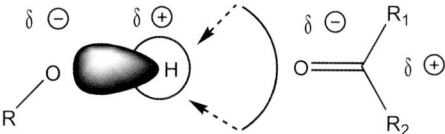

Zentralatom	Das zentrale Atom einer Komplexverbindung oder einer Hauptgruppenverbindung.
Zuschauerligand	Ein Ligand, der die Koordinationssphäre des Zentralatoms eines Katalysators vervollständigt, ohne auf die katalysierte Reaktion Einfluss zu nehmen.

Richtig gelöst

B

Kapitel 1

1.1:

Cs < Sn < C < Cl

Das Element Cäsium Cs aus der I. Hauptgruppe ist klar das am wenigsten elektronegative Element der kleinen Auswahl. Chlor Cl aus der VII. Hauptgruppe ist das elektronegativste Element, da die Elektronegativität von oben nach unten und von rechts nach links im PSE abnimmt. Die Elemente Zinn Sn und Kohlenstoff C gehören beide in die IV. Hauptgruppe. Da C über Sn steht, ist es elektronegativer.

1.2:

Der Ausgangswert eines stabilen Isotops ist mit ^{98}Mo gegeben. Es hat 42 Protonen und 56 Neutronen. Das Verhältnis Neutronen:Protonen dieses stabilen Isotops ist also 4:3. Blei hat die Ordnungszahl 82, also 82 Protonen. Beim gleichen N:P-Verhältnis wie bei Molybdän wären es also bei Blei 109 Neutronen und mithin die Massenzahl 191. Laut Rechnung wäre also ^{191}Pb ein stabiles Isotop. Tatsächlich ist die Massenzahl von Blei 207, da sich das N:P-Verhältnis mit steigender Ordnungszahl ständig erhöht.

1.3:

Die Ordnungszahl ergibt sich aus der Stellung im PSE. Es befinden sich in der 1. Periode zwei, in der 2. Periode acht und in der 3. Periode ebenfalls acht Elemente. In der 4. Periode ist Cobalt das 9. Element. Die Ordnungszahl ist also 27.

Die Elektronenkonfiguration ist [Ar] $3d^7\ 4s^2$.

Die Anzahl der Neutronen ergibt sich aus der Differenz von Nukleonenzahl und Ordnungszahl, also 32.

Die Zahl 59 gibt die Zahl der Nukleonen (Protonen + Neutronen) an.

1.4:

Es wird zuerst das (n +1) s-Orbital besetzt. Dadurch hat das erste Nebengruppenelement Sc bereits drei Valenzelektronen und gehört in die 3. Nebengruppe. Das setzt sich so fort bis zu Ni, der 10. Nebengruppe. Das Element Cu hat eine volle d-Schale und füllt wieder in das 4s-Orbital auf. Es hat also nur ein Valenzelektron (+ abgeschlossene 3. Schale) und gehört in die 1. Nebengruppe.

1.5:

Sie haben wie diese nur ein bzw. zwei Valenzelektronen im s-Block.

1.6:

Sie unterscheiden sich in der Spinquantenzahl, der 4. Quantenzahl.

1.7:

Die Magnetquantenzahl. Sie berechnet sich zu $m = 2l + 1$, wobei die Nebenquantenzahl l maximal den Wert $n - 1$ (n: Hauptquantenzahl) annehmen kann. Für sieben f-Orbitale muss $l = 3$ sein. Dieser Wert tritt aber erst in der 4. Schale zum ersten Mal auf ($l = n - 1$).

1.8:

^{3}H: ein Proton und zwei Neutronen im Kern; ^{3}He: zwei Protonen und ein Neutron im Kern.

1.9:

Osmium > Blei > Bismut > Rubidium > Strontium > Xenon > Kalium > Vanadium > Nickel > Schwefel

1.10:

Thalium hat die Oxidationszahlen I und III. Die Oxidationszahl I ist stabiler (Inert-s-Pair-Effekt).

1.11:

Es gibt zwei Gründe: Bleifolie hat einen hohen Grad der inneren Ordnung und die lokale Tageszeitung ist dicker.

1.12:

a) CO_2 ist stabiler als PbO_2, da der Inert-s-Pair-Effekt bei Blei ausgeprägter ist als bei Kohlenstoff.

b) ReO$_4^-$ ist stabiler als MnO$_4^-$, da in der Nebengruppe die höhere Oxidationsstufe von oben nach unten an Stabilität zunimmt.

1.13:

Bromidion und Rubidiumion haben beide die gleiche Elektronenkonfiguration, aber das Rubidium hat mehr Protonen im Kern und daher dir größere Anziehung auf seine Elektronenhülle. Das Rubidiumkation ist also kleiner als das Bromidanion.

1.14:

Cäsium hat selbst als Kation eine Schale mehr als das Bromanion.

1.15:

Positronen sind Nukleonen mit positiver Elementarladung und der Masse eines Elektrons. Sie entstehen bei der Umwandlung eines Protons in ein Neutron. Fluor ist ein Reinelement. Das ^{18}F-Isotop kommt in der Natur also gar nicht vor.

Kapitel 2

2.1:

NaOH + Al(OH)$_3$ → Na[Al(OH)$_4$]

13 g Al(OH)$_3$ entsprechen dem sechsten Teil eines Mols. Es sind laut Reaktionsgleichung äquimolare Mengen der Natronlauge nötig, also 6,7 g.

2.2:

a) Na$_2$SO$_4$ + BaCl$_2$ → BaSO$_4$ + 2 NaCl
Es wird 1 mol Natriumsulfat benötigt, um 1 mol Bariumchlorid in das Sulfat zu überführen.
b) Es wird die doppelte molare Menge benötigt (s. Reaktionsgleichung unter a)), also ebenfalls 1 mol. Allerdings findet die Reaktion nicht statt, da Bariumsulfat extrem schwerlöslich ist und daher nicht reagieren kann.

2.3:

a) 2 NaF + H$_2$SO$_4$ → 2 HF + Na$_2$SO$_4$
Um 1 mol Flusssäure herzustellen, wird ½ mol konzentrierte Schwefelsäure benötigt.
b) NaF + KHSO$_4$ → HF + KNaSO$_4$
Um 1 mol Flusssäure herzustellen, wird 1 mol Kaliumhydrogensulfat benötigt.

2.4:

In saurer Lösung wird Mn(VII) zu Mn(II) reduziert. Es werden 5 mol Elektronen frei. Eine 1 M KMnO$_4$-Lösung ist also eine 5 N KMnO$_4$-Lösung. Ich muss deshalb auf das 5-fache Volumen auffüllen, um eine 1 N Lösung zu bekommen. Für eine 2 N Lösung benötige ich das 2,5-fache Volumen. Daher erhalte ich aus 500 ml 1 M (5 N) KMnO$_4$-Lösung 1,25 l einer 2 N KMnO$_4$-Lösung.

2.5:

4 KI + PbCl$_2$ → K$_2$[PbI$_4$] + 2 KCl

2.6:

C$_6$H$_5$NO$_2$ + 6 H$^+$ + 6 e$^-$ → C$_6$H$_5$NH$_2$ + 2 H$_2$O	/ · 4
LiAlH$_4$ → Li$^+$ + Al^{3+} + 4 H$^+$ + 8 e$^-$	/ · 3
4 C$_6$H$_5$NO$_2$ + 12 HCl + 3 LiAlH$_4$ → 4 C$_6$H$_5$NH$_2$ + 3 LiCl + 3 AlCl$_3$ + 8 H$_2$O	

Nitrobenzol hat das Formelgewicht 123 g. 41 g Nitrobenzol entsprechen also dem dritten Teil eines Mols. LiAlH$_4$ hat das Formelgewicht 38 g. Laut Reaktionsgleichung werden vom LiAlH$_4$ ¾ der Menge des Nitrobenzols benötigt, also 0,25 mol oder 9,5 g LiAlH$_4$.

2.7:

FeSO$_4$ + 6 NaF → Na$_3$[FeF$_6$] + Na$_2$SO$_4$ + Na$^+$ + e$^-$

a) Es werden 0,1 mol FeSO$_4$ eingesetzt. Man benötigt also 0,6 mol NaF. Das sind 25,2 g NaF.
b) Fe(II) muss zu Fe(III) oxidiert werden.

2.8:

a) 2 Na + 2 H$_2$O → 2 NaOH + H$_2$
b) BaCl$_2$ + Na$_2$CO$_3$ → BaCO$_3$ + 2 NaCl
c) Na(CH$_3$CO$_2$) + HCl → CH$_3$COOH + NaCl
d) Na$_2$O + H$_2$O → 2 NaOH
e) 2 AgNO$_3$ + Cu → Cu(NO$_3$)$_2$ + 2 Ag
f) Zn + H$_2$SO$_4$ → ZnSO$_4$ + H$_2$

2.9:

Es wird auf das 5-fache Volumen verdünnt. Man benötigt also den fünften Teil von 100 ml. Das sind 20 ml.

2.10:

In einer 10 M HCl-Lösung befinden sich 10 mol HCl in 1 l Lösung. Das sind 365 g HCl. Bei einer 18 %igen Salzsäure haben wir 180 g HCl in 1 l Lösung. Es werden also 0,5 l der 10 M HCl-Lösung benötigt.

Kapitel 3

3.1:

a)

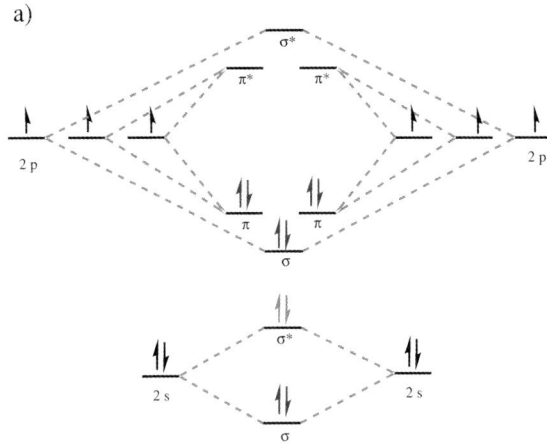

Die Bindungsordnung von N_2 ist 3.

b)

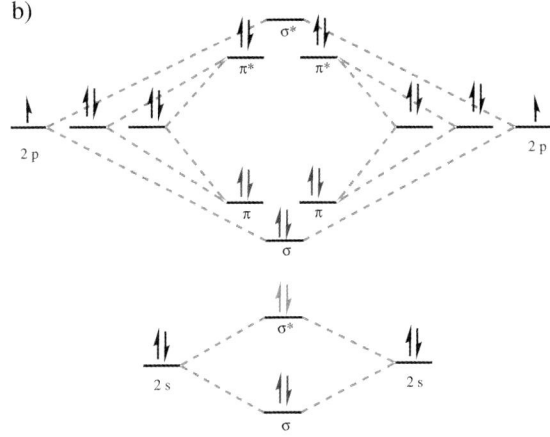

Die Bindungsordnung von F_2 ist 1.

3.2:

[PbI₄]²⁻ — Pb with 4 I, lone pair

XeOF₄ — Xe with 4 F, =O, lone pair

IF₇ — I with 7 F

OF₂ — O with 2 F, 2 lone pairs

SnCl₂ — Sn with 2 Cl, lone pair

GeCl₄ — Ge with 4 Cl

[InF₄]⁻ — In with 4 F, lone pair

[SbF₆]⁻ — Sb with 6 F

[AlH₄]⁻ — Al with 4 H

[BPh₄]⁻ — B with 4 Ph

ClF₅ — Cl with 5 F, lone pair

3.3:

Silber zeigt den für Metalle typischen metallischen Glanz und hat eine hohe thermische und elektrische Leitfähigkeit. Die elektrische Leitfähigkeit nimmt mit steigender Temperatur ab.

3.4:

Germanium zeigt ebenfalls metallischen Glanz, aber die elektrische Leitfähigkeit ist eher schlecht. Mit steigender Temperatur nimmt seine elektrische Leitfähigkeit stark zu. Dies ist charakteristisch für Halbmetalle.

3.5:

Die kubisch dichteste Kugelpackung unterscheidet sich durch die Schichtfolge ABC von der hexagonal dichtesten Kugelpackung (AB).

3.6:

Das zentrale Chloratom gibt insgesamt sieben Valenzelektronen an die vier Sauerstoffatome ab. Dafür müsste es vier σ- und drei π-Bindungen ausbilden. Es hat aber nur vier und nicht sieben Valenzorbitale. Selbst wenn die d-Orbitale energetisch tief genug lägen, was sie nicht tun, hätten nur zwei der d-Orbitale die geeignete Orientierung zur Ausbildung von π-Bindungen. Die dritte π-Bindung lässt sich mit der einfachen VB-Theorie nicht erklären.

3.7:

a) Die Elektronegativitätsdifferenz beträgt 3,1. Es sind ionische Bindungen.
b) Es handelt sich um Rotgold und damit um metallische Bindungen.
c) Die Elektronegativitätsdifferenz beträgt 1,9. Es sind ionische Bindungen.
d) Die Elektronegativitätsdifferenz beträgt 1,7. Es sind polare kovalente Bindungen.
e) Es handelt sich um Weißgold und damit um metallische Bindungen.
f) Die Elektronegativitätsdifferenz beträgt 1,8. Es sind ionische Bindungen.
g) Die Elektronegativitätsdifferenz beträgt 2,5. Es sind ionische Bindungen; die O–O-Bindung ist kovalent.
h) Die Elektronegativitätsdifferenz beträgt 0,4. Es sind polare kovalente Bindungen.
i) Die Elektronegativitätsdifferenz beträgt 1,4. Es sind polare kovalente Bindungen.
j) Die Elektronegativitätsdifferenz beträgt 0,6 für Al und H und 1,1 für Li und H. Es sind polare kovalente Bindungen.
k) Es handelt sich um eine Legierung aus zwei unedlen Metallen und daher metallische Bindungen.
l) Die Elektronegativitätsdifferenz beträgt 1,4. Es sind polare kovalente Bindungen.

3.8:

a) nein;
b) hypervalent 5-P-10;
c) nein;
d) nein;
e) nein;
f) hypervalent 4-S-10;
g) nein;
h) hypervalent 4-Xe-12;
i) hypervalent 2-Kr-10.

3.9:

Da es in der dichtesten Kugelpackung $2n$ Tetraederlücken gibt, von denen aber nur n besetzt sind (gleich viele Zn- und S-Atome in der Formel), bleiben die Hälfte der Tetraederlücken unbesetzt.

3.10:

a) Das Anion ist hypervalent 4-P-10.
b) Es ist keine tetraedrische Struktur, sondern eine Schmetterlingsstruktur (eine äquatoriale Position in der trigonalen Bipyramide ist durch das freie Elektronenpaar besetzt).

3.11:

a) Das Anion ist hypervalent 6-P-12, das Kation jedoch nicht.
b) Das Kation ist tetraedrisch, das Anion ist oktaedrisch.

Kapitel 4

4.1:

a) $PbCl_2$. PbO_2 ist ein Oxidationsmittel.
b) $Na_4[Fe(CN)_6]$. $Na_3[Fe(CN)_6]$ ist ein Oxidationsmittel (17-VE-Komplex).
c) CuCl wird leicht zu Cu(II) oxidiert. In Wasser ist es aber stabil, da es schwerlöslich ist und ausfällt.
d) Nitrit wird leicht zum Nitrat oxidiert.
e) CO ist metastabil und wird an Luft zu CO_2 oxidiert.
f) NaCl. NaOCl wird in saurem Milieu leicht zu Chlor reduziert.
g) CuI. CuI_2 ist instabil und spaltet unter Bildung von CuI leicht Iod ab.

4.2:

a) 5;
b) 5;
c) 3;
d) 3;
e) 6;
f) P = 5;
g) 7;
h) 3.

4.3:

$Mn^{VII} + 5\ e^- \rightarrow Mn^{II}$ /·2
$C^{III} \rightarrow C^{IV} + e^-$ /·10
$2\ KMnO_4 + 5\ HO_2CCO_2H + 6\ HCl \rightarrow 2\ MnCl_2 + 10\ CO_2 + 2\ KCl + 8\ H_2O$

4.4:

$Mn^{II} \rightarrow Mn^{VII} + 5\,e^-$ / · 2
$Pb^{IV} + 2\,e^- \rightarrow Pb^{II}$ / · 5
$2\,MnCl_2 + 5\,PbO_2 + 6\,HCl \rightarrow 2\,MnO_4^- + 5\,PbCl_2 + 2\,H_2O + 2\,H^+$

4.5:

$Mn^{II} \rightarrow Mn^{IV} + 2\,e^-$
$O^{-I} + e^- \rightarrow O^{-II}$ $H_2O_2 + 2\,e^- \rightarrow 2\,OH^-$
$MnCl_2 + H_2O_2 + 2\,OH^- \rightarrow Mn(OH)_4 + 2\,Cl^- \rightarrow MnO_2 + 2\,H_2O + 2\,Cl^-$

4.6:

a) $Fe^{II} \rightarrow Fe^{III} + e^-$ / · 4
   $O^0 + 2\,e^- \rightarrow O^{-II}$ / · 2
   $4\,FeSO_4 + O_2 + 8\,KOH + 2\,H_2O \rightarrow 4\,Fe(OH)_3 + 4\,K_2SO_4$
b) $Mn^{VII} + 5\,e^- \rightarrow Mn^{II}$ / · 2
   $Fe^{II} \rightarrow Fe^{III} + e^-$ / · 10
   $2\,KMnO_4 + 10\,FeSO_4 + 16\,HCl \rightarrow 2\,MnCl_2 + 4\,FeCl_3 + Fe_2(SO_4)_3 + 2\,K_2SO_4 + 8\,H_2O$

4.7:

a) In(III): III. Hauptgruppe;
b) F(–I): VII. Hauptgruppe;
c) Fr(I): I. Hauptgruppe;
d) Rh(I): stabiles d^8-System mit quadratisch-planarer Struktur;
e) C(IV) in CO_2: IV. Hauptgruppe, C(II) in CO: Inert-s-Pair-Effekt in der IV. Hauptgruppe, C(III): Absättigung der vierten Valenz durch Kohlenstoff in Carbonsäuren;
f) S(–II) in H_2S: VI. Hauptgruppe, S(IV) in SO_2: partielle Oxidation eines elektronegativen Elements durch Sauerstoff, S(VI) in H_2SO_4: vollständige Oxidation eines Elementes der VI. Hauptgruppe durch Sauerstoff;
g) Ni(II): stabiles d^8-System mit quadratisch-planarer Struktur;
h) Be(II): II. Hauptgruppe;
i) Al(III): III. Hauptgruppe.

Kapitel 5

5.1:

Die starke Brønsted-Säure ist in Wasser vollständig dissoziiert, die schwache ist es nicht.

5.2:

Eine Lewis-Säure besitzt ein leeres Orbital niedriger Energie, eine Elektronenlücke. Eine Brønsted-Säure gibt die Lewis-Säure H^+ (Proton) ab.

5.3:

Es gibt eigentlich keinen, da jede Lewis-Base auch eine Brønsted-Base ist und umgekehrt. Eine Brønsted-Base nimmt ein Proton auf, und zwar mit dem freien Elektronenpaar ihrer Lewis-Base.

5.4:

a) Brønsted;
b) Lewis;
c) Lewis;
d) Lewis;
e) Brønsted.

Das Proton der Schwefelsäure und der Essigsäure ist jeweils eine Lewis-Säure. Der bei der Hydrolyse der Borsäure gebildete intermediäre Komplex ist eine Brønsted-Säure, die Borsäure selbst aber eine Lewis-Säure.

5.5:

$HOAc + H_2O \rightleftharpoons OAc^- + H_3O^+$

Aus der Henderson-Hasselbalch-Gleichung folgt:

$pH = pK_a - \lg([HOAc]/[OAc^-])$

8,2 g Natriumacetat sind 0,1 mol und 58 mg Essigsäure sind 0,001 mol. Eingesetzt in obige Gleichung:

$pH = 4{,}75 - \lg(10^{-3}/10^{-1}) = 4{,}75 - \lg 10^{-2} = 4{,}75 + 2 = 6{,}75$

Die Lösung hat einen pH-Wert von 6,75.

5.6:

a) $Al(OH)_3 + NaOH \rightarrow Na[Al(OH)_4]$

Es sind 1 mmol $Al(OH)_3$ und 2 mmol NaOH gegeben. Nach der Reaktion ist also noch 1 mmol NaOH vorhanden, das mit dem Wasser eine 10^{-3} M NaOH-Lösung ergibt. Diese hat den pH-Wert 11.

b) Phenolphthalein.

5.7:

$H_3PO_4 + 3\ KOH \rightarrow K_3PO_4 + 3\ H_2O$

9,8 g Phosphorsäure entsprechen 0,1 mol. Man benötigt also 0,3 mol KOH. Das sind 16,8 g KOH.

5.8:

Der Phosphatpuffer beschreibt das Gleichgewicht:
$H_2PO_4^- + H_2O \rightleftharpoons HPO_4^{2-} + H_3O^+$
Mit der Henderson-Hasselbalch-Gleichung:
$pH = pK_a - \lg([H_2PO_4^-]/[HPO_4^{2-}])$
ergibt sich bei pH = 9,2 und pK_a = 7,2
$\lg([H_2PO_4^-]/[HPO_4^{2-}]) = pK_a - pH = 7{,}2 - 9{,}3 = -2{,}0$
$([H_2PO_4^-]/[HPO_4^{2-}]) = 10^{-2}$

Am einfachsten kommt man ans Ziel, wenn man eine 10^{-3} M NaH$_2$PO$_4$-Lösung mit einer 0,1 M Na$_2$HPO$_4$-Lösung 1:1 vermischt.

5.9:

$CuCl + 4\ KCN \rightarrow K_3[Cu(CN)_4] + KCl$

Das Tetracyanocuprat(I) ist ein so stabiler Komplex, dass er auch in konzentriertem Ammoniak stabil ist. Der Kupfer(II)-Tetramminkomplex wird von KCN in Tetracyanocuprat(I) überführt. Die Lösung ist farblos.

Kapitel 6

6.1:

a) Low-Spin;
b) High-Spin;
c) High-Spin;
d) Low-Spin.

6.2:

a) tetraedrisch;
b) quadratisch-planar;
c) quadratisch-planar;
d) quadratisch-planar;
e) gestreckt oktaedrisch;
f) oktaedrisch.

6.3:

a) H$_2$O;
b) Pyridin;
c) CO;
d) Cyanid;
e) Hydrid.

6.4:

In Cu$_2$O hat Cu(I) eine abgeschlossene d^{10}-Schale, in CuO wird das d^9-System von Cu(II) durch den Jahn-Teller-Effekt stabilisiert.

6.5:

Der Nickelkomplex realisiert eine quadratisch-planare Struktur, die mit 16 VE auskommt. Im Falle des Eisenkomplexes entsteht ein trigonal-bipyramidaler Komplex mit einer kompletten 18-VE-Schale.

6.6:

Kupfer ist ein Element der 1. Nebengruppe. Daher hat Cu(I) eine volle d^{10}-Unterschale, aus der ein tetraedrisches Komplexanion resultiert. Nickel ist ein Element der 10. Nebengruppe, hat also ein Valenzelektron weniger als Kupfer. Ni(II) ist ein d^8-System und bildet gewöhnlich quadratisch-planare Komplexe.

6.7:

a) High-Spin;
b) –;
c) –;
d) High-Spin;
e) –;
f) –;
g) Low-Spin.

S, Sb und Si sind Hauptgruppenelemente und W(VI) hat ein d^0-System.

6.8:

Der starke anionische Ligand CN$^-$ transferiert mehr Elektronendichte zum Cobaltatom als der schwache Neutralligand H$_2$O. Der Co(III)-Komplex ist also ein 18-VE-Komplex. Der Hexaaquakomplex von Co(II) ist demgegenüber formal ein 19-VE-Komplex. Entscheidend ist aber nicht die formale VE-Zahl, sondern die tatsächliche Elektronendichte am Zentralatom.

Kapitel 7

7.1:

a) $[Ru(py)_6]^{2+} < [Ru(bpy)_3]^{2+} < [Ru(tpy)_2]^{2+}$
b) $[Fe(H_2O)_6]^{3+} < [Fe(SCN)(H_2O)_5]^{2+} < [FeF_6]^{3-}$
c) $[Fe(CN)_6]^{3-} < [Fe(CN)_6]^{4-}$

7.2:

Das Strukturelement der α-Helix ist eine Wasserstoffbrücken-Bindung zwischen der NH-Gruppe und der C=O-Gruppe der Peptidbindungen. Prolin ist die einzige proteinogene Aminosäure mit sekundärer α-Aminogruppe und damit keiner NH-Funktion in der Peptidbindung.

7.3:

Aufgrund der geometrischen Gegebenheiten können in einem antiparallelen β-Faltblatt lineare Wasserstoffbrücken-Bindungen ausgebildet werden, während in einem parallelen β-Faltblatt nur gewinkelte Wasserstoffbrücken-Bindungen möglich sind.

7.4:

Phosphorsäure protoniert das Wasser, und das dabei entstandene Dihydrogenphosphat bildet polare Dimere, die sich besser lösen als die ansonsten möglichen Polymere.

7.5:

7.6:

Aldehyde, Ketone und Carbonsäuren haben den Wasserstoffbrücken-Akzeptor C=O gemeinsam, aber nur Carbonsäuren haben mit der OH-Funktion zusätzlich noch einen Wasserstoffbrücken-Donor. Daher können nur Carbonsäuren polymere Ketten und dimere Ringe ausbilden, die den Siedepunkt erhöhen.

7.7:

a) Wasserstoffbrücken-Bindungen zwischen den Basen.
b) Guanin – Cytosin: drei Wasserstoffbrücken-Bindungen; Adenin – Thymin: zwei Wasserstoffbrücken-Bindungen und Adenin – Uracil: zwei Wasserstoffbrücken-Bindungen.

7.8:

Sie können durch andere Lewis-Säuren wie Metallkationen ersetzt werden.

7.9:

a) In stark basischem Milieu werden NH-Gruppen deprotoniert und in stark saurem Milieu C=O-Gruppen protoniert. In beiden Fällen kollabieren die Wasserstoffbrücken-Bindungen.
b) Die Ausbildung von Wasserstoffbrücken-Bindungen zwischen den NH-Gruppen und den C=O-Gruppen der Peptidbindungen.

Kapitel 8

8.1:

Von einer chiralen Verbindung gibt es zwei Isomere, von denen das eine Isomer das Spiegelbild des anderen ist.

8.2:

a) Zentrale Chiralität; z.B. D- und L-Alanin.
b) Axiale Chiralität:

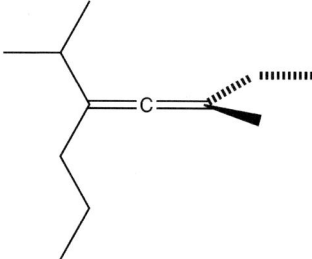

c) Planare Chiralität:

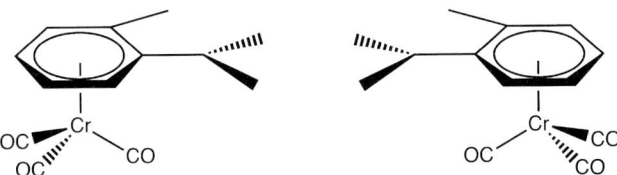

d) Helikale Chiralität; z. B. $A_L A_L A_L A_L A_L$ und $A_D A_D A_D A_D A_D$ (A steht für die Aminosäure Alanin).

8.3:

Enantiomere verhalten sich wie Bild und Spiegelbild. Bei Diastereomeren werden nicht alle asymmetrischen Zentren gespiegelt.

8.4:
a) Diastereomere;
b) Diastereomere; Anomere;
c) Diastereomere;
d) Enantiomere;
e) unterschiedliche Verbindungen;
f) Diastereomere; Anomere.

8.5:
a) Prochiral bei z.B. Bromierung (Br_2), Aminierung (NH_3) oder Alkoholyse.
b) Prochiral, Aminierung (NH_3) ergibt Valin-methylester.
c) Prochiral, Ringschluss führt zu α-D- und β-D-Glucose.
d) Nicht prochiral, da bereits zwei gleiche Substituenten vorhanden.
e) Prochiral, aber auch Symmetrie möglich, z. B. bei Bromierung (Br_2).

8.6:

α-Helix in Proteinen; helikale Struktur der DNA; Schneckenhaus; Horn des Narwals; Stamm der Rosskastanie; Hörner des Muffelschafes; die Wolkenformation eines Tiefdruckgebietes; ein Tornado; die Struktur einer Spiralgalaxie.

Index

a
absolute Härtefaktoren 111
achirale Verbindung 148
Adenin 138ff.
aktives Zentrum 84f., 108f., 134, 155
Akzeptor 71ff.
Alanin 143, 150ff.
Alkalimetall
– Oxidationszahl 74
Alkan 52
Alken 52
Alkin 52
Allene 156
Aluminiumhydroxid 76, 113
Ammoniak 60f., 88
– Ligandenstärke 106
Ampholyt 88
Anion 2, 17
Anionengitter
– Cäsiumchlorid 48
Anionenradius 18
Antiferromagnetismus 23f.
asymmetrisches (Kohlenstoff-)Atom 150ff.
Atom
– Aufbau 1ff., 26
– Modell 4f.
– Oxidationszahl 74
– Zerfall 4
atomare Masse 29
Atomorbital 51
Atomradius 17
Atropisomerie 157
Aufbau-Prinzip 9
Ausbeute 33
Autoprotolyse
– Wasser 136
Autoprotolysegleichgewicht 88
Avogadro-Zahl 29
axiale Chiralität 147ff.

b
Bandlücke 45
Base 87
– Berechnung des pH-Wertes einer schwachen Base 90
– Definition nach Brønsted 87
– Definition nach Lewis 87
– schwache 90
– weiche 110f.
Binaphthylsystem 157
Bindung 15, 39ff.
– π-Bindung 51f.
– σ-Bindung 51f.
– ionische 45ff.
– koordinative 136
– kovalente 15, 39, 49ff.
– metallische 39f.
Bindungsordnung 55
Bindungstheorie 50
Biokatalysator 164
Bipyridin 132
Bleidichlorid 78
Bleidioxid 78
Bleitetrachlorid 78
Blutlaugensalz 130
Blutpuffer 97
Bohr'sches Atommodell 5
Borsäure 76, 98
Braunstein 80
Brønsted-Base 99, 112
Brønsted-Säure 98, 112

c
Calciumfluorid 48
– Festkörperstruktur 48
Carbonat
– Titrationskurve 97
Carbonatpuffer 96ff.

Carbonsäure
– Wasserstoffbrücken-Bindung 137
Cäsiumchlorid 47
– Anionen- und Kationengitter 48
Catechol 85
Cavicularin 159
Chalkogen
– Oxidationszahl 74
Chelateffekt 131
chemische Formel 27
chemische Verbindung 27
Chiral-at-metal-Komplex 154
chirale Zentrum 150
Chiralität 147ff., 164
– axiale 147ff.
– Bedeutung 163
– helikale 147, 159f.
– planare 147, 158
– zentrale 147f.
Chromophor 100f.
CIP-System (nach Cahn, Ingold und Prelog) 149
Cobalt-Hexammin-Komplex 104, 131
Curie-Weiß-Gesetz 24
Cyanid
– Eisen 130
– Ligandenstärke 106
Cyclophan 158
Cytosin 138ff.

d

Diamagnetismus 23ff.
– molekularer 23f.
Diastereomer 152
Dihydrogenphosphat
– Wasserstoffbrücken-Bindung 137ff.
Disproportionierung 82ff.
DNA 138ff., 160f.
– B-DNA 161
Donor 71ff.
Donoratom 137
Donorbindung 58f., 76, 107, 136
Donorligand 103
Donorstärke 104
Doppelbindung 51, 67
Doppelbindungsregel 66
Doppelhelix 160f.
Dreifachbindung 51
d^1- bis d^{10}-Komplexe
– Elektronenkonfiguration 121

e

Edelgas
– Oxidationszahl 74
Einfachbindung 51
Eisen
– Cyanid 130
Eisenverbindung 79
Elektron 2f.
– 8-Elektronen-Regel 13, 104
– 18-Elektronen-Regel 14, 104
Elektronegativität 14ff., 77
Elektronenabgabe 85
Elektronenaffinität 14
Elektronenaufnahme 85
Elektronendichte 105ff.
Elektronenkonfiguration
– d^1- bis d^{10}-Komplexe 121
– Übergangsmetall 80
Elektronenlücke 98
Elektronenpaar 59f.
– freies 154
Elektronenpaarakzeptor 102ff.
Elektronenpaardonor 98ff., 111
Elektronentransfer 102
Element 8ff.
– Periodensystem (PSE) 8ff.
– Reaktivität 18
– stabile Oxidationszahl 20f.
Elementarladung 3
Enantiomer 148ff.
– D-Enantiomer 152
– L-Enantiomer 152
– (R)-Enantiomer 149
– (S)-Enantiomer 149
– Kohlenhydrat 152
Energieerhaltungssatz 54
Enzym 84f., 107ff., 164
Erdalkalimetall
– Oxidationszahl 74
Essigsäure 89ff.
Ester
– Hydrolyse 139
Ethan 51f.
Ethanol
– Prochiralität 163
Ethen 51f.
Ethin 51

f

β-Faltblattstruktur 141
– Wasserstoffbrücken-Bindung 141
Ferrimagnetismus 23f.
Ferrocen 158

Ferromagnetismus 23f.
Festkörperstruktur 47
– Calciumfluorid 48
– Natriumchlorid 47
Friedel-Crafts-Reaktion 107f.

g
Gas 36
– Stoffmenge 37
Gasgleichung 36
Geometrie
– Komplex 105
– quadratisch-planare 133
– quadratisch-pyramidale 133
Gesamtausbeute 33
Gips 104
Gitter
– kubisch primitives 49
Gleichgewichtsreaktion 33
Glutamin 143
Goldverbindung 79
Guanin 138ff.

h
Halbleiter 45
– elektrische Leitfähigkeit 44
Halogen
– Oxidationszahl 74
Hauptgruppe 14ff.
Hauptgruppenelement 13f., 65, 77, 104
– Koordination 130
Hauptgruppenverbindung
– Struktur 59
Hauptquantenzahl 5
Helicen 160
helikale Chiralität 147, 159ff.
Helix 159ff.
α-Helix 141ff., 161
– Wasserstoffbrücken-Bindung 143
Henderson-Hasselbalch-Gleichung 93f.
Hexafluorsilikat 76
hexagonal dichteste Kugelpackung 41
High-Spin-Komplex 120ff.
High-Spin/Low-Spin-Aufspaltung 122
HOMO (highest occupied molecular orbital, höchstes besetztes Molekülorbital) 56
HSAB-Konzept (hard and soft acids and bases, harte und weiche Säuren und Basen) 110ff.
Hund'sche Regel 9
Hybridisierung 51f.
Hydroformylierung 133

Hydrolyse
– Ester 139
Hydroxid 136
Hydroxidion 112f.
Hydroxoniumion 136
hypervalente Verbindung 63
Hysteresis 24

i
Indikator 99
Inert-s-Pair-Effekt 22, 52, 77
Iodtribromid 60ff.
Ion 2, 45f.
ionische Bindung 15, 39ff.
Isolator 45
Isotop 11

j
Jahn-Teller-Effekt 79, 125f.

k
Katalysator 85
– chiraler 163
Katalyse 132f.
Kation 2, 17
Kationengitter
– Cäsiumchlorid 48
Kohlendioxid 60
Kohlenhydrat
– D- und L-Enantiomere 151
Kohlenmonoxid
– Molekülorbitalschema 56
Kohlensäure 89
Kohlenstoff-Atom
– asymmetrisches 150
Kohlenwasserstoff 51
Komplex
– Geometrie 105
– oktaedrischer 122
– quadratisch-planarer 119ff.
Komplexchemie
– Proton 144
Komplexierung 114
Komproportionierung 83f.
Koordinationschemie 103, 129ff.
– Proton 135
Koordinationsgeometrie 105
Koordinationsstelle 59
Koordinationsverbindung
– Stabilität 129
Koordinationszahl
– virtuelle 59
koordinative Bindung 136

kovalente Bindung 15, 39, 49ff.
Kristallviolett 100
kubisch dichteste Kugelpackung 41ff.
kubisch innenzentrierte Packung 43
kubisch primitive Packung 47
kubisch primitives Gitter 49
Kugelpackung
– dichteste 40ff.
Kupfer
– Cu(I)-Ion 125
– Cu(II)-Ion 125
Kupfer(II)sulfat 103
Kupferkomplex 107

l

Leiter 45
Leitfähigkeit
– elektrische 44
– Halbleiter 44
– Metall 43f.
Leitungsband 45
Leucin 143
Lewis-Base 71ff., 87, 102ff., 138, 144
Lewis-Säure 71ff., 87, 98ff., 111, 144
– Beispiel 112
– Proton 136
– Protonen transferierende 98
– Stärke 107ff.
Ligand 103ff.
Ligandenfeld
– Aufspaltung der d-Orbitale 119
– Entstehung 118
Ligandenfeldtheorie 117ff.
Ligandengruppenorbital (LGO) 58
Ligandenstärke 106
– spektrochemische Reihe 107, 122
Loschmidt-Zahl 29
Lösung 34
Low-Spin-Komplex 120ff.
LUMO (lowest unoccupiedmolecular orbital, tiefstes unbesetztes Molekülorbital) 57
Lysin 143

m

magnetisches Moment 23
Magnetismus 23
– Temperaturabhängigkeit 24
Magnetquantenzahl 5
Malachitgrün 100
Mandelsäure 150
Manganat 83
Manganverbindung 90
Massenwirkungsgesetz (MWG) 93

Mehrfachbindung 51
Mehrzentrenbindung 49
Mennige 75
meso-Form 152
Metall 44
– Leitfähigkeit 43f.
– Wechselwirkung der Orbitale 44
Metall-Aryl-π-Komplex 158
Metall-Ligand-Mehrfachbindung 57
Metallatom 42
metallische Bindung 39f.
Metalloenzym 85, 115, 134, 155
Methionin 143
Methylorange 101
Mischungsgleichung 35
Mischungskreuz 35
Mol 29f.
Molalität 35
molare Masse 30
Molarität 34
molekularer Diamagnetismus 23
Molekülgeometrie
– oktaedrische 51
– trigonal-bipyramidale 51
Molekülorbital (MO) 43
– σ-Orbital 43
– σ*-Orbital 43
– antibindendes 54, 64
– bindendes 54, 64
– HOMO, siehe HOMO
– LUMO, siehe LUMO
– nichtbindendes 54, 64
Molekülorbital-Theorie (MO-Theorie) 50ff., 64ff.
Molekülorbitalschema
– Kohlenmonoxid 56f.
– Sauerstoff 55
– Wasserstoff 55
Molekülverbindung 28

n

n-Dotand 45
Natriumchlorid 46f.
– Festkörperstruktur 47
Nebengruppe 14
Nebengruppenelement 13f., 78, 104
– Koordination 130
Nebenquantenzahl 5
Nebenreaktion 33
Ni^{2+}
– tetraedrischer Komplex 124
– quadratisch-planarer Komplex 124
– gestreckt oktaedrischer Komplex 124

Nickelchlorid 104
(+/−) Nomenklatur 151
D/L-Nomenklatur 151
(R/S)-Nomenklatur 151
Normalität 34
Nukleon 4

o

ortho-Benzochinon 85
Oktaeder 119ff.
– Aufspaltung der d-Orbitale im Ligandenfeld 119
Oktaederlücke 41f.
oktaedrischer Komplex 122
– gestreckt oktaedrischer Komplex von Ni^{2+} 124
Oktavengesetz 10
optische Aktivität 149
Orbital 5ff., 64
– π^*-Orbital 57
– σ-Orbital 43
– σ^*-Orbital 43, 57
– s-Orbital 7, 44ff.
– p-Orbital 7, 44ff.
– d-Orbital 7, 117
– f-Orbital 7
– antibindendes 66
– Aufbau-Prinzip 9
– energetische Abfolge 8, 119
– HOMO, siehe HOMO
– LUMO, siehe LUMO
Orbitalerhaltungssatz 54
Ordnungszahl 11
Oxalsäure 81
Oxidase 84f., 134
Oxidation 71, 81
Oxidationszahl 20ff., 72ff.
– Ermittlung 72
– Regeln zur Berechnung 73
– stabile Oxidationszahlen der Elemente 20f.
– Stabilität 76ff.

p

p-Dotand 45
Packung
– kubisch innenzentrierte 43
– kubisch primitive 47
Paramagnetismus 23ff.
Pauli-Prinzip 6ff.
Pauling-Skala 14
Peptid-Deformylase (PDF) 107f., 134, 155
Perchlorat 64
Perchlorsäure 74, 89

Periodensystem der Elemente (PSE) 8ff., 26
– Ordnungszahl 11
Permanganat 81ff.
pH-Wert 89
– Berechnung bei einem Puffer 94f.
– Berechnung bei einer schwachen Base 91
– Berechnung bei einer schwachen Säure 90
Phenolphthalein 100
Phosphan 153
Phosphatpuffer 96ff.
Phosphor 153
Phosphorpentafluorid 62f.
Phosphorsäure 74, 89ff.
– Titrationskurve 96
planare Chiralität 147, 158
polare Bindung 15
polare kovalente Bindung 39
polarisiertes Licht 149
prochirale Verbindung 162
Prochiralität 163
– Ethanol 163
Prolin 143
Proton 3, 102, 138
– Komplexchemie 144
– Koordinationschemie 135
– Säure 87
Protonenakzeptor 144
Protonendonor 144
Protonentransfer 102
Protonierung 84
prozentuale Ausbeute 33
Puffer 93ff.
– Berechnung des pH-Wertes 94f.
Puffergleichgewicht 93
Pyridin 132

q

quadratisch-planarer Komplex 123
– Aufspaltung der d-Orbitale im Ligandenfeld 119
– Ni^{2+} 124
Quantenzahl 5f.
– Wasserstoffatom 6
Quecksilber 79

r

Reaktionsgleichung 30
– Regeln zur Aufstellung 30
Reaktivität
– Element 18
Redoxchemie 71ff.
Redoxgleichung
– Aufstellen 80

Redoxreaktion 71
Reduktion 71, 81
Reinelement 11
Rhodium(I)-Verbindung 132
– quadratisch-planare Geometrie 133
– quadratisch-pyramidale Geometrie 133
Rinmanns Grün 75
RNA 138ff., 161
Rochow-Skala 14
Rückbindung 57
Rutherford'sches Atommodel 4

s

sp-Hybridorbital 50ff.
sp^2-Hybridorbital 50ff.
sp^3-Hybridorbital 50ff.
Salpetersäure 89
Salz 46
Salzsäure 89
Sauerstoff
– Molekülorbitalschema 55
– Oxidationszahl 74
Säure 87
– Berechnung des pH-Wertes einer schwachen Säure 90
– Definition nach Brønsted 87f.
– Definition nach Lewis 87, 102ff.
– harte 110f.
– mehrprotonige 92
– schwache 89
– starke 89
Säure-Base Begriff 87, 114
Säurestärke 89, 115
Schale 5, 79
Schwefel
– Oxidationszahl 76
Schwefeldioxid 60
Schwefelsäure 89
Schwefeltrioxid 60
Siliziumtetrafluorid 65
spektrochemische Reihe 122f.
– Ligandengruppe 123
– Ligandenstärke 107
– Schwachfeld 122
– Starkfeld 122
Spinell 75
Spinquantenzahl 6
Spiroverbindung 156
Stereoaktivität 153
Stereoisomer 152
Stereozentrum 152
Stöchiometrie 27ff.
stöchiometrischer Koeffizient 31

Stoffmenge 35ff.
– Gas 37
Struktur
– Hauptgruppenverbindung 59
Strukturformel 32
Substitution
– S_N1-Reaktion (monomolekulare nukleophile Substitution) 138
Sulfatanion 64ff., 103
Sulfoxid 154
Summenformel 27
π-Symmetrie 51
Synproportionierung 83

t

Temperaturabhängigkeit
– Magnetismus 24
Terpyridin 132
Tetraeder 119ff., 155
– Aufspaltung der d-Orbitale im Ligandenfeld 119
– Chiralität 148
Tetraederlücke 41f.
tetraedrischer Komplex
– Ni^{2+} 124
Tetrafluorbismutat 62f.
Tetrahydroxyaluminat 76
Tetrahydroxyborat 76
Thalidomid 163
Thénards Blau 75
Thiosulfat 75
Thymin 138ff.
Triade 10
trigonale Bipyramide 59

u

Übergangsmetall
– stabile Elektronenkonfiguration 80
Umschlagspunkt 99
Unterschale 6, 79
Uracil 138ff.

v

Valenzband 43ff.
Valenzbindungs-Theorie (VB-Theorie) 50ff., 64ff.
Valenzelektron 13
Valenzschale 43
Vanadat 74
Verbindung
– achirale 148
– chemische 27
– hypervalente 63

– oktaedrische 120
– prochirale 162
– tetraedrische 120
Vier-Elektronen-drei-Zentren-Bindung 49
VSEPR (valence shell electron pair repulsion)-Theorie 59ff.

W

W-Typ 43
Wasser 88
– Autoprotolyse 136
– Ligandenstärke 106
Wasserstoff
– Molekülorbitalschema 55
Wasserstoffatom
– Quantenzahl 6
Wasserstoffbrücken-Bindung 136ff.
– β-Faltblattstruktur 141
– Carbonsäure 137ff.
– Dihydrogenphosphat 137ff.
– DNA 138f.
– RNA 138f.
– Watson-Crick-Paar 139f.
Watson-Crick-Paar 139f., 160
Weinsäure 89, 152
Weiß'sche Bezirke 24

X

Xenondioxid 61f.
Xenonoxiddifluorid 61f.
Xenontetrafluorid 61

Z

zentrale Chiralität 147ff.
Zuschauerligand (spectator ligand) 133, 158
Zwei-Elektronen-drei-Zentren-Bindung 49